先进制造装备选用系列丛书

加工中心选用指南

金属加工杂志社　组编
张书桥　主编

本书介绍了加工中心的组成部件、典型结构、加工原则、编程方法、分类及智能发展动态，分析了加工中心的设计原则、标准及优点，阐述了加工中心的选型原则、选型参数评估、安装调试方法与验收，并重点介绍了镗铣加工中心、车削加工中心及复合加工中心的选用要点及典型案例，产品资料由多家国内外加工中心企业提供。

本书可作为从事机械加工的工艺人员、加工中心销售/采购人员及技术人员的学习及参考用书，也可作为机械类专业师生学习指导用书。

图书在版编目（CIP）数据

加工中心选用指南/金属加工杂志社组编；张书桥主编．—北京：机械工业出版社，2022.11

（先进制造装备选用系列丛书）

ISBN 978-7-111-71260-2

Ⅰ.①加… Ⅱ.①金…②张… Ⅲ.①加工中心-指南 Ⅳ.①TG659-62

中国版本图书馆CIP数据核字（2022）第133703号

机械工业出版社（北京市百万庄大街22号 邮政编码100037）

策划编辑：韩景春 责任编辑：韩景春

责任校对：曹胜玉 责任印制：李 昂

北京联兴盛业印刷股份有限公司印刷

2023年1月第1版第1次印刷

184mm×260mm·12.5印张·6插页·269千字

标准书号：ISBN 978-7-111-71260-2

定价：78.00元

电话服务 网络服务

客服电话：010-88361066 机 工 官 网：www.cmpbook.com

010-88379833 机 工 官 博：weibo.com/cmp1952

010-68326294 金 书 网：www.golden-book.com

 机工教育服务网：www.cmpedu.com

编写委员会

主　任：卢秉恒

副主任：栗延文　陈　明

编　委（按拼音排序）：

陈海军　陈　勇　蔡锐龙　顾　琪　刘卓铭　莫　悦　彭　健

田立明　陶　文　王　飚　颜炳姜　周　磊　张　弛　支文峻

张玮玮　赵　彬

主　编：张书桥

副主编：韩景春

主　审：于淑香

总策划：曹雪雷　王建宏

编写组成员：

第一章：张书桥

第二章：周　磊

第三章：张书桥

第四章：彭　健

第五章：周　磊

第六章：张　弛

第七章：支文峻

第八章：支文峻

第九章：张书桥

序

随着我国从制造业大国向制造业强国的迈进，制造加工技术也不断向着高精度、高质量、高效率、高可靠性发展。精密、高效、高速的数控机床无疑扮演着极为重要的角色。

要实现加工能力的升级转型，一方面在装备制造水平，包括高档数控机床水平的提升；另一方面，还需要培养一批了解先进制造工艺、熟悉设备验收和运营的专业技术人才。

虽然关于加工中心的书籍已经很多，但大多数属于教科书的性质，是从讲述原理的角度出发进行阐述的。机械工业出版社出版的《加工中心选用指南》，是一本系统介绍加工中心设计、选用、验收的专业书籍，同时也是一本为机械加工从业人员提供选型及案例参考的手册。该书不仅综合阐述了各类加工中心的结构和原理，而且从加工对象和实际加工案例出发，介绍了不同加工中心的典型应用，因此是一本非常实用、具有参考价值的工具书。

本书编者团队从事机械加工行业工作三十余年，在世界一流的制造企业从事加工制造的相关工作。在多年工作过程中，有机会接触到大量国内外先进的机械加工设备和加工工艺。我很高兴看到他们能够积极整理自己的经验及各类加工中心繁杂的资料文件，记录加工中心应用的实际工况，编辑并出版了这本指南手册。手册中有较多的加工中心的应用案例介绍，均是作者在工作中的心得体会，以及在走访考察先进制造加工企业过程中，不断总结企业实际运营、设备管理经验，认真进行提炼得到的。对于机械行业，特别是加工制造行业的从业者，这本书极具实用价值。

实现强国梦，需要各方面共同努力和不断进步。希望产业及高等院校同仁们都能秉承赤子之心，为我国制造强国的伟大事业贡献自己的力量。

中国工程院院士　卢秉恒

前　言

当今，加工中心发展的特点为高速度、高效率和高精度，未来，发展趋势主要为绿色化、模块化、智能化和柔性化等。从20世纪90年代开始，由于加工中心的主轴、进给系统等功能部件的突破，主轴转速和进给速度的大幅提高，以及制造技术的全面进步，使金属切削加工进入了高速切削的新阶段，专用高速加工中心逐步被高效批量生产所应用。高速切削在节省生产、非生产和装夹时间方面有明显的优势。提高零件精度带来的好处在后续工序中体现得比较明显，如提高了零件装配时的互换性（配合精度）及在EDM加工时改善的工艺特性。其中出色的动力特性、智能和高效的控制系统以及最新的主轴技术，是支撑高速加工中心的重要核心标准和未来发展的趋势所在。

本书是编者从多年的新项目设备规划、国内外汽车制造厂考察、国内外设备刀具制造厂技术交流、实地考察、设备验收，以及生产实际设备管理、维护中，根据几十年设备的变化和对各厂家的比较，收集了大量资料，总结深化编写而成。本书不仅突破了传统教科书的写法，而且紧跟最前沿的技术，对制造业内人士的生产工作有很好的指导作用。

本书共九章，第一章介绍了加工中心的历史与发展，并从六个方面介绍了加工中心的分类与应用，分别总结了加工中心的特点以及未来的发展方向。第二章主要从基础部件、主轴箱、刀具自动交换系统、辅助装置方面详细介绍了加工中心的组成和典型结构。第三章主要从加工中心的机械系统设计与电气系统设计两方面，阐述了加工中心的设计标准和原则。第四章总结了加工中心在选型、安装、调试与验收等过程中的经验。第五章~第七章分别介绍了镗铣加工中心、车削加工中心、复合加工中心的特点与应用案例。第八章列举了一些汽车、工程机械、医疗器械、航空航天、水泵、电子通信等典型应用领域的加工中心解决方案。第九章介绍了当前加工中心智能发展动态。其中，第五章~第八章根据加工中心的分类，纳入了很多企业案例，并且为了方便生产企业人员查看，这些案例最大限度地保留了企业提供的原始数据及相关说明。

在本书的编写过程中，得到以下加工中心生产企业的大力支持（按拼音排序）：北京精雕科技集团有限公司（书中简称北京精雕，下同），德马吉森精机机床贸易有限公司（DMG MORI），广东创世纪智能装备集团股份有限公司，格劳博机床（中国）有限公司（格劳博），哈斯自动数控机械（上海）有限公司（哈斯），杭州友佳精密机械有限公司（友嘉），汇专科技集团股份有限公司（汇专），力劲集团（力劲集团），南京宁庆数控机床制造有限公司（宁庆），天津市天森智能设备有限公司，通用技术集团大连机床有限责任公司（大连机床），山东蒂德精密机床有限公司（蒂德精机），山崎马扎克（中国）有限公司（山崎马扎克）。除了广大的加工中心企业外，本书的编写过程还得到中国工程院院士卢秉恒的大力支持，卢院士亲自作序，并给本书很高的评价。上海同济大学教授陈明也对本书的出版给予大力的支持和指导，在此表示感谢。

本书由金属加工杂志社组编，上汽大众汽车有限公司张书桥主编，其他编写团队成员分别为上汽大众汽车有限公司的周磊、彭健、张弛、支文峻，金属加工杂志社的韩景春、曹雪雷、王建宏。他们都有多年加工中心行业研究、开发、使用和技术成果宣传报道的丰富经验，是一支老中青结合、产学研用结合的编写团队。由于此书的编撰时间有限，加工中心产品在不断更新升级，可能本书内容包含的不够全面，也可能挂一漏万，加之编者的学识有限，不当之处在所难免，恳请广大读者及专家给予批评指正。

编　者

2022年10月

目　录

第二章　加工中心的组成和典型结构

第三章　加工中心的设计及标准

第四章　加工中心的选型、安装及验收

第五章 镗铣加工中心

第六章 车削加工中心

第九章 加工中心智能发展动态

附录 各生产厂家加工中心产品型号及参数对照表

参考文献

第一章

加工中心概述

第一节　加工中心的简介

加工中心是从数控铣床发展而来的，与数控铣床的最大区别在于加工中心具有自动交换加工刀具的能力，通过在刀库上安装不同用途的刀具，可在一次装夹中通过自动换刀装置改变主轴上的加工刀具，实现多种加工功能。根据 GB/T 6477—2008《金属切削机床 术语》中加工中心的定义，加工中心是一种数控机床，主轴通常为卧式或立式结构，并具有两种或两种以上加工方式（如铣削、镗削、钻削），通过加工程序能从刀库或类似存储单元进行自动换刀，在一定范围内，该机床也可通过人工控制。通俗地讲，加工中心能够集车床、铣床、钻床和镗床等加工功能于一体，在加工过程中能够自动更换刀具，对一次装夹中的工件完成车、铣、钻、镗、扩、铰及攻等加工工序。

加工中心由机械设备与数控系统组成，是适用于加工复杂零件的高效率自动化机床。加工中心是目前世界上产量最高、应用最广泛的数控机床之一。它的综合加工能力较强，加工精度较高，对于中等加工难度的批量工件，其效率是普通设备的 5~10 倍，特别是它能完成普通设备不能完成的加工，对形状较复杂、精度要求较高的单件加工或中小批量多品种生产更为适用。

第一台加工中心是 1958 年由美国卡尼特雷克公司研制成功的。它在数控卧式镗铣床的基础上增加了自动换刀装置，实现了工件一次装夹后可进行铣削、钻削、镗削、铰削和攻螺纹等多种工序的集中加工。20 世纪 60 年代中期，工业化国家在专业化生产过程中，生产效率一直受机床操作人员技能的制约，不能实现有效的专业化生产。数控机床和加工中心的商品化，改变了传统的专业生产方式，经编程人员将熟练操作人员的技能转变为纸带信息，输入机床的控制系统，数控机床、加工中心就能够充分发挥其高速、高效、高精度和专业化生产的特点，从而降低了生产成本，提高了零件加工质量。20 世纪 70 年代以来，加工中心得到迅速发展，出现了可换主轴箱加工中心，它不仅可以实现自动更换多轴主轴箱（主轴装有多种刀具），还能对工件同时进行多孔加工。

20 世纪以来，随着半导体技术、电子技术、信息技术的飞速发展，数控系统所使用的元器件不断更新，高性能的微处理器大量使用，以及不断完善和扩展的机床功能，使加工中心不断创新。同时，网络技术也成功地运用到数控加工中心上，实现了通过网络远程控制现场加工中心的功能。

一、数控系统的发展

数控系统的发展要追溯到1952年，美国将计算机技术应用到了机床上，诞生了第一台数控机床。计算机及控制技术在机械制造设备中的应用，是20世纪以来制造业发展最重大的技术进步，从此，机床产生了质的飞跃。

近半个多世纪以来，数控机床经历了两个阶段的发展。

1. 数控（NC）**阶段**（1952—1970年）

早期计算机运行速度低，不能适应机床实时控制的要求。随着元器件的发展，数控阶段经历了三代发展：1952年第一代电子管、1959年第二代晶体管、1965年第三代小规模集成电路。

2. 计算机数控（CNC）**阶段**（1970年至今）

计算机数控阶段也经历了三代：1970年第四代小型计算机、1974年第五代微处理器、1990年第六代基于PC（个人计算机）。1970年，通用小型计算机已实现批量生产，其运算速度比五六十年代有了大幅度的提高。通过将它作为数控系统的核心部件，从此机床进入了计算机数控阶段。1974年，作为通用计算机的核心部件，微处理器被运用于数控系统。1990年，数控系统进入了基于PC的时代。

近70年来，数控系统经历了六代的发展（两个阶段），直至第五代以后，才真正从根本上解决了可靠性低、价格昂贵、应用不方便等关键问题。因此，即使在工业发达的国家，数控系统大规模的应用和普及也是在20世纪70年代末80年代初以后的事情。也即数控技术经历了约40年的发展，才走向普及及应用。

二、机床主轴的发展

根据GB/T 6477—2008，机床主轴指的是机床上带动工件或加工工具旋转的轴。现代机床主轴发展趋势是逐渐由传统机床主轴向电主轴过渡。传统机床主轴是通过传动装置带动主轴旋转工作，电主轴是将电动机置于主轴内部，通过驱动电源直接驱动主轴工作，实现了电动机、主轴的一体化功能。与传统机床主轴相比，电主轴具有十分明显的优势。主轴由电动机直接驱动，省去了传送带、齿轮、联轴器等中间变速传动装置，具有结构紧凑、效率高、噪声低、振动小和精度高的特点。另外，利用交流变频技术，电主轴可以在额定转速范围内实现无级变速，以适应机床工作时各种工况和负载的变化。

电主轴由无外壳电动机、主轴、轴承、主轴单元壳体、驱动模块和冷却装置等组成。电动机的转子采用压配方法与主轴做成一体，主轴则由前后轴承支承。电动机的定子通过冷却套安装于主轴单元的壳体中。主轴的变速由主轴驱动模块控制，而主轴单元内的温升受到冷却装置限制。在主轴的后端装有速度、角位移传感器，前端的内锥孔和端面用于安装刀具。

电主轴的电动机多采用交流异步感应电动机，由于是用在高速加工机床上，起动时要从静止迅速升速至每分钟数万转乃至数十万转，起动转矩大，因而起动电流要超出普通电动机额定电流5~7倍。其驱动方式有变频器驱动和矢量控制驱动器驱动两种。变频器驱动的驱动控制特性为恒转矩驱动，输出功率与转矩成正比。机床最新的变频器采用先进的晶体管技术，可实现主轴的无级变速。矢量控制驱动器的驱动控制特性是在低速端为恒转矩驱动，在中、高速端为恒功率驱动。

电主轴、数控系统、进给驱动是当前数控机床的三大高新技术。随着切削技术、数控技术、信息技术的飞跃发展，越来越多的机床都在不断向高转速、高精度、高效率和高智能的方向发展，电主轴已成为实现上述高性能工况的机床核心部件，尤其是在多轴联动、多面体加工、并联机床加工及复合加工等，电主轴的优异特点是机械主轴单元不能替代的。

电主轴是最近几年在数控机床领域出现的将机床主轴与主轴电动机融为一体的新技术，它与直线电动机技术、高速刀具技术一起，将机床高速加工推向一个新时代。

三、夹具的发展

机床夹具是机床上用于装夹工件和引导刀具的一种装置。它与工件的定位基准相关，用于确定工件在夹具中的正确位置，从而保证加工时工件相对于刀具和机床的相对位置正确。现代机床夹具的发展方向主要为模块化、精密化、柔性化和高效化四个方面。

1. 模块化

夹具能够独立使用并且可以和其他生产设备结合使用，是科技发展对新型数控机床夹具的新的要求。例如，定位夹紧座和精密虎钳既可以单独使用，又具备多功能特点。

2. 精密化

为了提高工作效率和劳动生产率，缩短加工时长，工件的加工朝着大批量、高速度、专业化的方向发展。同时运作工序复杂、集中，需要一次完成多个步骤和过程的加工，且工件切削力的大小和方向是不断变化的。因此，数控机床的夹具只有具备了高强度和高刚度，才能满足精密化的加工要求。夹具的精度也随着工件精密度要求的提高而提升。数控机床的夹具如今的精密程度已经达到了微米级。

3. 柔性化

随着经济发展，使用者对产品的制造周期要求越来越短。要想在较短的时间内制造出高质量的产品，就必须找到适合该产品的批量生产夹具。在进行产品生产的过程中，大批量生产的比重在逐渐下降，中小批量生产的比重在不断升高，数控机床夹具随着生产需求的变化，也在不断发生变化。对于中小批量的生产者来说，柔性夹具能更好地适应其产品的需求。柔性夹具是指工件的形状和尺寸有一定变化后，还能适应这种变化并继续使用的夹具。它的主要特点是精度高、强度高、模块化，并且通用性比较强。因此柔性夹具越来越被各个生产企业所接受和推广，并逐渐占据了数控机床夹具装备的主流市场。

现代数控机床的功能呈现多样化，可以完成多个工序的加工。工件的制作过程比较集中、复杂。在复合加工时，要求工件在一次定位、装夹后，能够一次性完成一系列的加工工序。这就对夹具系统有了新的要求，需要夹具既能够重复使用，又可以进行相应的调整，并且能和其他夹具进行组合。组合夹具也称柔性组合夹具，是一套由不同形状、规格和用途的标准化元件和部件组成的机床夹具系统。这种夹具主要是由统一化、标准化的元件和部件构成，通过元件和部件进行不同形式的排列组合，可以具备不同的功能，这造就了夹具的多功能性和重复使用性。除了具备传统夹具的特点，组合夹具不仅结构简单可靠，而且能通过元件和部件进行调整。为了实现与数控机床有统一的定位连接，专用夹具、组合夹具朝着更加标准的专业化方向发展。同时与柔性夹具相结合，专业夹具的使用更加简单快捷，能满足现代化加工工业的各种需求。

4. 高效化

为了缩短生产周期，减轻工人的劳动强度，工件的拆装需要实现自动化。工件的夹紧进程由原来的单一夹紧，发展到可以进行调整的模块，以实现更加高效率的夹紧，对于一些批量较大的工件可以进行自动化快速夹紧。工件夹具快速化、自动化也是市场发展的需要，尤其是在当前用户要求的交货期限越来越短的情况下，夹具的功能要求越来越多，这促使夹具日渐呈现出模块化、快速化、通用化的特点。

第二节　加工中心的分类与应用

加工中心的分类方法很多，常见的有以下六种分类方法。

一、按主轴加工时空间位置分类

加工中心按主轴加工空间位置分类，可分为立式加工中心和卧式加工中心。加工中心的主轴在空间处于垂直状态的称为立式加工中心，主轴在空间处于水平状态的称为卧式加工中心。主轴可做垂直和水平转换的称为立卧式加工中心（也称复合加工中心或五面加工中心）。

二、按工艺用途分类

加工中心按工艺用途进行分类，有镗铣加工中心、钻削加工中心、车削加工中心及复合加工中心等。

三、按工作台的数量和功能分类

加工中心按工作台的数量和功能分类，有单工作台加工中心、双工作台加工中心和多工作台加工中心。

四、按加工轴分类

加工中心按加工轴分类，即按运动坐标数和同时控制的坐标数分类，有三轴二联动、三轴三联动、四轴三联动、五轴四联动及六轴五联动等。其中三轴、四轴等是指加工中心具有的运动坐标数；联动是指控制系统可以同时控制运动的坐标数，包含位置和速度控制。

五、按加工精度分类

加工中心按加工精度分类，有普通加工中心和高精度加工中心。普通加工中心：分辨率为

1μm，最大进给速度为 15~25m/min，定位精度为 10μm 左右。高精度加工中心：分辨率为 0.1μm，最大进给速度为 15~100m/min，定位精度为 2μm 左右。定位精度介于 2~10μm 的可称精密级。

六、按主轴数量分类

加工中心按电主轴数量分类，有单主轴加工中心和多主轴加工中心。单主轴加工中心配备一根主轴，生产效率不高，动态性能一般，辅助时间长；多主轴加工中心有较高的生产效率，由于使用了无换刀时间等技术，有效地缩短了设备运行中非加工时间，所以实现了较高的生产效率。主轴都有相应的刀库系统，因此每个主轴都可以满足不同加工方式的要求，具有良好的适应性。同时还具备无重复夹紧、辅助时间短的特点。汽车行业近年来广泛使用双主轴加工中心，可利用两个工作台同时加工两个工件，大幅度提高了生产效率。

第三节　加工中心的特点与加工原则

一、加工中心的特点

加工中心是一种典型的集高新技术于一体的机械加工设备。据统计，目前加工中心在制造行业是应用最广泛的数控机床之一，它的发展代表了一个国家设计、制造的水平。加工中心已成为现代机床发展的主流方向，广泛应用于机械制造行业，与普通数控机床相比，具有以下几个突出特点。

1. 工序集中

加工中心配备有刀库，并能自动更换刀具，可以实现对工件进行多工序加工，工件在一次装夹后，数控系统能控制机床按不同工序，自动选择和更换刀具，调整主轴转速、进给量、运动轨迹。现代加工中心更大程度地使工件在一次装夹后，实现多表面、多特征、多工位的连续、高效、高精度加工，即工序集中。这是加工中心最突出的特点。

2. 对加工对象的适应性强

加工中心可以实现柔性生产，生产的柔性不仅体现在对特殊要求的快速反应上，而且可以快速实现批量生产，提高市场竞争能力。

3. 加工精度高

加工中心同其他数控机床一样具有加工精度高的特点，而且加工中心由于加工工序集中而避免了多次装夹，所以加工精度更高，加工质量更加稳定。

4. 加工效率高

零件加工所需要的时间包括机动时间与辅助时间两部分。加工中心带有刀库和自动换刀装置，在一台机床上能集中完成多种工序，因而可减少工件装夹、测量和机床的调整时间，减少工件半成品的周转、搬运和存放时间，使数控机床的切削利用率（切削时间和开动时间之比）高于普通机床 3~4 倍，达 80%以上。

5. 减轻操作人员的劳动强度

加工中心对零件的加工是按事先编好的程序自动完成的，操作人员除了装卸零件、进行关键工序的中间测量以及观察机床的运行，不需要进行繁重的重复性手工操作，劳动强度和紧张程度均可大为减轻，劳动条件也得到很大的改善。

6. 经济效益高

使用加工中心加工零件时，分摊在每个零件上的设备费用是较昂贵的，但在单件、小批量生产的情况下，可以节省许多其他方面的费用，因此能获得良好的经济效益。例如，在零件安装到机床上之后可以缩短调整、加工和检验时间，减少了直接生产费用。另外，由于加工中心加工零件不需制作其他工装夹具，减少了硬件投资。还由于加工中心的加工质量稳定，减少了废品率，所以使生产成本进一步下降。

7. 有利于生产管理的现代化

用加工中心加工零件，能够准确地计算零件的加工工时，并有效地简化工装夹具、半成品的管理工作，这些特点有利于使生产管理现代化。当前有许多大型 CAD/CAM 集成软件已经开发了生产管理模块，实现了计算机辅助生产管理。加工中心的工序集合加工方式固然有其独特的优点，但也带来不少问题，列举如下。

1）粗加工后直接进入精加工阶段，工件的温升来不及恢复，冷却后尺寸有变动，影响工件精度。

2）工件由毛坯直接加工为成品，一次装夹中金属切除量大、几何形状变化大，没有释放应力的过程，加工完一段时间后内应力释放，使工件变形。

3）切削不断屑，切屑的堆积、缠绕等会影响加工的顺利进行及零件表面质量，甚至使刀具损坏、工件报废。

4）装夹零件的夹具必须满足既能承受粗加工中的大切削力，又能在精加工中准确定位的要求，而且零件夹紧变形要小。

二、加工中心的优势与劣势

加工中心的优点主要体现在以下几个方面。

1）减少工装数量，加工形状复杂的零件不需要复杂的工装。若要改变零件的形状和尺寸，只需要修改零件加工程序，适用于新产品研制和产品换代。

2）加工质量稳定，加工精度高，重复精度高，可适应不同产品的加工要求。

3）多品种、小批量生产情况下生产效率较高，不仅能减少生产准备、机床调整和工序检验的时间，而且通过加工参数优化，可以减少切削时间。

4）适用于难加工的复杂型面和工件的难加工部位。

同时，加工中心也存在不足之处，主要表现在以下两方面。

1）机床设备投资费用高。

2）对操作人员和机器维护人员的技能要求高。

三、加工中心的加工原则

在数控加工中心，加工路线的确定一般要遵循以下几方面原则。

1）同一加工表面按粗加工→半精加工→精加工次序完成，或全部加工表面按粗加工→半精加工→精加工分开进行。

2）对于既要铣面又要镗孔的零件，可以先铣面后镗孔，这样可以提高孔的加工精度。

3）相同工位集中加工，应尽量按就近位置加工，以缩短刀具移动距离，减少空运行时间。

4）某些机床工作台回转时间比换刀时间短，在不影响精度的前提下，为了减少换刀次数、减少空行程、减少不必要的定位误差，可以采取刀具集中工序，即用同一把刀把零件上相同的部位都加工完，再换第二把刀。

5）考虑到加工中存在着重复定位误差，对于同轴度要求很高的孔系，就不能采取刀具集中原则，而应该在一次定位后，通过顺序连续换刀，顺序连续加工完该同轴孔系的全部孔后，再加工其他坐标位置孔，以提高孔系同轴度。

6）在一次定位装夹中，尽可能完成所有能够加工的表面。

第四节 加工中心的编程与控制方法

一、编程方法

在数控加工中心中，编程方法通常使用以下两种。

1. G代码编程

简单轮廓（直线、圆弧组成的轮廓）直接用数控系统的G代码编程。

2. CAD/CAM软件编程

复杂轮廓（三维曲面轮廓）在计算机中用自动编程软件（CAD/CAM）画出三维图形，根据曲面类型设定各种相应的参数，自动生成数控加工程序。

以上两种编程方法基本上能满足数控加工的要求，但在加工函数方程曲线轮廓时就很困难，因为早期的机床数控系统不具备函数运算功能，所以直接用G代码不能编制出函数方程曲线的加工程序，（版本较低的）CAD/CAM软件通常也不具备直接由方程输入图形的功能。因此切削函数方程曲线轮廓，通常使用的方法是：根据图样要求，计算出曲线上各点的坐标，再根据计算出的坐标值用直线或圆弧指令代码编制程序，手工输入系统进行加工。

加工中心还可按照加工过程的工序分成若干个模块，分别编写子程序，再由主程序调用。这种模块式的程序更便于加工调试，优化加工工艺。

二、控制方法

为保证刀具能进行复杂表面的加工，采用加工中心能实现三轴或三轴以上的联动控制。加工中心除具有直线插补和圆弧插补功能外，还具有各种加工固定循环、刀具半径自动补偿、刀具长度自动补偿、加工过程图形显示、人机对话、故障自动诊断和离线诊断等功能。

(1) 点位控制　点位控制用于孔加工，如中心钻定位、钻孔、扩孔、锪孔、铰孔及镗孔等各种孔的加工。

(2) 连续控制　连续控制通过加工中心的直线插补、圆弧插补、曲线插补运动加工工件平面和曲面。

(3) 刀具半径补偿　若直接按照工件轮廓线进行编程，就会在加工工件内轮廓时，实际轮廓线将增加一个刀具半径值；在加工工件外轮廓时，实际轮廓线又减少一个刀具半径值。数控加工中心可自动计算刀具中心轨迹，让刀具中心偏离工件轮廓一个刀具半径值，加工出符合工艺要求的轮廓。利用刀具半径补偿功能，除了可以改变刀具半径补偿量，还可以补偿刀具磨损量和加工误差，实现工件的粗加工、半精加工和精加工。

(4) 刀具长度补偿　改变刀具长度补偿量，不仅可以补偿刀具换刀后的长度偏差值，还可以改变切削加工的平面位置，控制刀具轴向定位精度。

(5) 固定循环加工　数控加工中心通过使用固定循环加工指令，可以简化加工程序，减少编程工作量。

第五节　加工中心的发展趋势

一、电主轴一体化融合技术

1. 电主轴

电主轴是电动机与主轴融合在一起的产物，电动机的转子即为主轴的旋转部分，理论上可以把电主轴看作一台高速电动机，关键技术是其高转速下的动平衡技术。电主轴的电动机不仅有异步交流感应电动机，还有永磁同步电动机，后者在相同功率下，外形尺寸较小，且转子为永磁铁，不发热。

2. 高速轴承技术

电主轴通常采用复合陶瓷滚动轴承，耐磨耐热，寿命是传统轴承的几倍。今后发展趋势是电磁悬浮轴承或静压轴承，内外圈不接触，理论上寿命无限。

3. 轴承油雾润滑

电主轴的油雾润滑一般采用定时定量油气润滑以逐步取代脂润滑。所谓定时，就是每隔一定的时间间隔注一次油。所谓定量，就是通过定量阀，精确地控制每次润滑油的油量。而油气润滑，则指的是润滑油通过压缩空气被吹入陶瓷轴承。

4. 高效冷却装置

为了尽快给高速运行的电主轴散热，通常对电主轴的外壁通以循环冷却剂。冷却装置的作用是保持冷却剂的温度，通常其冷却剂在热交换效率和耐腐蚀性上均有较高的要求。

5. 高分辨率内置脉冲编码器

为了实现某特殊工艺诸如自动换刀以及刚性攻螺纹，电主轴会内置脉冲编码器，以实现准确的相角控制以及与进给的配合。主轴系统所用的位置编码器分辨率可达到 3.6×10^5p/r。

6. 高频变频装置

要实现电主轴每分钟几万甚至十几万转的转速，必须用高频变频装置来驱动电主轴的内置高速电动机，变频器的输出频率必须达到上千赫兹。

7. 高精度刀具接口

刀具接口以适合高速加工的 HSK 等接口为主，精度可达主轴径向圆跳动小于 2μm，轴向窜动小于 1μm，轴系不平衡度小于 G0.4 级。

二、高速加工中心进给系统

滚珠丝杠工艺趋于成熟，应用广泛，不仅精度较高，而且实现高速化的成本也相对较低，所以迄今仍为许多高速加工机床所采用。当前使用滚珠丝杠驱动的高速加工机床最大移动速度为 90m/min，加速度为 1.5*g*（*g* 为重力加速度）。但滚珠丝杠毕竟是机械传动，从伺服电动机到移动部件间有一系列机械元件，势必存在弹性变形、摩擦和反向间隙，相应造成运动滞后和其他非线性误差。目前滚珠丝杠副的移动速度和加速度已提高较多，再进一步提高的余地有限。

直线电动机这种进给方式取消了从电动机到工作台滑台间的一切中间机械传动环节，实现了机床进给系统的零接触传动。由于直线电动机没有任何旋转元件，不受离心力的作用，所以可以大幅提高进给速度。直线电动机的另一大优点是行程不受限制。而且对整个进给系统的刚度没有任何影响。采用直线电动机能够大幅提高机床进给系统的响应速度。直线电动机最高加速度可达 2~10*g*，最大进给速度可达 60~200m/min，甚至更高。

三、控制系统

控制系统由开环控制系统发展到如今的半闭环和闭环位置控制系统：采用直流伺服电动机或交流伺服电动机作为驱动部件，可以采用内装于电动机的脉冲编码器，无刷旋转变压器或测速发电动机作为位置环，速度检测器件构成半闭环位置控制系统。也可以采用直接安装在工作台的光栅或感应同步器作为位置检测器件，构成高精度的全闭环位置控制系统。主流控制系统有西门子 810、820、802、840D-SL 系统，FANUC CNC16/18/21i 系统，以及海德汉的 ITNC530 系统等。

四、检测技术

1. 位置及速度环检测

检测技术的发展极大地提高了交流电动机调速系统的动态响应性能和定位精度，普遍采用的霍尔传感器具有小于 1μs 的响应时间。交流电动机调速系统一般选用无刷旋转变压器、混合型的光电编码器和绝对值编码器作为位置、速度传感器。随着它们的转速、分辨率的不断提高，系统的动态响应、调速范围以及低速性能也相应提高。传统的具有 A、B 两相信号的编码器由于不能兼顾分辨率和高速度，且信号线太多，从而影响了高精度、高速度的伺服系统的实现。而新型的编码器则克服了上述缺点，如日本 FANUC 公司生产的脉冲编码器（绝对型），由于它将来自正余弦信号的角度转化成数字量，使它具有 4000r/min 的高速以及高达 1000000 脉冲/r 或 65536 脉冲/r

的分辨率。

2. 刀具检测

ARTIS公司的刀具监控系统可以实时可视在线监控，在加工过程中，可准确地检测到断刀，对钝刀状况也可以做出及时的判断。

3. 精铣平面的尺寸自动检测及动态补偿

精铣平面的平面度要求对夹具的热胀冷缩非常敏感。MH公司的红宝石红外线探测技术并结合最新西门子840D-SL系统程序，可以实现在自动加工中对精铣平面进行自动参数补偿，使得精铣平面后的平面度无论是在冷机还是热机状态下都能稳定在中间公差内。

4. 传动系统精度检测

Renishaw公司球杆仪及软件是用于测量数控机床中的几何误差，并检测由控制器和伺服驱动系统引起的精度不准的问题。通过让机床运行一段圆弧或整圆周来“执行球杆仪测试”以测得误差。由一传感器测得前述运动中半径的微小偏移量，用软件将其采集，并将合成的数据显示在屏幕上，从而反映机器执行该项测试的表现。如果机器没有任何误差，绘制出的数据将显示出一个真圆。

五、床身技术

由混凝土聚合物制成的床身框架和由球墨铸铁制成的滑枕等移动部件是最新的技术趋势。固定部件极为坚固以保证尽可能大的刚度和吸振性；对于所有移动部件，则需要保证刚度最大的同时质量尽可能小。只有这样的质量分配才可实现高的动态特性，从而满足高速切削工艺的要求。

六、位移光栅尺测量

高分辨率的光学直线测量系统以及精密线性的导轨，满足了现代高速加工中心的需求。

七、夹具技术

在轴类零件加工定位上由传统的自定心卡盘+顶尖的夹紧方式，逐步发展成弹性卡盘+中心架+顶尖的工件夹紧，而在箱体类零件上夹具的发展更为迅猛，从传统的一面两销的定位+液压缸夹紧方式，发展到采用零点偏置定位+随行夹具的柔性技术，配合柔性加工中心，真正意义上从产品规划到制造过程实现全柔性。

八、未来发展趋势

1. 绿色化

通过节能减排使生产系统对环境负荷达到最小。设备主要零部件由再生材料制造，设备的质量和体积减少50%以上。通过采取减小移动部件质量，降低空运转功率等措施，使功率减少30%~40%。生产使用过程中的各种废弃物减少50%~60%，确保基本没有污染工作环境，报废后设备的材料可实现100%可回收。例如：据统计，汽车零件加工花费在切削液的总费用大约是刀具费用的3倍，采用微量润滑（MQL）或者是干式加工，正作为节省成本和节能减排的措施替代高成本、高污染和有害监控的湿式加工过程。MQL采用压缩空气和润滑剂混合后的气雾。润滑剂消耗小于50mL/h。气雾可以从外部供给也可以从主轴和刀具内部供给，以达到最佳的效果。MQL是绿色制造的全面解决方案，采用MQL的润滑冷却费用是传统切削液的40%，同时采用MQL可以大幅度提高加工效率。以深孔钻为例，采用刀具内部供给MQL，无需退出钻头排屑，比传统切屑液加工效率提升10倍以上。MQL还有能显著地提升加工精度等诸多好处值得深度推广。

2. 模块化

设备占地面积更小，结构更紧凑，在同一平台上模块化衍生各系列加工中心，通常他们具备结构形式相同，尽量使同平台各系列的加工中心零件通用或兼容（如传动导轨、丝杠、电主轴、刀库、旋转分度轴及冷却润滑系统等核心部件）的特点，如按照客户实际需求，可选配不同的电主轴，同时还可以设置湿式加工、干式加工或微量润滑加工等。

3. 智能化

随着智能化监控、自动补偿、人机通信及自主管理等的快速发展，加工中心不仅具有独立自主性，而且具有与使用者和管理者的交互能力，从而使得加工中心不仅是一台加工设备，而且是企业管理网络中的节点。生产加工过程通过越来越多的虚拟仿真软件提前仿真模拟，以实现智能化和可视化。

4. 柔性化

对任何产品的升级换代不仅可实现快速切换，使每次的改造费用和时间尽可能地最小化，而且同一条产线的不同生产工序可实现快速更替。同工序内的加工中心可实现加工内容的快速更替。

第二章

加工中心的组成和典型结构

第一节　加工中心的组成

加工中心一般可分为机床（机械部分）和控制系统（电气部分）两部分。机床是加工中心的主体，控制系统是加工中心的核心。加工中心通常由基础部件（床身、工作台、立柱）、主轴部件、数控系统、自动换刀系统和辅助装置组成。

一、基础部件

基础部件是加工中心的基础结构，主要由床身、工作台和立柱三大部分组成。这三部分不仅要承受加工中心的静载荷，而且要承受切削加工时产生的动载荷。所以要求加工中心的基础部件必须有足够的刚度，通常这三大部件都是铸造而成。

二、主轴部件

根据 GB/T 6477—2008《金属切削机床　术语》中的定义，主轴是带动工件或加工工件旋转的轴，其端部安装刀具，可进行切削的箱型动力部件。主轴部件由主轴箱、主轴电动机、主轴和主轴轴承等零部件组成。主轴是加工中心在切削加工时的功率输出部件，它的起动、停止、变速和变向等动作均由数控系统控制。它的旋转精度和定位精度是影响加工中心加工精度的重要因素。

三、数控系统

数控系统是数字控制系统（Numerical Control System）的简称。在 GB/T 8129—2015《工业自动化系统　机床数值控制　词汇》中的定义是使用数值数据的控制系统。在运行过程中，它不断地引入数值数据，从而对某一生产过程实现自动控制。它根据计算机存储器中存储的控制程序，执行部分或全部数值控制功能，并配有接口电路和伺服驱动装置的专用计算机系统。通过利用数字、文字和符号组成的数字指令实现对一台或多台机械设备的动作控制，它所控制的通常是位置、角度、速度等机械量和开关量。

加工中心的数控系统由 CNC 装置、可编程序控制器、伺服驱动系统以及面板操作系统组成，它是执行顺序控制动作和加工过程的控制中心。CNC 装置是一种位置控制系统，其控制过程是根据输入的信息进行数据处理、插补运算，获得要求的运动轨迹信息，然后输出到执行部件，加工出所需要的工件。

四、自动换刀系统

自动换刀系统是指实现零件工序之间连续加工换刀要求的加工装置，由刀库和换刀装置组成。其中，应用最为广泛的自动换刀系统主要有三种类型，分别是转塔式换刀系统、带盘式刀库的主轴直接换刀系统和带链式刀库的换刀机械手换刀系统。刀库可以是立式的，也可以是卧式的。需要更换刀具时，数控系统发出指令后，由机械手从刀库中取出相应的刀具装入主轴孔内，然后把主轴上的刀具送回刀库，完成整个换刀动作。

五、辅助装置

辅助装置包括润滑、冷却、排屑、防护、液压、气动和检测系统等部分。这些装置虽然不直接参与切削运动，但也是加工中心不可缺少的部分，对加工中心的加工效率、加工精度和可靠性起着保障作用。

第二节　加工中心的基础件与基础部件

一、床身与床身部件

1. 床身结构

在 GB/T 6477—2008 中，床身是指用于支承和连接若干部件，并带有导轨的基础零件。床身是机床的关键基础件之一，要求有足够的动静刚度和精度保持性。为减少连接环节，增大支承件的质量，提高床身的刚性，通常都把它设计成整体件，并选择稳定性较好的横截面形式。图 2-1 为卧式加工中心床身，它是 T 形整体床身，刚性和精度保持性都比较好，但床身的加工比较困难。图 2-2 为立式加工中心床身，该床身是把床身与支承立柱的底座连接在一起，构成整体床身，这类床身的加工工艺性、刚性、精度保持性都比较好。

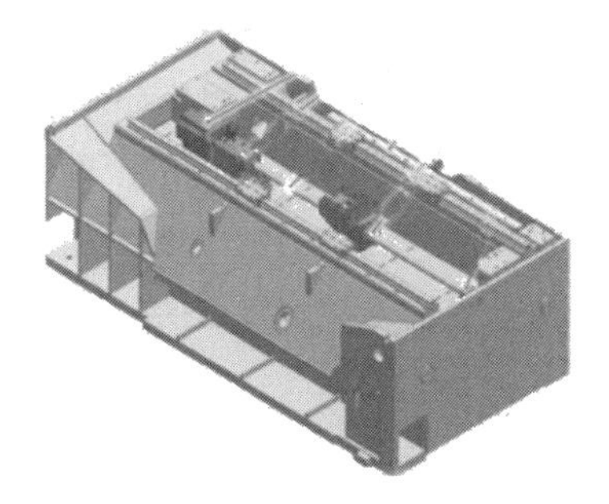

图 2-1　卧式加工中心床身

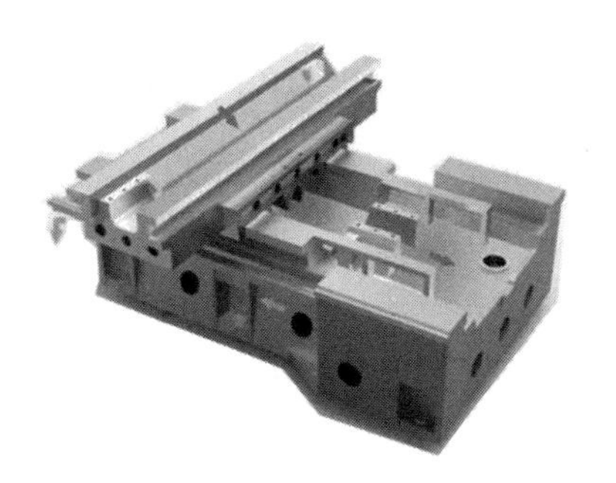

图 2-2　立式加工中心床身

2. 床身部件

其他床身部件包括床身导轨、滑台及滑台驱动电动机滚珠丝杠、轴承座、伺服电动机以及伺服电动机与滚珠丝杠的连接装置，在连接装置中通常包含弹性联轴器和支承丝杠的轴承。

（1）床身导轨　包括以下部分。

1）滑动导轨。具有滑动导轨的数控机床，一般都要在移动件导轨上粘贴聚四氟乙烯导轨软带（俗称塑料导轨板），对床身导轨进行淬火并采用周边磨削，以保证移动部件有良好的运动精度。贴塑导轨摩擦系数约为 0.04，高于滚动导轨，但能满足要求，软带变形小，在机床上使用时，任何情况下的变形都低于 1%。这种材料自润滑性好，即使润滑不充分，也不会发生咬焊现象，是数控机床一种理想的导轨材料。进给速度<15m/min 的加工中心绝大多数均是采用滑动导轨，进给速度>15m/min 的加工中心多采用滚动导轨。

2）滚动导轨。中小规格的加工中心一般都采用具有抗颠覆能力的直线滚动导轨。这种导轨的摩擦阻力小（摩擦系数为 0.003～0.004）、运动灵活、精度高，加上专业化生产，价格便宜，安装方便。图 2-3 为典型滚动导轨结构。

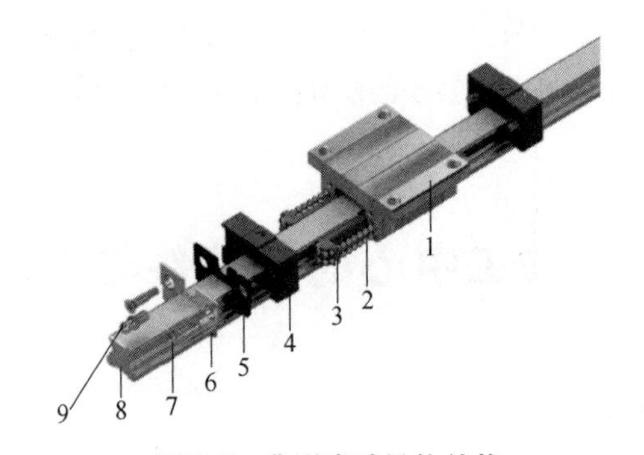

图 2-3　典型滚动导轨结构

1—滑块　2—滚珠　3—框架　4—导向器　5—密封板　6—端面板
7—内六角螺栓　8—润滑嘴　9—导轨

滑块 1 与滑台通过螺栓联接，可在导轨 9 上沿着导轨方向做往复直线运动。滚珠 2 和框架 3 保证了滑块的运动。导向器 4 又称为反向器，可实现滑块换向时的滚珠换向。密封板 5 是非常重要的一个组件，能够有效阻止外部颗粒及污染进入滑块内部，同时可以起到刮屑作用。润滑嘴 8 可接加油嘴进行定期手动加油，在很多高精度加工中心上，则使用了成本更高的中央集中润滑系统，可通过润滑嘴自动定期对滑块内部进行润滑，保证系统的寿命和性能。

（2）滑台　在典型的发动机箱体加工中心中，*X*、*Y*、*Z* 轴滑台是重要的组成部件，也是加工中心的框架和基础。滑台机构可以实现主轴箱滑台的精密运动，其利用高精度的滚珠丝杠结构，配合长度测量光栅系统实现精确的运动，保证刚性的同时可以实现较高的加工精度。如图 2-4 所示，其中 *X* 轴滑台是实现主轴箱水平运动的机构，*Y* 轴滑台是实现工件垂直运动的机构，*Z* 轴滑台是实现主轴箱前后运动的机构。

在高精度加工中心滑台中大量使用了滚珠丝杠机构，该机构具有高轴向承载能力、高动态特性、高刚性等特点，其相较于直线电动机拥有更好的刚性，因而有更广泛的应用，特别适合大切

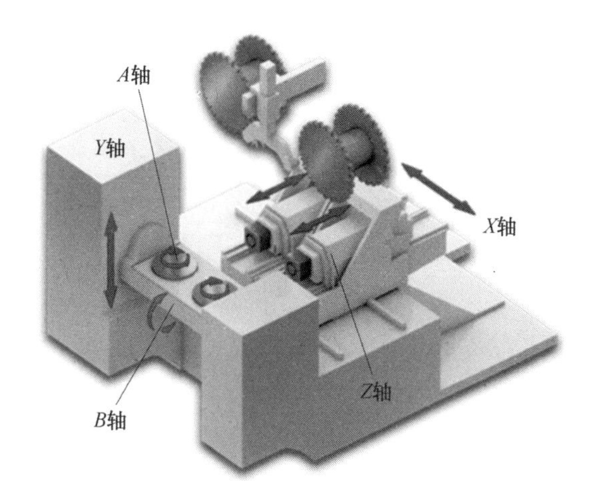

图 2-4　加工中心轴滑台示意

削力的工况，比如灰铸铁的粗加工等。电动机带动丝杠做旋转运动，中间通过丝杠螺母副可实现将旋转运动转化为轴向的直线运动，并带动连接的滑台运动。该机构有较高的精度和稳定性。

图 2-5 为某型号加工中心的 X 轴滑台结构，电动机驱动丝杠螺母副做横向直线运动，光栅测量系统将监控滑台的实际位置，实现准确的运动控制。

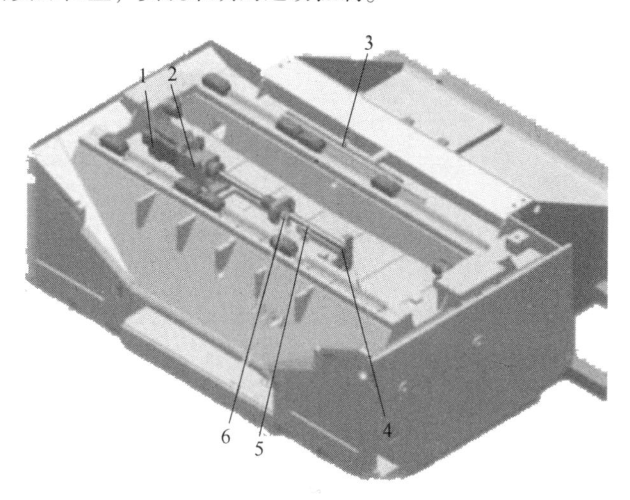

图 2-5　X 轴滑台结构

1—伺服电动机　2—轴承座　3—光栅尺　4—支承轴承　5—滚珠丝杠　6—丝杠螺母副

X 轴长度测量系统的结构如图 2-6 所示，长度测量系统部件监控机床轴的动作。长度测量系统由安装有光栅的固定壳体、安装导轨和移动安装块组成。移动安装块将在壳体内部沿着光栅尺做无接触运动，光栅尺可以测量并计算滑台沿着 X 轴的运动位置。安装底座通过调整片与安装支架实现紧固。目前厂家一般会选用高精度封闭式光栅尺，精度可达到微米级。在一些环境较差的工况下，光栅尺会通入压缩空气保持系统正压，从而防止切削液或切屑等侵入光栅尺。

图 2-7 为典型 X 轴光栅测量系统的结构，读数头和安装块安装在运动滑台上跟随滑台一起运

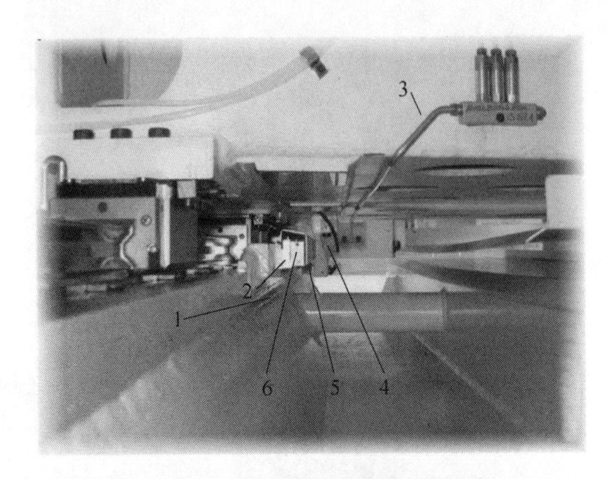

图 2-6　*X* 轴长度测量系统结构

1—*X* 轴床身　2—安装导轨　3—滑台　4—安装支架　5—移动安装块　6—固定壳体

动，通过读数头读取在光栅尺上的精密光栅，来计算滑台的准确位置。密封条的作用是用于保护光栅系统，减少外部异物的侵入。

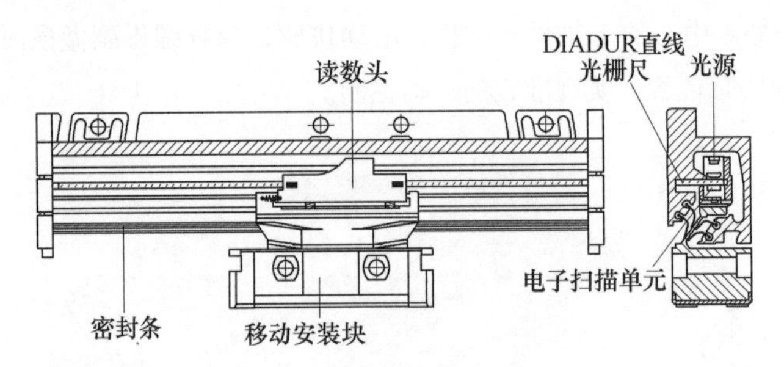

图 2-7　*X* 轴光栅测量系统结构

封闭式光栅尺具有防尘、防切屑和防飞溅的切削液的功能。敞开式光栅尺与读数头、钢带间没有机械接触。光栅尺的典型应用包括：测量机、比较仪、其他长度计量精密设备以及生产和测量设备，例如在半导体工业中的应用。增量式光栅尺决定当前位置的方式是由原点开始对步距或细分电路的计数信号进行计数。常规的增量式光栅尺带有参考点，开机时须执行参考点回零，操作非常简单、快捷。绝对式光栅尺无须执行参考点回零操作，就能直接提供当前位置值。光栅尺的绝对位置值可通过 EnDat 接口或其他串行接口传输。

X 轴滑台为实现运动时加工区和非加工区（电动机及运动副）的隔离，通常会使用密封性极佳的卷帘式防护罩，防止加工区的乳化液和切屑溅出，进入非加工区域。

图 2-8 为典型 *X* 轴卷帘式防护罩的结构，它由左右两部分组成。两个卷帘带被固定在 *Z* 轴的框架上，或固定在加工中心的外框架上。卷帘通过一个内部弹簧机械装置预紧，来保证与 *X* 轴平行的卷帘带的拉放，卷帘的上下还有防护槽导向，卷帘外壳的挡条可避免切屑和异物侵入。

Y 轴滑台可实现工件的垂直方向运动，图 2-9 为某典型加工中心的 *Y* 轴滑台结构。*Y* 轴的驱动系统在两个立柱的垂直方向上，滚珠丝杠是滑台的传动装置。滚珠丝杠的电动机侧为 1 个轴向-

径向推力球轴承，用作固定支承；滚珠丝杠另一侧为 1 个向心球轴承，用作浮动轴承，浮动轴承可以平衡由于温差造成的滚珠丝杠长度变化。滚珠丝杠直接由 1 个三相伺服电动机驱动，电动机带动丝杠转动，驱动丝杠螺母副的螺母上下运动，从而实现 *Y* 轴滑台的上下运动。配重装置用来平衡滑台的重力，*Y* 轴光栅长度测量系统保证了滑台运动准确性和精度。

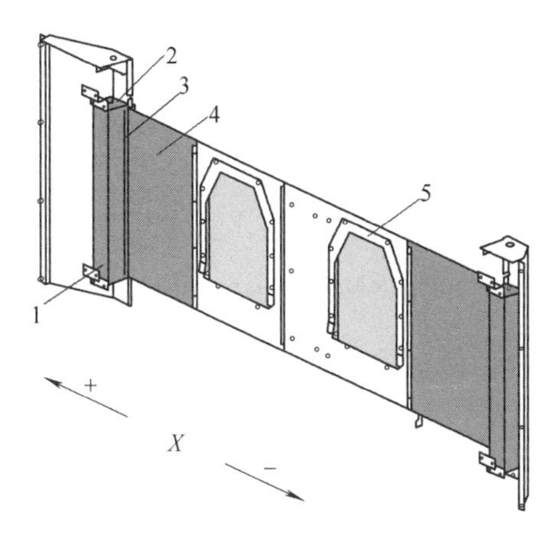

图 2-8　*X* 轴卷帘式防护罩

1—卷帘　2—支架　3—挡条
4—防护罩　5—防护板

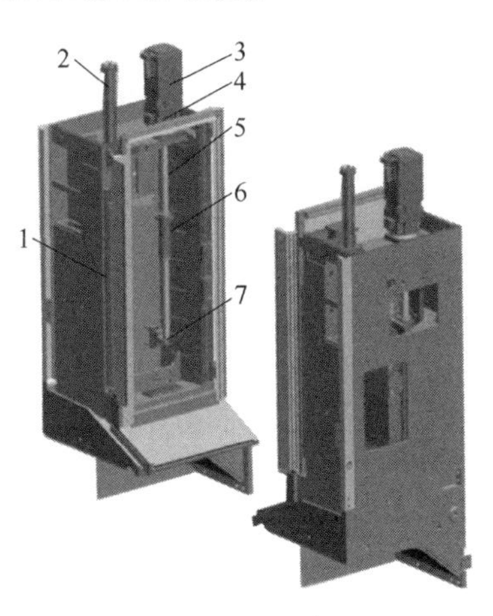

图 2-9　*Y* 轴滑台结构

1—光栅长度测量系统　2—配重装置　3—伺服电动机
4—安全抱闸　5—滚珠丝杠　6—滚珠丝杠螺母　7—浮动端轴承

Y 轴滑台的位置通过 *Y* 轴光栅测量系统进行测量、计算。光栅固定在立柱上，安装块通过 1 个支架固定在滑台上，滑台带动安装底座移动，光栅通过计算控制系统计算 *Y* 轴滑台的位置。目前，大多厂家使用高精度封闭式光栅尺，精度可达到微米级。在一些环境较差的工况下，光栅尺会通过压缩空气保持系统正压，防止切削液或切屑等进入光栅尺。

Z 轴滑台可实现主轴箱的前后运动（*Z* 向），图 2-10 为某双主轴加工中心的 *Z* 轴滑台结构。滚珠丝杠的传动主轴位于固定轴承和支架间，支架设计为浮动轴承。当出现温差时，浮动轴承允

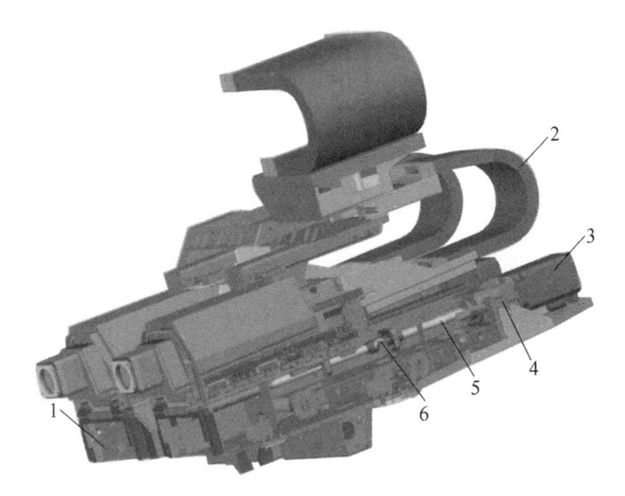

图 2-10　*Z* 轴滑台结构

1—*Z* 轴十字滑台　2—拖链　3—伺服电动机　4—轴承座　5—滚珠丝杠　6—螺母

许滚珠丝杠自主延伸。滚珠丝杠与对应的导轨平行，直接由 1 个三相伺服电动机驱动。

Z 轴滑台的位置通过 *Z* 轴光栅测量系统（见图 2-11）进行测量。测量系统固定在 *Z* 轴上，它由底座安装块和可移动扫描滑座组成，通过结合器连接在一起。底座安装块通过一个支架固定在十字滑台上，跟随滑台一起运动。*Z* 轴滑台的运行将带动底座安装块运动，并通过光栅测量系统计算出系统中 *Z* 轴的位置。大多数厂家使用高精度封闭式光栅尺，精度能达到微米级。在一些环境较差的工况下，光栅尺会通入压缩空气保持正压，以防止切屑液或切屑等进入光栅尺。

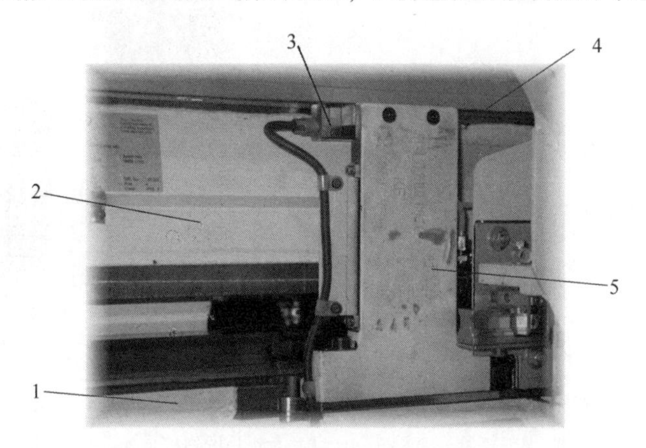

图 2-11　*Z* 轴光栅测量系统

1—十字滑台（固定）　2—*Z* 轴滑台（运动）　3—底座安装块　4—光栅　5—支架

（3）滑台驱动电动机　加工中心滑台驱动电动机通常使用的是永磁同步伺服电动机，可实现精确位置的控制，额定转速在 3000～4000r/min，最大转速可以达到 7000～8000r/min，额定功率能达到 1.5kW 以上。图 2-12 为西门子某型号驱动电动机。为适应复杂的工况，通常电动机需达到 IP64 甚至更高的防护等级，以应对潮湿和高污染的环境。

目前用于加工中心驱动单元的电动机大多是自然风冷电动机。为了监控电动机温度，定子绕组端部装有一个温度传感器。该温度传感器是一种半导体元件，其阻值随温度的变化而变化，且符合定义的特性曲线，图 2-13 为某伺服电动机温度传感器的特性曲线。通过对温度传感器的参数进行设置，可实现温度报警，即在电动机温度上升时，会触发一条提示信息“电动机温度过热预警”。

图 2-12　西门子某型号驱动电动机

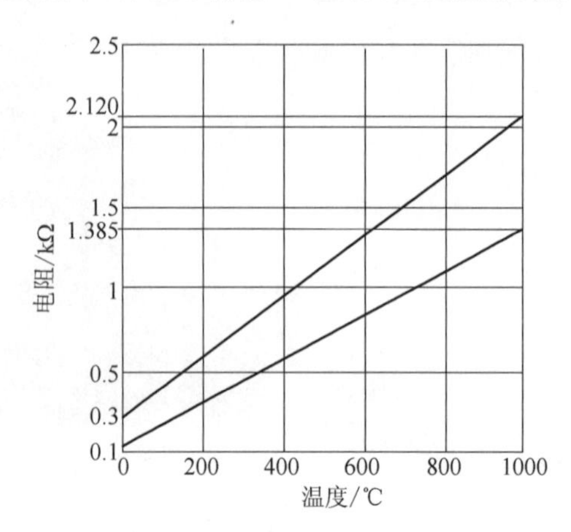

图 2-13　某伺服电动机温度传感器的特性曲线

电动机一般通过编码器（见图 2-14）实现角度的控制。编码器是一种将旋转位移转换成数字脉冲信号的旋转式传感器，这些脉冲信号能控制电动机的角位移。例如，用于伺服电动机角度控制的多圈绝对值编码器，可按照给定的分辨率发出 0°~360°的绝对角度位置信号。

此外，通过内部降速齿轮最大可区分 4096r 行程范围内的绝对位置。可用来确定一段较长距离滑块的位置。表 2-1 为某伺服电动机绝对值编码器的参数。

图 2-14 电动机编码器

表 2-1 某伺服电动机绝对值编码器的参数

名　称	符号	工作电压/N	最大电流消耗量/mA	绝对分辨率（单面）	行程范围（多圈）/r	A-B 信号：增量分辨率（每转 sin-cos 周期数）	角度误差/(″)
绝对值编码器 2048S/R（带 EnDat 接口）	AM2048S/R	5±5%	200	8192（=13 位）	4096（=12 位）	2048S/R（1Vpp）	±40
绝对值编码器 16S/R（带 EnDat 接口）	AM16S/R	5±5%	210	8192（=13 位）	4096（=12 位）	16S/R（1Vpp）	±480

注：串行绝对位置接口为 EnDat2. 1。

抱闸制动是一种干式电磁装置，线圈通电时产生电磁吸力，克服弹簧拉力将制动打开，使电动机可以正常转动。在零电流状态下，通过弹簧力进行制动。图 2-15 为前端带抱闸的伺服电动机。

随着现代机床对动态性能的要求越来越高，近几年直线电动机开始逐渐代替伺服电动机加滚珠丝杠的传统组合，尤其是在动态特性要求高的加工中心驱动机构中。直线电动机的结构具有更高的功率密度、更好的动态特性和更加紧凑的结构，容易维护，可适用于恶劣环境。

图 2-15 前端带抱闸的伺服电动机

直线电动机的初级部件相当于电动机的定子，次级部件相当于电动机转子的展开，两者之间为非接触结构。由于功率密度高、发热量大，所以通常直线电动机需使用液冷散热系统。电动机以组件形式（至少包含一个初级部件和次级部件）安装，可直接装入机器。将多个初级部件和次级部件拼接在一起，可增强电动机推力，延长移动距离，如图 2-16 所示。

由于直线电动机次级部件（见图 2-17）中含有永磁铁，通常是强磁结构，因此在使用及维护直线电动机时要特别注意安全，强大的磁场可能对周围的设备和人员造成损伤。

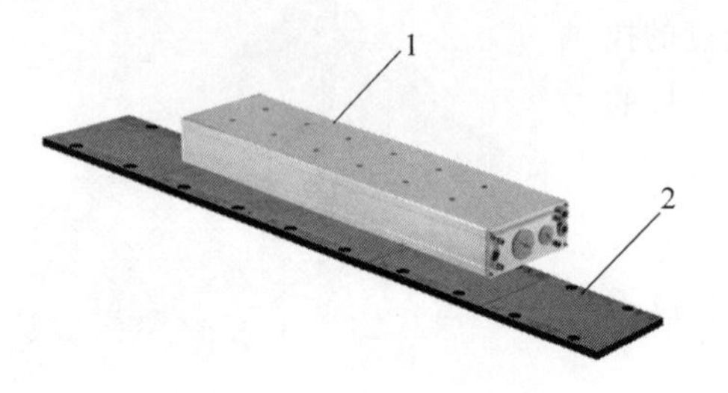

图 2-16　直线电动机部件

1—初级部件　2—次级部件

图 2-17　直线电动机次级部件

直线电动机的初级部分和次级部分都可以作为运动件。通常根据不同的使用场景进行合理布置，图 2-18 是初级/次级部件两种运动的示意图。

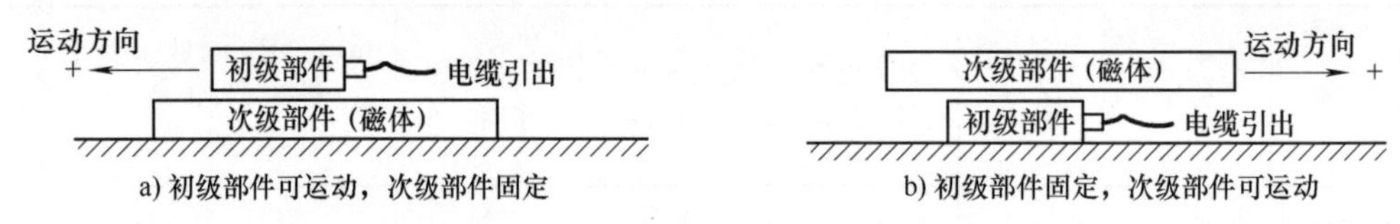

图 2-18　初级/次级部件运动示意

加工中心中通常使用的直线电动机驱动系统结构包括：提供驱动力的初级部件、次级部件，用于滑台导向的引导导轨滑块，以及用于位置测量的光栅尺（测量系统）。基座为固定部分，初级部件产生动力后带动滑块沿着引导导轨做直线运动，安装在滑块上的测量系统扫描单元也一起做直线运动，并通过扫描量规单元上的光栅刻度来获取滑台的位置，从而实现闭环控制，如图 2-19 所示。

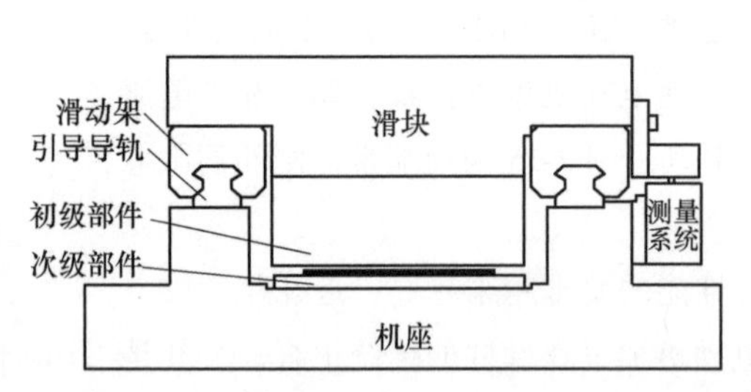

图 2-19　直线电动机驱动滑台示意

借助液冷系统将在初级部件中产生的损耗热量迅速排出，将连接后的冷却通道连接至冷却装置的冷却回路。在直线电动机额定力输出时适用于以下条件：流入温度为 35℃的水冷运行，环境空气的温度最大为 40℃。

对于永磁同步直线电动机，在次级部件的固定面范围内的散热不足时，次级部件可能过热，从而可能会导致磁体退磁，造成不可逆的损坏。通常需要确保次级部件的温度不超过 70℃。

目前应用较多的直线电动机散热结构为三明治结构，是一种上下分开且依据 Thermo-Sandwich 原理的冷却结构，主要组成部分包括：初级部件主冷却器、初级部件精密冷却器、次级部件冷却器。图 2-20 为三明治结构及其散热原理。

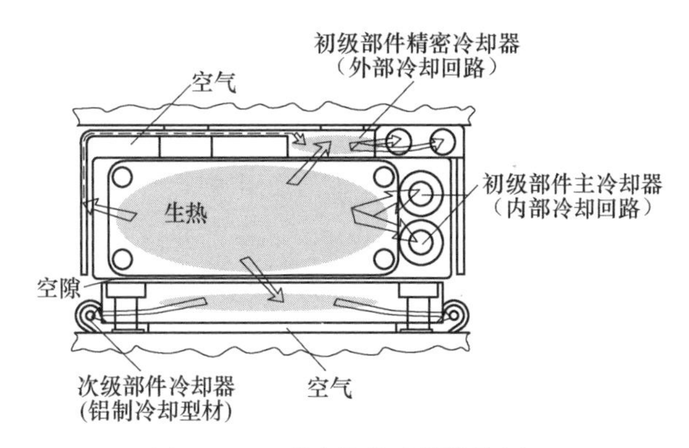

图 2-20　三明治结构及其散热原理

初级部件主冷却器通常直接内置在初级部件中，在额定条件下，初级部件主冷却器能将初级部件中产生的热量的 85%~90%排出。图 2-21 为直线电动机结构。

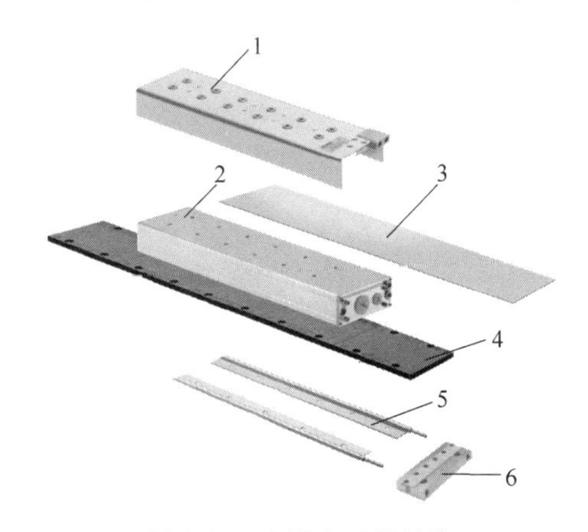

图 2-21　直线电动机结构

1—初级部件精密冷却器　2—带有主冷却器的初级部件　3—次级部件盖板　4—次级部件
5—次级部件冷却型材　6—次级部件端盖

在额定条件下，初级部件精密冷却器将总损耗功率中的 2%~10%排出。因此，初级部件精密冷却器的外表面相对于冷却剂流入温度的温升只在小范围内波动。初级部件精密冷却器与次级部件冷却器配合，通过空隙将初级部件与次级部件隔开，可以减小连接结构的热传导。精密冷却器顶部螺纹孔旁的散热装置和它们之间的风室，可以降低初级部件排出的热量。初级部件精密冷却器侧面的集射板同样构成被空气填充的中间腔，这些集射板将初级部件在侧面与机器结构隔绝。在额定条件下，初级部件精密冷却器的外表面相对于流入温度的温升最大为 4℃。直线电动机如果不使用初级部件精密冷却器，电动机表面的温度可能会超过 100℃。

在额定条件下，次级部件冷却器将电动机的总损耗功率中的 5%~8%排出。次级部件的冷却回路由冷却型材和两个充当次级部件端盖的分流型端盖构成。冷却型材的表面是经过热处理的，冷却型材和次级部件导轨之间的接触面可以吸收热量，并将热量继续传导给冷却槽。冷却型材和床身之间的接触面则相对较小，可以使传导给机器的热量降到最低。在次级部件导轨的两端加装次级部件端盖，可以形成闭合的冷却回路，并提供统一的接口，方便通入切削液，图 2-22 为次级部件的结构。通常在以下条件下，次级部件需要冷却：损耗热量传导到次级部件的场景；床身不能确保在与次级部件的接触面范围内达到散热要求的使用场景。

初级部件一般配备了温度监控回路，以防止电动机绕组热过载。每个相位（U、V、W）的绕组装有一个 PTC 温度传感器，响应阈值为 120℃，3 个 PTC 温度传感器按顺序连接，如图 2-23 所示。PTC 传感器可以实现对每个相绕组进行监控，能检测出不均匀的通流，以及各相绕组的热负荷。

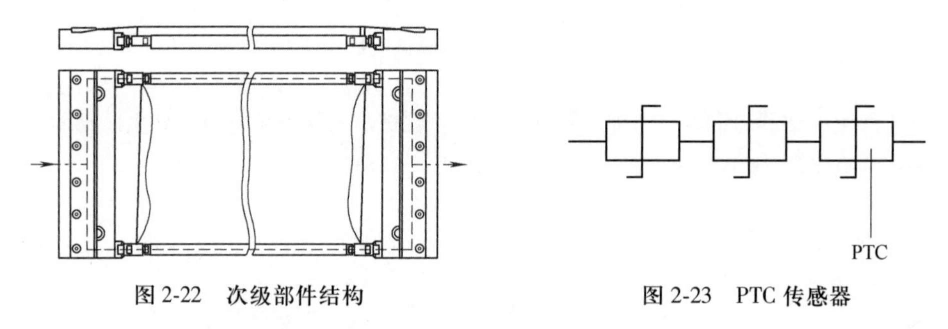

图 2-22　次级部件结构　　图 2-23　PTC 传感器

图 2-24 为温度传感器的温度-电阻特性曲线。温度传感器的电阻随着温度的上升，呈现近似线性的上升。通过监控温度传感器中电阻阻值的变化，可以实现对电动机不同绕组异常温升的快速响应。

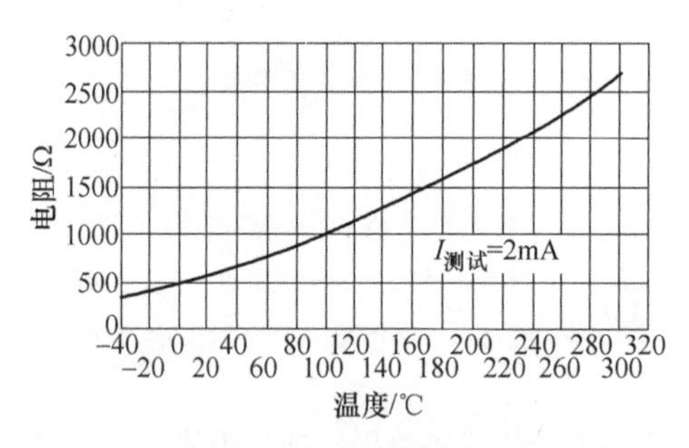

图 2-24　温度传感器的温度-电阻特性曲线

二、工作台及工作台部件

在 GB/T 6477—2008 中工作台的定义是具有工作平面，用于直接或间接装夹工件或工具的零、部件。工作台是加工中心最重要的部件，它是工件和夹具安装的基准，其精度和刚性都会直接影响到工件的加工质量。该部件要承受工件的夹紧力和加工过程中产生的切削力、弯矩和转矩，因此要求工作台及工作台部件有较高的精度和刚度。

1. 工作台尺寸及结构

工作台的宽度是机床的主要参数，我国规定加工中心工作台宽度系列尺寸有 320mm、

400mm、630mm、800mm、1000mm 和 1250mm 六种规格。立式和卧式加工中心工作台的区别是前者台面为长方形，后者为正方形或圆形。

1）立式加工中心工作台，由于不做分度运动，所以形状一般为长方形。工作台有安装工件或夹具用的 T 形槽，其中中间的 T 形槽是基准 T 形槽，其精度高于其他两条 T 形槽。如果工作台的 T 形槽数为奇数，中间的 T 形槽一定是基准 T 形槽；如果为偶数，一般选靠工作台中心线的一条 T 形槽为基准槽。

2）卧式加工中心工作台，由于要做分度运动或回转运动，所以一般都设计成正方形或圆形。标准工作台台面都开有 T 形槽，除以中间的 T 形槽作为基准外，有的厂家会在工作台正中央增加一个精度较高的标准孔，作为工件和机床找正的基准。有的卧式加工中心工作台台面不是加工出 T 形槽，而是加工出许多排列有序的标准螺孔和一个中央标准孔，这些螺孔均用螺套保护着，安装工件或夹具时根据需要才旋开相应的螺套。

2. 工作台部件的典型结构

1）小型加工中心工作台部件包括工作台、支承工作台的滑鞍、滚珠丝杠、减速齿轮、伺服电动机及导轨护板等。而中型加工中心的工作台没有减速齿轮，伺服电动机与丝杠是通过联轴器直接联接的。

2）卧式加工中心工作台部件的结构较立式加工中心的复杂，它除了有支承工作台的滑鞍、滚珠丝杠、联轴器、伺服电动机及导轨防护罩等之外，还须增加一套分度机构或回转机构。常见的是两种用鼠齿盘定位的分度工作台结构，分度时齿盘升高，分度结束齿盘落下，液压缸夹紧，分度精度可达±（2″~3″）。图 2-25 为数控分度工作台的典型结构。数控工作台可用于分度工作台不能实现的角度加工或连续旋转的切削加工。

图 2-25　数控分度工作台的典型结构

三、立柱和立柱部件

立柱及立柱部件是加工中心的主要基础部件，它是主轴箱支承和导向的主体，主要承受来自主轴箱两个方向的弯矩、转矩、振动和温度变化的影响。

由于立式和卧式加工中心结构差异和受力不同等原因，通常把立式加工中心的立柱的横截面设计成矩形或正方形。立柱横截面的尺寸较大，内壁设计有较高的竖肋和环形肋板，有较高的刚度。

卧式加工中心的立柱是框架式立柱，主轴箱安装在立柱的框架内，沿导轨作上下运动，这种立柱比侧挂式立柱热变形对精度的影响要小，侧挂式立柱当主轴箱发热时，会导致立柱导轨的温度高于立柱的背部，使立柱因热变形而向后弯曲，影响机床的导轨精度。虽然框架式立柱热变形不可避免，但由于结构对称，立柱中心位置变化不大。这种结构常称为热对称结构。

第三节　加工中心的主轴箱

根据 GB/T 12204—2010 中的定义，主轴箱是装有主轴的箱型部件。主轴箱是机床的重要的部件，用于布置机床工作主轴及其传动零件和相应的附加机构。主轴箱是一个复杂的传动部件，包括主轴组件、换向机构、传动机构、制动装置、操纵机构和润滑装置等。它的主要作用是支承主轴并使其旋转，实现主轴起动、制动、变速和换向等功能。

加工中心主轴部件由主轴动力、传动及主轴组件组成，它是加工中心成形运动的重要执行部件之一，因此要求加工中心的主轴部件具有高的运转精度、长时间的精度保持性以及长时间运行的精度稳定性。

加工中心通常作为精密机床使用，主轴部件的运转精度决定了机床加工精度的高低。考核机床的运转精度一般有静态检验和动态检验两种方法。静态检验是指在低速或手动转动主轴情况下，检验主轴部件各个定位面及工作表面的跳动量。动态检验则需使用一定的仪器在机床主轴额定转速下，采用非接触的检测方法检验主轴的回转精度。由于加工中心通常具有自动换刀功能，刀具通过专用刀柄由安装在加工中心主轴内部的拉紧机构紧固，因此主轴的回转精度要考虑由于刀柄定位面的加工误差所引起的误差。

一、主传动系统应满足的要求

加工中心是通用性强、应用范围广、加工效率高的数控机床，因此它的主传动系统必须满足四点要求：一是转速范围广；二是不仅有足够的功率和转矩，而且应能满足高速条件下（计算转速以上）保持恒功率，低速条件下（计算转速以下）保持恒转矩的要求；三是主轴箱的零部件应具有足够的强度、刚度及抗振性；四是运行平稳、噪声低。

二、主轴箱的典型结构及电主轴

1. 主轴箱的典型结构

（1）一级多楔带传动主轴箱　主电动机功率在 7.5kW 以下的主轴箱，常采用一级多楔带（复合 V 带）传动形式，主电动机通过一对多楔带轮和一条多楔带与主轴连接，为增大转矩采用降速传动方式。

（2）齿轮变速传动主轴箱　一般多采用一级扩大组来增大速度范围和提高低速转矩。由于只有高、低两挡变速，所以变速机构比较简单。

（3）直联式主轴箱　直联式主轴箱是指主轴电动机与主轴直接相连的主轴箱。直联式主轴箱有两种直联方式：一种是主电动机通过一联轴器与主轴相连接；另一种是把主电动机做成主轴箱，将转子设计成主轴，定子装在主轴箱内。

2. 电主轴

机床主轴指的是机床上带动工件或刀具旋转的轴，通常由主轴、轴承和传动件（齿轮或带轮）等组成。随着电气传动技术的迅速发展和日趋完善，高速数控机床主传动系统的机械结构已得到极大的简化，取消了带轮传动和齿轮传动。机床主轴由内装式电动机直接驱动，这种主轴电动机与机床主轴“合二为一”的传动结构形式被称为“电主轴”，它使主轴部件从机床的传动系统和整体结构中独立出来。

电主轴不仅具有结构紧凑、质量轻、惯性小、噪声低及响应快等优点，而且转速高、功率大，可以简化机床设计，易于实现主轴定位，是高速主轴单元中的一种理想结构。电主轴轴承采用高速轴承技术，耐磨耐热，寿命是传统轴承的数倍。图 2-26 为电主轴实物。

图 2-26　电主轴实物

表 2-2 为某品牌加工中心电主轴参数。由表可见，根据加工材料和工艺的不同，同一型号加工中心可使用不同转速、不同转矩的电主轴。双主轴甚至多轴加工中心的出现使加工中心的加工效率进一步提升。

表 2-2　某品牌加工中心电主轴参数

主轴参数名称		参　量							
刀柄型号		HSK-A63	HSK-A63	HSK-A63	HSK-A63	HSK-A100	HSK-A100	HSK-A100	HSK-A100
前轴承的主轴直径/mm		70	70	70	80	100	100	110	120
主轴转速 r/min		12000	18000	12000	16000	6000	10000	9000	7200
额定功率/kW（40%的额定功率）		29/39	29/39	40/52	25/35	20/26	20/26	54/65	95/125
主轴转矩/(N · m)（40%的主轴转矩）		34. 6/46. 6	34. 6/46. 6	63. 7/82. 8	160/223	262/340	262/340	470/575	1270/1650
加工中心型号	G300	●	●	●	●	—	—	—	—
	G320/G320E	●	●	●	●	—	—	—	—
加工中心型号	G500	●	●	●	●	●	●	●	—
	G520	●	●	●	●	●	●	—	—
	G700	—	—	—	—	●	●	●	●
	G720	—	—	—	—	●	●	—	—

注：●表示允许使用，—表示不允许使用。

电主轴通常需要不同的介质以实现功能。例如，需要通入压缩空气实现主轴的气密封，通入冷却水对主轴内部实现冷却，通入液压油实现刀柄的夹紧等。因此，在旋转的主轴后端通入介质就需要旋转接头这个关键部件，图 2-27 为旋转接头实物。

旋转接头原理如图 2-28 所示，介质通过固定管路 P1、P2 通入旋转接头的部件 2，部件 2 保持固定，而部件 1 可跟随主轴一起旋转，部件 1 和 2 之间既能实现介质的通过，又能保证良好的密封性。这种旋转接头广泛应用于各类主轴。值得注意的是，由于主轴后端存在跳动，所以该部件会在使用一段时间后损坏。若主轴本身的跳动量较大，会加速旋转接头的损坏。

图 2-27 旋转接头实物

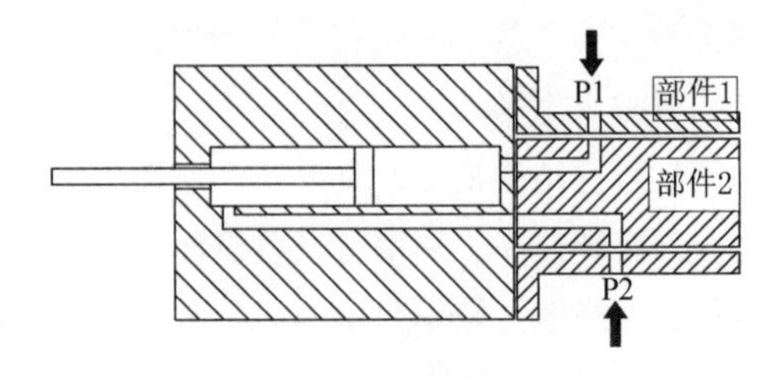

图 2-28 旋转接头原理

第四节 加工中心的刀具自动交换系统

刀具自动交换系统是指实现零件工序之间连续加工的换刀要求的加工装置。刀具自动交换系统由刀库和换刀装置组成。其中，应用最为广泛的自动换刀系统主要有三种类型，分别是转塔式换刀系统、带盘式刀库的主轴直接换刀系统和带链式刀库的换刀机械手换刀系统。而刀库可以是立式的，也可以是卧式的。

加工中心的刀具交换系统也称为自动换刀装置（ATC），它通常由刀库和机械手组成，是加工中心不可缺少的组成部分。按刀具交换方式，加工中心的刀具交换系统可分为两种：一种是有机械手的刀具交换系统；另一种是无机械手的刀具交换系统。

一、有机械手的刀具交换系统

大多数加工中心都采用有机械手的刀具交换系统，如图 2-29 所示，该系统由刀库和机械手组成。换刀时，首先是机械手同时（或分别）把刀库上已准备好的刀具和主轴上已用过的刀具取出，然后交换刀具位置，再分别（或同时）把从刀库中取出的刀具送到主轴上，把从主轴上取出的用过的刀具送回到刀库上。

图 2-29 有机械手的刀具交换系统

二、无机械手的刀具交换系统

无机械手的刀具交换系统是一种不用机械手即可进行刀具交换的装置，如图 2-30 所示。由于没有机械手，刀具交换过程的取刀、插刀等换刀步骤都是利用刀库与主轴箱的相对运动实现的。

采用无机械手的刀具交换装置的加工中心在刀具交换时，首先是刀库（主轴箱）驱进，刀库（空刀位）向装有刀具的主轴头移动或主轴箱（装有刀具的主轴头）向刀库移动，当刀库的空刀位的爪子抓住主轴头上的刀具时，刀库与主轴箱的相对运动停止。其次是拨刀，刀库和主轴箱开始做拨刀的相对运动，直至刀具从主轴头中拨出。再次是选刀，选刀是刀库根据立式无机械手刀具交换装置据指令做回转运动，直至选刀结束。然后是插刀，刀库与主轴箱做插刀相对运动，直至刀库上的新刀具完全插入主轴头内，并被拉刀机构拉紧；最后是刀库退回原位，刀库做离开主轴头（或主轴箱离开刀库）的相对运动，直至刀库（或主轴箱）回原位。

图 2-30　无机械手的刀具交换系统

三、刀具交换系统的特点

无机械手刀具交换系统的特点是结构简单，成本低，换刀的可靠性高。但换刀时间长，刀库容量小，一般都在 30 把以内，只适于中小型加工中心。

有机械手刀具交换系统的特点是刀库配置灵活，刀库容量可大可小，位置可根据机床的具体情况而定。机械手的配置也比较灵活，它可以根据主轴箱的位置与刀库的位置来配置不同形式的机械手。此外，有机械手刀具交换系统的换刀时间普遍比无机械手的换刀时间短，有的换刀时间只有 1~2s，有的甚至<1s。但这种换刀方式结构复杂，成本高，调试和维修不太方便。

四、刀柄的分类

刀柄是连接加工中心主轴和刀具的重要组成部分，通过刀柄，各种标准刀具可以迅速、准确地装到机床主轴和刀库中去。刀柄也是影响加工的同心度和动平衡的重要环节，其中同心度决定刀具在旋转一周的情况下各切削刃部分的切削量是否均匀；动平衡影响主轴旋转时刀具的振动量。随着目前主轴转速越来越高，刀柄的选择对于加工质量的影响也显得越来越重要。

1. 按主轴锥孔分类

按照加工中心的主轴锥孔不同，刀柄分为两大类：锥度为 7：24 的 SK 通用刀柄和锥度为 1：10 的 HSK 真空刀柄。

（1）锥度为 7：24 的 SK 通用刀柄　锥度为 7：24 的 SK 通用刀柄采用单独的锥面定位，是锥柄较长的一类刀柄。通过锥体表面，刀柄实现相对于主轴的精确定位和刀柄夹紧，如图 2-31 所示。

图 2-31　锥度为 7：24 的 SK 通用刀柄

锥度为 7：24 的 SK 通用刀柄通常有五种标准和规格，即 NT（传统型，简称 NT 或 ST）、MAS BT（日本标准，简称 BT）、DIN 69871（德国标准，简称 JT、DIN、DAT 或者 DV）、ISO 7388－1（国际标准，简称 IV 或 IT），以及 ANSI/ASME（美国标准，简称 CAT）。

目前国内使用最多的是 DIN 69871 型和 MAS BT 型两种刀柄。ISO 7388－1 型刀柄因为还可以安装在 DIN 69871 型、ANSI/ASME 主轴锥孔的机床上，所以 ISO 7388－1 型的刀柄的通用性是最好的。

（2）锥度为 1：10 的 HSK 真空刀柄　HSK 真空刀柄是依靠刀柄的弹性变形，锥面和法兰端面与主轴锥孔面和端面同时接触定位的一类刀柄。考虑到单面连接的 7：24 通用刀柄在高速旋转过程中，刀柄会受到拉力的影响而回缩，HSK 刀柄这种双面接触系统在高速加工、连接刚性和重合精度上均优于 7：24 通用刀柄，因此 HSK 真空刀柄更适合于高速加工，被广泛用于航空航天、汽车、精密模具等制造工业之中，如图 2-32 所示。

图 2-32　锥度为 1：10 的 HSK 真空刀柄

HSK 真空刀柄的德国标准是 DIN 69873，包括六种标准和规格，即 HSK-A、HSK-B、HSK-C、HSK-D、HSK-E 和 HSK-F。生产中常用的刀柄主要是以下三种：HSK-A（带内冷自动换刀）、HSK-E（带内冷自动换刀，高速型）和 HSK-F（带内冷自动换刀，高速型）。其中 HSK-A 和 HSK-E 的区别有两点：一是 HSK-A 有传动槽而 HSK-E 没有，所以相对来说 HSK-A 传递转矩较大，相对可进行一些重切削，而 HSK-E 传递的转矩就比较小，只能进行一些轻切削；二是 HSK-A 刀柄上除有传动槽之外，还有手动固定孔、方向槽等，所以相对来说平衡性较差；而 HSK-E 没有，所以 HSK-E 更适合高速加工。而 HSK-E 和 HSK-F 的区别主要在于型号、尺寸的差别，HSK-E 和 HSK-F 刀柄相比，HSK-F 刀柄的锥部尺寸小。

2. 按刀具装夹形式分类

按刀具的装夹形式不同，刀柄主要分三类：热缩夹持刀柄、弹簧夹持刀柄、液压夹持刀柄。

（1）热缩夹持刀柄　热缩夹持刀柄（见图 2-33）的夹持步骤：先通过感应热技术加热刀柄上的刀具装夹部位，使它的直径膨胀，再将冷的刀杆放入热的刀柄；然后冷却刀柄装夹部位，使其直径恢复到初始状态夹紧刀具。由于取出时是对刀具和刀柄一起进行加热，因此不能使用与刀柄有一样热膨胀系数的刀具进行装夹。这种刀柄的夹紧力大，动平衡好，重复定位精度高，加工中防干扰性好，适合高速加工。但是每种规格的刀柄只能安装一种柄径的刀具，而且需要额外配置一套加热设备。

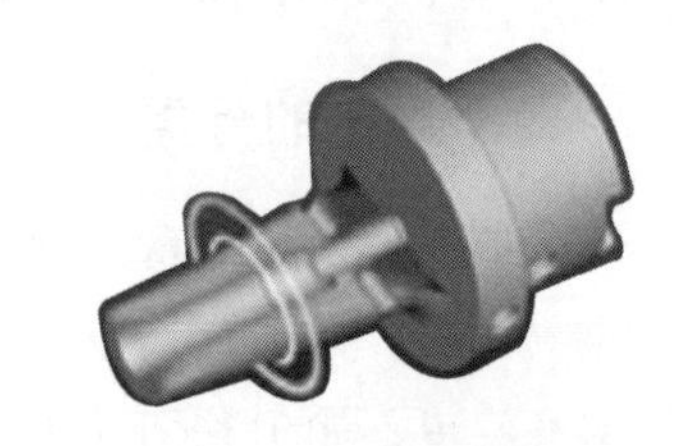

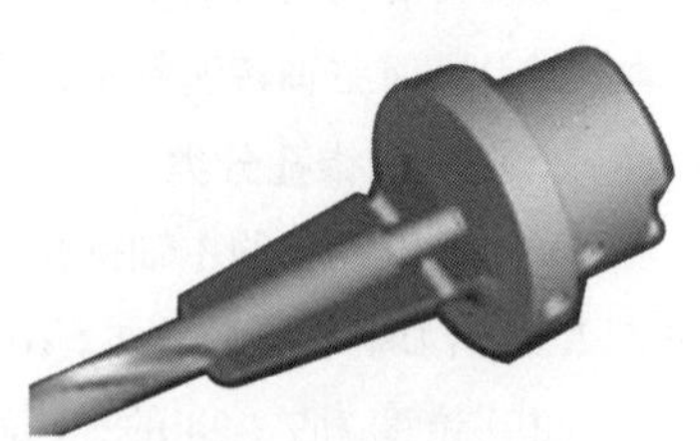

图 2-33　热缩夹持刀柄

（2）弹簧夹持刀柄　弹簧夹持刀柄主要是利用有锥度的弹簧夹套在轴向移动过程中逐渐收缩，实现夹紧刀具。它的特点是夹持范围大，通用性好。

（3）液压夹持刀柄　液压夹持刀柄（见图 2-34）主要是通过推动液压介质向油腔内挤压，使刀柄的内壁膨胀，夹紧刀具，实现夹持。因为液压介质在各个方向所受压力是均匀一致的，因此在夹持过程中刀具会处于中心位置，且受力均匀，夹持精度较好。

图 2-34　液压夹持刀柄

对三种夹持类型进行比较，结论如下。

1）从成本角度讲，液压夹持刀柄高于热缩夹持刀柄，热缩夹持刀柄又高于弹簧夹持刀柄。

2）从使用便利性角度讲，热缩夹持刀柄的使用便利性最高，不需要操作者具有很高的操作技巧，而弹簧夹持刀柄的使用便利性最低，它的精度取决于操作者。

3）从使用过程的稳定度讲，液压夹持刀柄的稳定性是最高的，液压系统可以过滤掉大部分的振动，而其他两种类型的稳定性相对较差。

综上，液压夹持刀柄的使用限制较大；弹簧夹持刀柄的通用性较好，可用于所有工序；而热缩夹持刀柄由于在使用便利性、同心度和动平衡方面综合性能比较出色，因此更适合高速加工。

五、刀具的分类

1. 按加工工艺不同分类

加工中心的加工类型多种多样，有车削、铣削，孔加工和复杂加工等。根据加工工艺的不同，所使用的刀具种类也不同。例如常见的车削、铣削会用到车刀、铣刀；孔加工根据加工工艺不同，在实心材料中加工孔会用到钻头，在已有孔中进行再加工会用到镗刀、铰刀等；而做复杂加工时，还会使用到拉刀和滚刀等。对上述几种典型的刀具类型分别进行介绍如下。

（1）车刀　车削加工是加工中心中常用的一种加工方式，主要用于加工工件的回转表面，如轴、盘、套和其他具有回转表面的回转体或非回转体工件。总体来说，车削加工的过程平稳，适用性广，车刀也是各类刀具中最简单的一种，制造和装夹都很方便。

按照加工工件表面的类型，车刀可以细分为外圆车刀、内孔车刀和端面车刀，分别用于对工件的外圆表面、内孔或内表面以及端面进行加工。

而按照刀具本身的结构来分类，车刀包括整体车刀、焊接车刀、机夹车刀、可转位车刀和成形车刀等。其中可转位车刀是目前广泛应用的车刀种类，它本身是机夹车刀的一种，使用的是可转位刀片。它的特点是一把刀具上有多个切削刃，一条切削刃用完后可以迅速转位成相邻的新切削刃，支持所有切削刃用钝。因此不仅刀具使用寿命长，成本较低，而且生产效率较高。

（2）铣刀　加工中心常用的加工方式是铣削。铣削是各种切削方式中变化最大、用途最广的切削方式，无论凹槽、平面还是各种造型面都可以加工，而且经由铣削加工获得的平面表面光度佳，尺寸精准。铣刀是一种多刃口的圆形刀具，铣削原理是应用铣刀的多刃旋转产生切削作用，所以虽然刀具切入工件很深，但是每一切削刃的切削量并不大。因此每一切刃的切削厚度仍可维持很薄，不仅获得很好的加工效果，还能延长刀具的使用寿命。基于以上这些优点，铣刀在目前的切削加工中占有很大的比重。按照铣刀的几何形状，可以分成端铣刀、球头铣刀、圆鼻刀。

1）端铣刀的外缘及底面均有铣齿，以构成切削刃，所以可以用来铣削工件的轮廓、沟槽和垂直面等区域。

2）球头铣刀是底部切削刃为球形的铣刀。因为铣刀的底部带 R 角，因此球头铣刀的切削刃强度更好，不易崩坏。它一般用于进行曲面半精铣和精铣，小型球头铣刀可以精铣陡峭面或直壁的小倒角。

3）圆鼻刀的外形与端铣刀类似，底部均较为平坦，不同之处是圆鼻刀的底部是带有 *R* 角的切削刃而不是尖点的切削刃。因此刀具的强度比端铣刀要好，不易崩坏，刀具寿命也比端铣刀要长。它主要用来加工曲面产品，而且与球头铣刀相比，由于在切削过程中，切削速度较为稳定，因此加工质量也较为稳定。

（3）镗刀　镗刀可用来镗精孔，一般刻度可调，主要用于加工相对要求较高的孔。但比起铰刀，镗刀不会起到铰孔作用。

（4）铰刀　铰刀用于铰削工件上已钻削（或扩孔）加工后的孔，主要是为了提高孔的加工精度，降低其表面粗糙度，是用于孔的精加工和半精加工的刀具。它的加工余量一般很小，用于孔精加工时，可以起到矫正孔垂直度的作用。

（5）钻头　钻头是比较普遍的刀具种类，是用来在实体材料上钻削出通孔或盲孔，并能对已有的孔进行扩孔的刀具。例如标准麻花钻主要用来钻削常规材料；定点钻、中心钻主要用来钻中心。

（6）拉刀　拉刀有内拉刀和外拉刀之分。

内拉刀用于加工各种廓形的内孔表面，其拉刀名称一般都由被加工孔的形状来确定，如圆孔拉刀、四方拉刀、六方拉刀、键槽拉刀及花键拉刀等。内拉刀还可以加工螺旋内花键、内齿轮。内拉刀可加工的孔径通常为 10～120mm，在特殊情况下可加工的孔径为 5～400mm，拉削的槽宽一般为 3～100mm，孔的长度一般不超过直径的 3 倍，特殊情况下可达到 2m。

外拉刀用于加工各种外表面，如平面、成形表面、槽纹及汽轮机中的复杂榫槽和榫头以代替这些零件的铣、刨、磨等加工，特别适合加工汽车、摩托车、拖拉机等大批量生产中的某些零件表面。

2. 按刀具材料分类

加工中心使用的刀具材料多种多样，从大类上来区分，包括工具钢、烧结体和天然金刚石三大类，每个大类下又有很多细分种类。例如工具钢材料又可细分为碳素工具钢、合金工具钢、高速钢和铸造工具钢，其中使用最为广泛的是高速钢。又如烧结体也可细分为普通硬质合金、硬质合金涂层、陶瓷和超高压烧结体等。在目前工业生产中，烧结体材料的刀具使用越来越广泛，例如硬质合金刀具、硬质合金涂层刀具和陶瓷刀具，都是目前工业生产中常见的刀具种类。以下挑选几类使用较为广泛的刀具种类进行简单介绍。

（1）高速钢刀具　高速钢大体上可分为 W 系和 Mo 系两大系，其主要特征有：合金元素含量多，结晶颗粒比其他工具钢细，淬火温度极高（1200℃），二次淬透性极好，可使刀具整体的硬度一致。回火时有明显的二次硬化现象，甚至比淬火硬度更高且耐回火软化性较高。高速钢刀具的优点是在 600℃仍能保持较高的硬度，比其他工具钢耐磨性好，且比硬质合金韧性高；缺点是单向压延性较差，热加工困难，耐热冲击较弱。高速钢刀具是加工中心使用的主要刀具之一，目前国内外应用比较普遍的高速钢刀具材料以 WMo、WMoAl、WMoCo 为主，其中 WMoAl 是我国所特有的品种。

（2）普通硬质合金刀具　硬质合金是由高硬度、难熔金属化合物粉末（如 WC、TiC、TaC 及 NbC 等高温碳化物）和金属黏结剂（Co、Mo、Ni 等）烧结而成的粉末冶金制品。

由于硬质合金成分中含有大量熔点高、硬度高、化学稳定性好的碳化物，因此硬质合金的硬度、耐磨性和耐热性都很高。硬质合金的常温硬度一般为89~93HRA，允许的切削温度高达800~1000℃，即使在540℃时其硬度仍保持在77~85HRA，相当于高速钢的常温硬度。因此，硬质合金的切削性能比高速钢高得多，在相同刀具寿命的情况下，硬质合金允许的切削速度比高速钢高4~10倍，切削速度可达100m/min以上，可以切削高速钢刀具切削不了的各类难加工材料，如淬硬钢。但由于其抗弯强度较低（约为高速钢的1/4~1/2）、冲击韧性（约为高速钢的1/30~1/8）和工艺性差，因此目前硬质合金材料主要用于刃形简单、无冲击性的非断续切削加工刀具制作中。

国标GB/T 18376.1—2008将硬质合金按使用领域的不同分为P、K、M、N、S和H六大类。P类硬质合金主要成分是以TiC、WC为基，采用Co（Ni+Mo、Ni+Co）作黏结剂的硬质合金或者涂层合金，主要用来加工钢、铸钢、长切削可锻铸铁等长切屑材料；M类硬质合金主要成分是以WC为基，采用Co作黏结剂，加入少量的TiC（TaC、NbC）的硬质合金或者涂层合金，主要用来加工不锈钢钢、铸钢、锰钢、可锻铸铁、合金钢及合金铸铁等通用合金材料；K类硬质合金要成分是以WC为基，采用Co作黏结剂，加入少量的TaC、NbC的硬质合金或者涂层合金，主要用来加工铸铁、冷硬铸铁、短切屑可锻铸铁及灰口铸铁等短切屑材料；N类硬质合金主要成分是以WC为基，采用Co作黏结剂，加入少量的TaC、NbC或CrC的硬质合金或者涂层合金，主要用来加工铝、镁等有色金属材料；S类硬质合金主要成分是以WC为基，采用Co作黏结剂，加入少量的TaC、NbC或TiC的硬质合金或者涂层合金，主要用来加工耐热钢、含镍、钴钛的各类耐热和优质合金材料；H类硬质合金主要成分是以WC为基，采用Co作黏结剂，加入少量的TaC、NbC或TiC的硬质合金或者涂层合金，主要用来加工淬硬钢、冷硬铸铁等硬切屑材料。

（3）硬质合金涂层刀具　硬质合金涂层是指在刀具表面增加TiC、TiN或Al_2O_3等涂层材料。涂层的常用的方法是高温化学气相沉积法（简称HTCVD法），即在常压或负压的沉积系统中，将纯净的H_2、CH_4、N_2、$TiCl_4$、$AlCl_3$及CO_2等气体或蒸气，按沉积物的成分，将其中的有关气体按一定配比均匀混合，依次涂到一定温度（一般为1000~1050℃）的刀片表面，即在刀片表面沉积TiC、TiN、Ti（C,N）、Al_2O_3或它们的复合涂层。

通常考虑到TiC的线膨胀系数与基体材料接近，在基层表面上先涂的是TiC薄层，外面再涂TiN、Al_2O_3等。单涂层材料均用TiC，双层涂层材料多用TiC/TiN、TiC/Al_2O_3等，三层涂层材料多用TiC/Ti(C,N)/TiN、TiC/Al_2O_3/TiN等。

由于表面涂层材料具有很高的硬度和耐磨性，且耐高温，故涂层刀具允许采用较高的切削速度，提高切削加工效率，或能在相同的切削速度下，提高刀具寿命。

（4）陶瓷刀具　数控加工中心使用的陶瓷刀具大多是用一种纳米材料“氧化锆”加工而成的。常用的加工方法为将氧化锆粉末在2000℃高温下用300t的重物配上模具压制成刀坯，然后用金刚石打磨并配上刀柄。

陶瓷刀具的优点主要包括：耐磨性好，可加工传统刀具难以加工或根本不能加工的高硬材料，而且能对高硬材料进行冲击力很大的加工，例如铣削、刨削、断续切削和毛坯粗车削等。陶瓷刀片切削时与金属间产生的摩擦力小，切屑不易粘在刀片上，不易产生积屑瘤。所以在条件相同时，使用陶瓷刀具加工的工件，表面粗糙度值比较低。陶瓷刀具寿命比传统刀具高几倍甚至几十倍，减少了加工中的换刀次数，保证了被加工工件的小锥度和高精度。陶瓷刀具耐高温，且热硬性好，可在1200℃下连续切削。因此，陶瓷刀具的切削速度可以比硬质合金高很多，可进行高速切削。切削效率比传统刀具高3~10倍，达到节约工时、降低能耗的效果。

六、刀具交换系统实例

图2-35为典型的盘式双刀库，每片刀盘最多有40个刀位（按不同型号）按逆时针编号。带滚珠丝杠的伺服驱动用于Y_{M1}/Y_{M2}轴，在两个垂直导轨可上下运动。维修和保养时，通过可手动操作的锁定装置锁定垂直滑台，防止滑台坠落。两个刀库盘（Q_1轴和Q_2轴）的旋转驱动由伺服电动机和减速器实现。在加工主轴更换刀具前旋转的圆形毛刷将清洁锥形刀柄。安装在刀库中间的两个刀具长度检验机构可识别刀具是否折断。刀具机械手执行器实现手动装载刀具。刀具数据输入可通过主操作台实现。

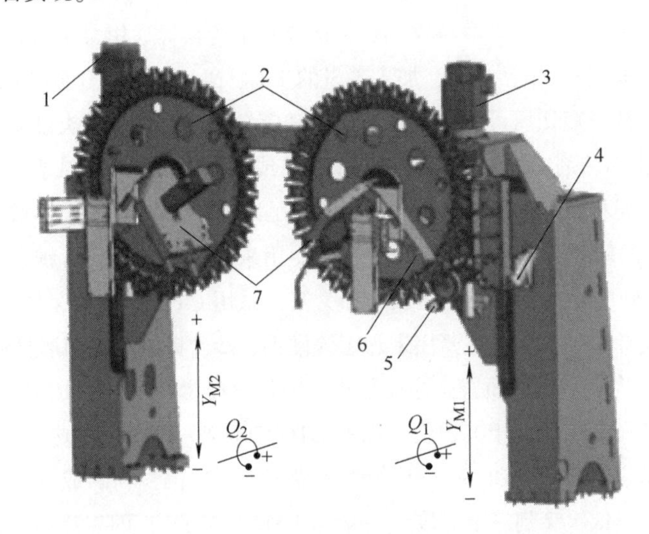

图2-35　盘式双刀库

1、3—伺服驱动　2—盘式刀库　4—锁定装置　5—毛刷装置　6—刀具机械手执行器　7—刀具长度检验机构

换刀原理如图2-36所示，主轴会运动到换刀位置并抓紧要更换的刀具，而刀库夹钳将放开刀具从而完成换刀。加工中心就是通过更换不同的刀具，可以灵活地使用不同的加工工艺。

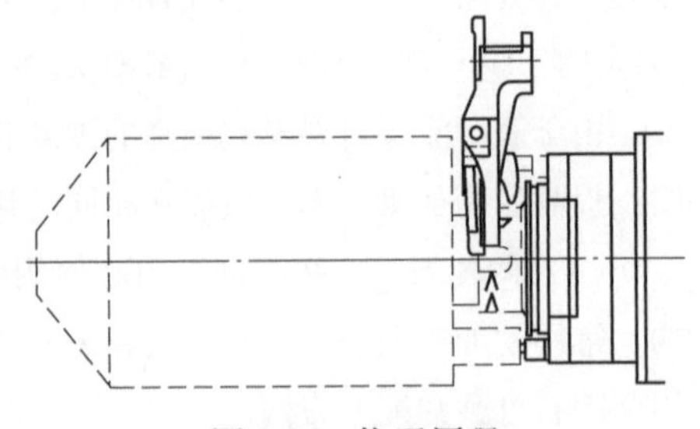

图2-36　换刀原理

1. 刀库夹钳

夹钳的主要功能是固定刀具，它属于刀库的一部分。夹钳由支架和拉紧杆组成，如图2-37所示。支架设计成固定装置，拉紧杆可移动并通过它的勾爪抓住刀具HSK支座的凹槽。通过一个压力弹簧使拉紧杆具有一定夹紧力以保证刀具安全。

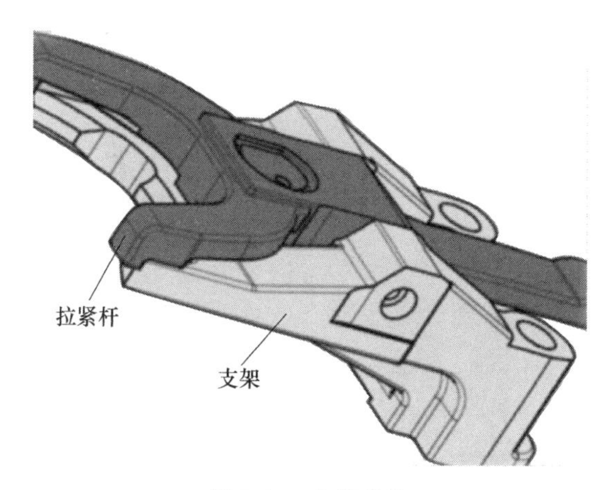

图 2-37　夹钳结构

为了保证抓刀的可靠性，夹钳的夹紧力要求见表 2-3。

表 2-3　夹钳的夹紧力要求

刀库夹钳规格	夹紧力/N	注　释
HSK63	55	最小夹紧力
HSK100	83	最小夹紧力

2. 刀具毛刷机构

刀具毛刷机构的功能主要是清洁刀具刀柄圆锥面，防止刀柄上有异物影响刀具安装位置。刀具毛刷机构根据加工中心型号不同安装在刀库的上部、下部或侧部，气动双活塞驱动装置使其可进行旋转动作，如图 2-38 所示。通过让两侧压力空气接头交换通气，使两个平行的气缸往复运动。由齿轮齿条机构将直线运动转换为刀具毛刷的旋转运动。

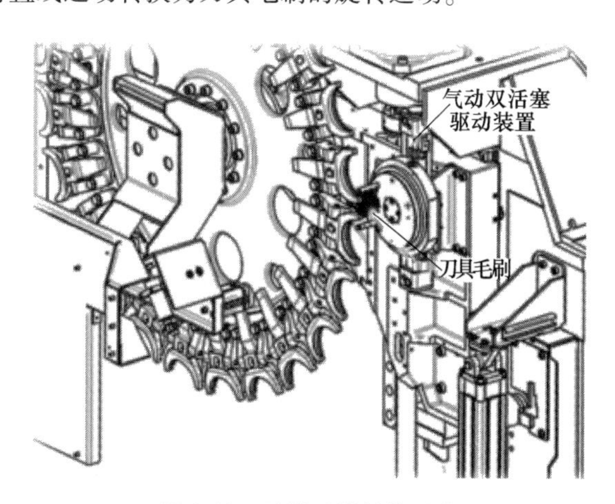

图 2-38　刀具毛刷结构示意

刀具毛刷机构中的尼龙毛刷可绕刀柄旋转，对刀柄进行全面的清洁，保证刀柄不受污染，如

图 2-39 所示。

图 2-39　尼龙毛刷

3. 断刀检测机构

断刀检测机构也称刀具长度检验机构，如图 2-40 所示，它的作用是检查刀具长度是否正确及检查断刀情况。断刀检测机构安装在刀库盘中间，借助弯头连杆推板触及要检验的刀具刀尖，通过与驱动电动机相连的位置测量系统计算出刀具长度，并与系统刀具存储器中的刀具长度数据做对比。若检测到的刀具长度偏差>0. 5mm（不同加工中心的设置有不同），机床将停止，并将在机床控制面板上出现故障内容。

某加工中心断刀检测机构技术参数见表 2-4。

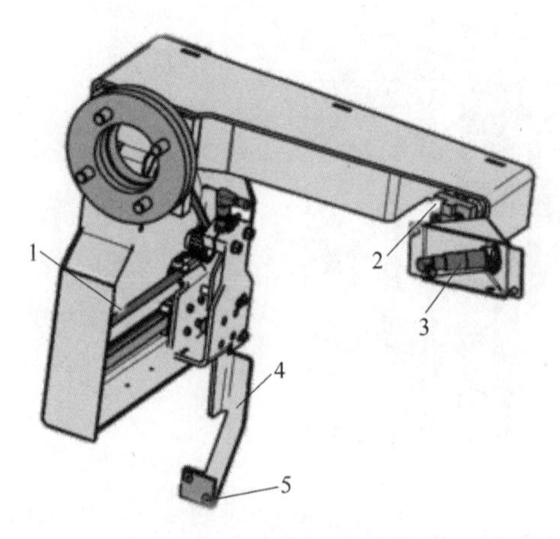

图 2-40　断刀检测机构结构
1—齿形同步带　2—执行器　3—检验开关
4—推杆　5—弯头连杆推板

表 2-4　加工中心断刀检测机构技术参数

技术参数	数值
工作区/mm	300
加速度/(m/s^2)	25
最大转速/(r/min)	720
电动机每转行程/mm	125
编码器每转行程/mm	125
部件质量/kg	34
刀具长度（检验区）/mm	100~300
转矩/(N·m)	4. 8
刀具长度检测精度/mm	±0. 5

第五节　加工中心的辅助装置

一台加工中心除主机之外，还应配备相应的辅助装置，如液压装置、气动装置、气液装置、冷却装置、集中润滑装置、排屑装置和微量润滑装置等，用来辅助整机实现自动运行。这些辅助装置大都装在加工中心的内部，它们的性能、质量的好坏将直接影响主机的性能与质量。一旦某一辅助装置发生故障，主机就无法正常运转，甚至使主机处于停机状态。

一、液压装置

能提供压力油的装置通常称为液压装置，包括油箱、液压泵、液压阀、蓄能器、液压管路、液压缸及其他一些液压元件。加工中心是否配备液压装置取决于机床的结构。该装置的作用是实现机械手的各种动作、主轴箱的平衡、齿轮拨叉的换挡、回转工作台的夹紧及托盘的自动交换等辅助动作。

二、气动装置与气液装置

许多中小型加工中心的一些辅助动作，不是靠液压装置提供的压力作为动力源，而是靠空气压缩机提供的压缩空气作为动力源。加工中心中常见的气动装置和气液装置都是依靠压缩空气作为动力源，如图 2-41 所示。

图 2-41　气动装置与气液装置

气动装置由气动组合三原件、电磁阀、节流阀、消声器、气缸以及管路等组成，该系统也称气动系统。气动装置的优点是系统反应速度快，经济；缺点是压力低，运动时有冲击现象，在无供气的车间使用时必须单独配备空气压缩机。

气液装置也称气液转换装置，包括组合气动三原件、电磁阀、节流阀、气液转换器、增压式气液转换器、储油器、消声器、液压缸及管路等。机床 ATC 系统的刀库进（插刀）、出（拨刀），工作台的夹紧、松开，主轴的松刀，以及自动门的开、闭等辅助动作均由气液装置完成。

气动装置与气液装置的区别是前者输入的动力源是压缩空气，推动执行元件的动力也是压缩空气，而后者输入的动力源虽然也是压缩空气，但压缩空气通过气液转换器后，输出的动力源已被转换成压力油，最后是压力油推动执行元件工作。气液转换器的种类很多，有的是不改变压力的转换器，有的是增压式气液转换器。增压式气液转换器可以为执行元件提供高于压缩空气 10 倍以上的压力油。这种装置运动较平稳，无冲击现象。与液压装置相比，其反应速度快，没有体积庞大的油箱，系统的温升小，漏油环节少，易于克服漏油现象。

三、冷却装置

切削液装置也叫刀具冷却装置，是加工中心重要的辅助装备，包括切削液箱、过滤器、冷却泵、单向阀、节流阀、管路和喷嘴等，如图 2-42 所示。在加工过程中采用切削液，不仅能带走大量的切削热，降低切削区的温度，而且由于切削液的润滑作用，还能减少摩擦，从而降低切削力和切削热。正确选择切削液，能有效地提高加工表面的质量，保证加工精度，降低动力消耗，提高刀具寿命和生产效率。

图 2-42　切削液装置

四、集中润滑装置

加工中心常用的润滑装置是一种小型的集中润滑装置，该装置能够定时、定量、自动地向各润滑点供给不再回收的微量的润滑油，故也称这种润滑装置为自动润滑装置。它由小油箱、小液压泵、单向阀、安全阀、卸压阀、定时器和磁性开关等组成，这种集中润滑装置由专业生产厂提供。集中润滑装置输出的压力油通过分路器、管路和定量分配器送至润滑点。

五、排屑装置

排屑装置目前大部分已经标准化，由专业厂家生产，如图 2-43 所示。常见的排屑装置形式有铰链式、螺旋式、刮板式和推进式等。由于加工中心是高效率的数控机床，效率是普通机床的 5 倍左右，所以加工中心每单位所产生的切屑量远大于普通机床。如果不及时把堆积在机床上的切屑排走，切屑热会使机床和工件产生变形，影响加工质量。因此，及时排除堆积在机床上的切屑十分重要。

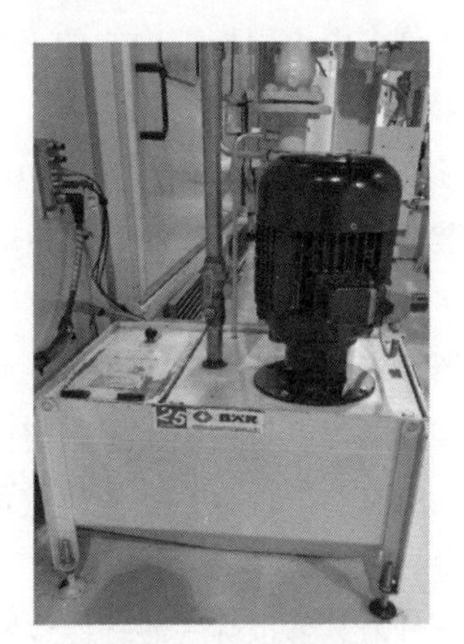

图 2-43　排屑装置

六、微量润滑装置

气液混合微量润滑技术（Minimal Quantity Lubrication，MQL）也称最小量润滑，是一种新型的金属切削加工的冷却润滑方式。这种工作方式是通过将压缩空气与极其微量的润滑油混合汽化后，形成微米级的液滴，然后喷射到加工区域，从而进行有效的冷却、润滑和清理切屑，图 2-44 为典型 MQL 装置结构。

微量润滑技术目前已经在国内部分主流汽车动力总成企业（主要为发动机厂和变速器厂）得到了成功的应用：一是在那些有德国大众汽车背景的合资或独资企业里，这项技术主要是在曲轴加工领域获得了全面应用，后又成功地用于连杆线的粗加工工位，并正在准备推广应用到缸体、缸盖加工中；二是在以福特汽车为代表的一些合资企业（如长安福特）和部分自主品牌车企（如长城汽车），这项技术主要用于铝合金壳体类零部件加工，如变速器壳体、发动机缸体及缸盖。

MQL 作为一种绿色的准干式加工技术，具有如下优势。

图 2-44　典型 MQL 装置结构

1）加工中无需更换气液混合微量润滑油，只需定期在压缩气体中混入（即添加）微量的无公害润滑油。而在整个运行过程中，无废液排出。所产生的油雾在经过设备净化处理后，可以直接排放，从而有效避免了工业生产对环境的污染。

2）改善了刀具切削条件，抑制及降低了加工过程中产生的切削热，提高了刀具寿命。切削液以高速雾粒供给，增加了润滑剂的渗透性，提高了冷却润滑效果，改善了工件的表面加工质量。

由于实施 MQL 时，对润滑介质的消耗量极低，一般情况下每小时消耗量仅为 0.05～0.1L。相比之下，传统湿式加工每小时乳化液的消耗量大约为 1000L，MQL 实际的切削液用量仅为传统加工的万分之一，从而大大降低了切削液成本。此外，还能使切削区域外的刀具、工件和切屑保持干燥，既避免了处理废液的难题，又有效地降低了辅料消耗和切削液的后处理成本。

简单地说，气液混合微量润滑系统就是一套精确控制油量的喷油装置，系统结构主要由油雾供给系统、喷嘴和润滑油三部分构成。该系统结构简单，占地面积小，易于安装在各种类型的机床旁。

气液混合微量润滑系统可分为单通道式系统和双通道式系统两大类。其中，单通道式系统主要由主体（即紧凑型油雾单元）、球阀、供油单元以及相应的切削加工单元组成，而双通道系统则主要由主体（即包含供气和产生油雾/供油的复合单元）、球阀以及旋转接头等组成。两者的区别是空气和润滑油混合形成气溶胶的位置不同，即根据对微量切削液的传输、雾化的差别而被分成两种形式。其中单通道式系统的特点为空气和润滑油在发生设备内已经混合成气溶胶，随后气溶胶通过刀具内部的轨道被输送到加工区域；而双通道式系统的特点是空气和润滑油在不同的轨道内被输送到加工轴头附近的混合腔内，形成气溶胶，随后被输送到加工区域。与双通道式系统相比，单通道式系统虽然更便于制造，但在输送冷却润滑油雾时，特别是在具有强烈离心作用下的旋转主轴中时油雾易被分散，这常常导致加工区油雾分布不均匀，从而影响加工质量。而双通道式系统，因为在气溶胶形成后，被输送到加工区域的距离比较近，其润滑液滴相比单通道式更加细小，润滑效果将更好，所以应用范围更加广泛。

气液混合微量润滑系统还可分为内冷系统和外冷系统，前者的气雾通过机床主轴，经刀具的内孔并由端部喷出，或通过原切削液管路由原喷嘴位置喷出，以达到最佳使用效果；而后者的气雾则由机床外部引入，并由刀具外部供给。

一般情况下，外冷系统适用于使用外冷刀具的机床，如刨床、车床、铣床和中心锯床等，适用的材质有铜、铝、镁、易切削钢和中等难切削钢等材料；而内冷系统则主要适用于数控车床、加工中心及孔加工机床等，更适于与内冷钻头、内冷铣刀及内冷丝锥等内冷刀具加工的配合，当然也适用于外冷刀具的使用场合。适用材质包括铝合金、铜合金、镁合金、各类铸铁以及易切削钢和中高难切削钢等材质。

在当今国内外汽车发动机行业，小排量汽油发动机曲轴的材质都以铸铁（尤其是球墨铸铁）为主，至于中、大排量汽油发动机（尤其是带涡轮增压功能的发动机）所配曲轴的材质大部分为锻钢。曲轴作为发动机的关键零部件，不但结构复杂，而且有很高的技术要求，因此为了能加工出合格的工件，各个企业都会在相对比较成熟的传统工艺的基础上，继续完善、改进生产工艺。随着汽车轻量化和对绿色制造技术的日益重视，类似 MQL 这样的新颖制造技术也在一些主流发动机厂的实际生产中获得了应用。

第三章

加工中心的设计及标准

第一节　加工中心结构设计原则

一、动刚度和静刚度强

加工中心价格昂贵，加工费用通常比传统机床要高得多，但其加工效率也比普通机床高得多。加工中心的高效率主要体现在以下两个方面：一方面是通过使用新型刀具材料，选用较快的切削速度，缩短切削时间；另一方面是采用自动换刀系统和自动装夹系统，减少辅助时间。这些措施大幅提高了生产率，获得了良好的经济效益，然而，这也明显地增加了机床的负载及运转时间。另外，机床床身、导轨、工作台、刀架和主轴箱等部件的结构刚度，将影响它们本身的几何精度及因变形而产生的误差。所有这些因素都要求数控机床具有更高的静刚度。

另外，切削过程中的振动不仅直接影响零件的加工精度和表面质量，还会降低刀具寿命，影响生产效率，增加加工中的人为调整时间。因此，加工中心的动刚度也是影响其加工性能的关键要素。

在设计加工中心结构时，考虑到上述因素，其基础大件通常采用封闭箱型结构，合理布局且加强筋板及各部件的接触刚度，有效地提高机床的静刚度。另外，调整构件的质量以改变系统的自振频率，增加阻尼以改善机床的阻尼特性，这些均是提高机床动刚度的有效措施。

二、热变形小

加工中心在加工中受切削热、摩擦热等内外热源的影响，各部件将发生不同程度的热变形，这将影响工件的加工精度。由于加工中心的主轴转速、进给速度及切削量等都大于传统机床，而且工艺过程一般都是自动化运行，常常是连续加工，因而产生的热量也多于传统机床，这就要求采取必要的措施减少热变形对加工精度的影响。主要措施有：对发热源采取有效的液冷、风冷等方法来控制温升；改善机床结构，使构件的热变形发生在非误差敏感方向上。例如卧式加工中心的立柱采用框式双立柱结构，左右对称形式；热变形对主轴轴线产生垂直方向的平移，它可以由坐标修正量进行补偿，减少发热，尽可能将热源从主机中分离出去。

三、运动精度高

加工中心工作台的位移以脉冲当量作为它比较小的单位。在对刀、工件找正等情况下，工作台常以极低的速度运动，这就要求工作台能对数控装置发出的指令做出准确的响应，而运动件的摩擦特性会对其运动精度产生影响。加工中心采用滚动导轨和静压导轨，静摩擦力较小，并且在润滑油的作用下，它们的摩擦力随运动速度的提高而加大，从而有效地避免了低速爬行现象，也使加工中心的运动平稳性和定位精度都有所提高。进给系统中采用滚珠丝杠代替滑动丝杠，也是基于同样的原理。另外，采用脉冲补偿装置进行螺距补偿，消除了进给传动系统的间隙；有的机床采用无间隙传动副。

四、寿命高且精度保持性好

良好的润滑系统保证了加工中心的寿命，导轨、进给丝杠及主轴部件都采用新型的耐磨材料，使加工中心在长期使用过程中能够保持良好的精度。

五、易于操作与维护

加工中心采用多主轴、多刀架及自动换刀装置，一次装夹即可完成各工序的加工，节省了大量装夹换刀时间。由于不需要人工操作，故采用了封闭或半封闭式加工，使人机界面明快、干净、协调。机床各部分的互锁能力强，可防止事故发生，改善了操作者的观察、操作和维护条件，并设有紧急停车装置，以避免发生意外事故。所有操作都集中在一个操作面板上，方便操作人员查看，同时可以减少误操作。

第二节　加工中心机械系统设计的内容及一般要求

一、机械系统设计的内容

机械系统在设计时需要考虑以下内容。

1. 机床的结构刚度

机床的刚度指机床在外力作用下抵抗变形的能力，机床的刚度越大，动态精度越高。机床在切削加工过程中要承受各种外力的作用，承受的静态力有运动部件和被加工零件的自重，承受的动态力有切削力、驱动力、加减速时引起的惯性力、摩擦阻力等。机床的结构部件在这些力作用下，将产生变形，影响机床切削过程的特性。机床的刚度包括机床构件本身的刚度和构件之间的接触刚度。机床构件本身的刚度主要取决于构件本身的材料性质、截面形状、大小等。构件之间的接触刚度不仅与接触材料、接触面的几何尺寸和硬度有关，而且还与接触面的表面粗糙度、几何精度、加工方法、接触面介质及预压力等因素有关。合理地选用构件的结构型式可以提高机床的刚度，具体内容如下。

（1）选用正确的构件形状和尺寸　构件在承受弯曲和扭转载荷后，其变形大小取决于断面的抗弯和扭转惯性矩，抗弯和扭转惯性矩越大，构件的刚度就越高。

（2）合理布局隔板和加强筋　合理布置支承件的隔板和加强筋可提高构件的动、静刚度。对一些薄壁构件，为减小壁面的翘曲和构件截面的畸变，可以在壁板上设置筋条，它除了能提高构件刚度外，还能减小铸造时的收缩应力。

（3）提高构件的局部刚度　机床的导轨和支承件的连接部件通常是局部刚度最弱的部分，但是连接方式对局部刚度的影响很大。如果导轨的尺寸较宽时，应用双壁连接形式；如果导轨的尺寸较窄时，可用单壁或加厚的单壁连接形式，或者在单壁上增加垂直筋条以提高局部刚度。

2. 机床的抗振性

机床的抗振性会直接影响机床的加工精度和加工效率，因此它是评价机床优劣的重要指标之一。机床上出现的振动，可分为自激振动和受迫振动。其中，自激振动是在不受任何外力、激振力干扰的情况下，由切削过程内部产生的持续振动；在激振力的持续作用下，系统被迫引起的振动为受迫振动。提高机床的抗振性主要有以下几个方法。

（1）减少内部振源　机床内的主要振源是高速转动的部件，如电动机、主轴等。这些转动的部件经过动平衡，可以将振动减小到最低。可能导致振动产生的原因还有电动机和主轴不同轴、滚珠丝杠和螺母不同轴、空气轴承振动、导轨运动部件速度变化及加工工件有偏心质量等。当发现机床存在振动时，必须要找出振源，尽量消除或减少振动。

（2）提高机床结构的抗振性　通过调整机床构件的结构，改变机构的自振频率，找到机床结构中易于产生振动的薄弱环节，并予以加强，从而减小振动。

（3）增加机床结构中的阻尼　增大机构中的阻尼或者使用振动衰减能力强的材料制造机床的结构件，可以有效提高机床的抗振性。

3. 机床的运动精度

运动精度是评价机床质量的一个重要指标。运动精度和几何精度是不同的，会受运动速度、运动件的重力、传动力和摩擦力的影响，且与结构设计及制造等因素有关。机床各坐标轴进给运动的精度在很大程度上影响着零件的加工精度。在开环进给系统中运动精度取决于系统各组成环节，特别是机械传动部件的精度；在闭环和半闭环进给系统中，位置检测装置的分辨力和分辨精度对运动精度有决定性的影响，但是机械传动部件的特性对运动精度也有一定的影响。提高机床的进给运动精度，可以从以下两个方面进行改善。

（1）减少动、静摩擦系数之差　执行部件所受的摩擦阻力主要来自导轨副，一般的滑动导轨副不仅静、动摩擦系数大，而且差值也大。采用滚动导轨、卸荷导轨、静压导轨这些精度要求特高的数控机床则多采用气浮导轨。对于一般精度要求的数控机床，可采用塑料导轨，这种导轨制造简单，价格低廉。此外采用具有防爬作用的导轨润滑油，也是一种措施，这种导轨润滑油中含有极性添加剂，能在导轨表面形成一层不易破裂的油膜，从而改善了导轨的摩擦特性。

（2）提高传动系统的传动刚度　传动系统中从伺服驱动装置到执行部件要经过由齿轮、丝杠螺母副、蜗杆蜗轮副等组成的传动链。传动刚度是指这一传动链的扭转和拉压刚度。为提高传动刚度，应尽可能缩短传动链，适当加大传动轴的直径，加强支承座的刚度。此外，对轴承、丝杠螺母副和丝杠本身进行预紧，也可以提高传动刚度。

4. 机床的热变形

机床热变形，由于机床各部位的温升不同，不同材料的热膨胀系数不同，所以机床各部分材料产生的热膨胀量也就不同，从而导致机床床身、主轴和刀架等构件产生变形。机床的热变形不仅会破坏机床的原始几何精度，加快运动件的磨损，严重时甚至会影响机床的正常运转。在批量加工零件时，机床从开机到稳定运行，某些部位的尺寸会因温升而有所变化，这些变化会直接反应在机床加工出的零件尺寸上，可能造成零件尺寸超出公差范围而导致产品不良。减少热变形的措施有以下几种。

（1）减少发热　机床内部发热是产生热变形的主要热源，应当尽可能地将热源从主机中分离出去。目前，大多数机床的电动机、变速箱、液压装置及油箱等都已外置。对于不能与主机分离的热源，如主轴轴承、丝杠螺母副、高速运动导轨副等，则必须改善其摩擦特性和润滑条件，以减少机床内部的发热。主轴部件是直接影响加工精度的关键部件，而主轴上的轴承通常又是一个很大的内部热源。在数控机床上除了采用精密滚动轴承和对轴承进行油雾润滑外，还可采用静压轴承，这些措施都有利于降低主轴的温升。在机床的主轴箱内，应尽量避免使用摩擦离合器等发热元件。

（2）控制温升　由于要完全消除机床的内、外热源通常十分困难，所以必须通过良好的散热和冷却来控制温升，以减少热源的影响。其中较为有效的方法是在机床的发热部位强制冷却，也可以在机床低温部分通过加热的方法，使机床各点的温度趋于一致，这样可以减少因温差造成的翘曲变形。

（3）改善机床机构　在同样发热条件下，机床机构对热变形也有很大影响。根据热对称原则设计的机床对减少热变形有较好的效果，过去采用的单立柱机构的机床逐渐被双柱机构机床所代替。由于左右对称，双立柱机构受热后的主轴线除产生垂直方向的平移外，其他方向的变形很小，而垂直方向的轴线移动可以方便地用一个坐标的修正量进行补偿。

二、机械设计的一般要求

1. 结构设计

设备、机床和夹具一般使用螺栓进行连接。机床的加工区域推荐配置钢板密封结构，可以实现冷却润滑剂、切屑、灰尘、烟雾和类似介质的密封。钢板密封结构的设计应确保在维修时可以简单、快速地拆除，同时方便调整、换刀和检查。在加工区域内需使用防切削液的工位照明灯，同时在加工区域安装防黏附、非涂装的倾斜板材。大型标准部件都必须配备支承挡块，诸如主轴箱、液压箱、装配工位等其他类似的元件，同时这些标准部件必须被明确地标明质量。平衡块连接推荐使用两根链条或者两根传送带吊装，如使用链条，应在回转时通过集中润滑系统进行润滑。观察窗选用聚碳酸酯树脂或者类似的材料，如存在切屑和切削液飞溅的情况下，观察窗须由安全玻璃制成。

加工中心存在主运动及进给运动，相应地也存在着主传动链及进给传动链。由于加工中心的高自动化及高精度，因此对主运动也提出了更高的设计要求，具体内容如下。

1）转速高，功率大。加工中心对工件能完成大切削用量的粗加工及高速旋转下的精加工，要求主轴有足够的驱动功率或输出转矩，能在整个变速范围内提供切削加工所需的功率和转矩。粗加工时，要求转矩大；精加工时，要求转速高。

2）调速范围宽且能实现无级变速。为了适应不同工件材料、刀具及各种切削工艺的要求，满足不同的加工要求，要有不同的加工速度。因此，主轴必须具有一定的调速范围，来保证加工时选用合理的切削用量，以获得最佳切削效率、加工精度和表面质量。另外，由于加工中心的加工通常在自动的情况下进行，故应尽量减少人的参与，因而要求能够实现无级变速。调速范围的指标主要根据各种加工工艺对主轴最低转速和最高转速的要求来确定。

3）精度与刚度高。加工中心加工精度的提高与主轴系统的精度密切相关。为了提高传动件的制造精度与刚度，推荐采用精度高的轴承及合理的支撑跨距，以提高主轴组件的刚性。

4）抗振性好。加工中心加工时，可能由于断续切削、加工余量不均匀、运动部件不平衡以及切削过程中的自振等原因，引起的冲击力和交变力使主轴产生振动，影响加工精度和表面粗糙度，严重时甚至可能破坏刀具和主轴的工件。

可调节传动装置的设计应采用有内部润滑的传动副结构，例如滚珠丝杠等。如果传动副结构无法使用导轮，可以使用传送带方式传动。为了避免传送带断裂等突发故障，用于主轴传动的传送带需安装转速监控。

部件铭牌的设计应在不拆除设备的情况下，可直接阅读铭牌信息。铭牌和钢印需要耐冷却润滑剂、机油腐蚀，不同部件的铭牌应包含不同的信息，见表 3-1。

表 3-1 不同部件的铭牌信息

类型	部件	铭牌信息
机械系统和传动装置	传送装置和装配位置	工位号、传送带区段号
	标准部件与工件相关的零件（替代件、易损件等）	委托方的图号和零件号、工位号
	传送带和链条	名称、型号、尺寸、数量、具有形状或频率的传送带张紧值
	导轨面盖板	型号铭牌、制造商的订单号
	主轴头和丝杠头	型号铭牌、调整尺寸、委托方的图号
	主轴	工位号和序号及概况铭牌
	驱动装置和驱动装置电动机	型号铭牌、制造商的订单号、转动方向
	NC 轴	带方向说明的轴名称、概况铭牌
流体部件	压力阀	序号、压力、功能及比例阀中的电气名称
	调速阀	功能序号、比例阀中的电气名称
	泵	铭牌序号、转动方向
	工作介质用泵	型号铭牌序号、转动方向、功能
	过滤器	电气名称序号、型号
	压力开关	电气名称序号、功能、压力和电子压力开关中的参数值
	压力表	测量部位号、压力区域、红/绿色标记

（续）

类　型	部　件	铭 牌 信 息
流体部件	测量接头	测量部位号、压力区域
	工作缸	委托方的序号或图号按规划、型号铭牌
	蓄能器	序号、容量、气体压力、报警标牌（例如：“须注意蓄压设备！修理开始前须排空蓄能器”）
	贮藏器	序号、容量、介质、油类，委托方的材料号、最小/最大液位和工作状态、刻度（单位：m^3）
	闭塞栓	序号
润滑系统		必须编制润滑系统说明书并在操纵台上焊接安装铝制铭牌或者封入安装薄膜制铭牌
气动系统		维修单元必须安装一块关于设备通风方式的铭牌（例如“设备在起动/关闭时通风”或者“设备必须手控通风”）

导轨用来支撑和引导运动部件沿着直线或圆周方向准确运动。运动的部件称为动导轨，不动的部件称为支撑导轨。为保证机床加工的精度和稳定性，推荐导轨满足以下要求。

1）导向精度高。导向精度保证部件运动轨迹的准确性，导向精度受到导轨的结构形状、组合方式、制造精度和导轨间隙调整等的影响。

2）耐磨性好。良好的耐磨性可使导轨的导向精度得以长久保持，耐磨性受到导轨副的材料、硬度、润滑和载荷的影响。

3）刚度高。在载荷的作用下，导轨刚度越高，其保持形状不变的能力就越强。刚度受导轨结构和尺寸的影响。

4）低速运动平稳。低速运动的平稳性使运动部件在导轨上低速移动时，不会发生“爬行”现象。造成“爬行”的主要因素有摩擦性质、润滑条件和传动系统的刚度。

机床床身设计时，导轨推荐使用刮屑器和钢制盖板封盖，导轨刮屑器应设置防屑的唇形防护罩。当夹具处于加工区域中时，可以使用防沉积的锐角排屑代替排屑器。在湿式加工中，刮屑器可以保护线性导轨，而在干式加工中，一般通过板材盖板来保护线性导轨。

切屑输送装置必须配置转动控制并防止过载功能。在设计切屑刮板时，底板和导屑板应作为易损件来设计。输送链推荐使用插销、套筒的固定方式。当加工铝制件和铝合金工件时，不能使用刮板式传送装置和螺旋式输送机。

电主轴设计时，在轴头径向密封处推荐用陶瓷材料涂覆主轴。陶瓷主轴支承的维修耗费仅仅在拆卸/再装配成套主轴部件，无需额外调整就能更换相同的主轴箱。但电主轴必须配备独立的电动机冷却循环系统及高压刀具内冷系统，冷却管路推荐使用防腐蚀的不锈钢管。

刀库的功能是清洁、安全和稳固的储存加工中所需要的各种刀具，并且在数控系统的控制下，把所需要的刀具迅速、准确地送到换刀位置，并接收主轴上已用的刀具。由于多数加工中心的取送刀位置都在刀库中的某一固定位置，因此刀库还需要有使刀具运动及定位的机构，以保证换刀的可靠进行。刀库中需要更换的每一把刀具和刀套都要求能准确地停在换刀位置上，这点可以通过采用简易的位置控制器或类似半闭环进给系统的同服位置控制系统实现，也可以采用电气和机械相结合的销定位方式实现。其中盘式刀库设计时需要考虑装载刀具的质量中心尽可能地靠近刀盘中心，延长刀库回转机构的使用寿命。机械手刀库设计时应对最大质量/长度的刀具进行优先评估，满足极限工况下的运行情况。当刀库内的刀柄是敞开式存放时，需配备清洁装置，防止刀柄受污染后影响其与主轴锥面之间的重复安装精度。

夹具的设计推荐使用气动系统、液压系统或者电动机系统来驱动夹紧功能。选择的零件夹紧点始终应与夹具支承点相匹配，同时应避免“过定位”与“欠定位”的情况。

2. 气动、 液压系统设计

气动管道不允许使用软管夹、软管扎带和软管夹箍。用于倾斜运动或者垂直运动控制的气缸，应安装锁紧元件。阀门的连接推荐使用联排连接板、单连接板和组合连接板。通向液压装置和机床的液压泵管道必须设计成软管。为了方便拆装液压过滤器和液压泵，液压装置通常设计成敞开式。

蓄能器的充填气体推荐使用氮气作为介质。皮囊式蓄能器推荐配备具有液压油闭塞栓、手控排空装置和铅封安全阀的安全闭锁部件。液压管道不允许使用塑料管，对于不同尺寸的液压管道的连接方式不同。例如，某德国汽车制造公司的设计方案为当液压管外径>42mm 时，法兰连接必须通过焊接和成形管来连接。在滚道设备中，在每个油路块或每个元件前，都必须在进油管道中安装闭塞栓和在回油管道中安装止回阀。在设计进油管道时，应在最高位置安装通风结构。

3. 润滑冷却系统设计

当润滑油箱的设计上需要额外的冷却系统时，选型上必须使用水冷却器，同时该水冷却系统推荐安装光学流量计。在主轴箱/驱动装置的润滑系统中，光学液位计和流量计应具有最小和最大油位的管式油位显示功能，且须标识出注油量和润滑油种类。

润滑油过滤器应具有带预报警装置的电动和机械式杂质显示功能。对于润滑油管道的设计，推荐使用钝化处理的精密钢管。在切屑区域内，不允许使用塑料管道。如果润滑油管道必须通过坦克链来铺设，就必须使用高压油管。当使用油作为冷却润滑剂的介质时，应在加工部位附近安装压力计和流量计，同时还须说明必要的防火措施。

在某欧洲汽车制造公司的设计方案中，在切削液高压装置中，当系统压强不超过 3MPa 时，可使用多级叶轮泵；当系统压强超过 3MPa 时，推荐使用高耐磨性的螺杆泵。

在该冷却润滑剂罐处，应安装合适的孔或者取样点。冷却润滑剂罐的底部应标明出泄流孔的位置，当更换切削液时能完全排空该冷却润滑剂罐。

切削液过滤器的过滤精度由工艺来决定。一般推荐过滤精度高于 100μm，当用于内部切削液供输、回转分配器、高压螺杆泵时，过滤精度至少达到 30μm。

第三节　加工中心电气系统设计

一、电气系统简介

电气系统是加工中心的重要组成部分，它不仅包括机床和机加工设备中的电气部分，还包括其供输系统和排废系统中的电气部分。此外，例如测量系统、测量机、转矩控制系统或者其他控制系统都属于电气系统的范畴。其中控制系统对于加工中心来说相当于整个加工中心的大脑，它通过接收外部输入的加工信息，经过计算和处理控制机床进行加工。通常控制系统的组成包括：硬件和软件两大部分。硬件部分通常是指计算机、显示器、操作面板和机床接口等。计算机、显示器和操作面板都是用于数据加工处理的部件，而机床接口是连接计算机和机床的桥梁。机床接口的功能主要包括对数/模转换，对反馈元件的输出进行数字化处理等。软件部分可分为管理软件和控制软件两大部分。管理软件主要是指计算机的操作系统，提供基础的输入/输出、显示等服务。控制软件是对机床加工进行控制的软件及程序，包括位置控制、速度控制、刀具补偿和译码等。

随着智能制造概念的提出，加工中心的控制系统也发生了一些转变。原本在本地控制系统中的一些计算工作被转移到云端，本地控制系统的工作主要聚焦于加工数据的采集，然后这些数据被传输到云端具有计算能力的机器上进行分析和计算，之后云端发送指令给本地的操作系统进行相应的操作动作。智能制造云端控制示意如图 3-1 所示。

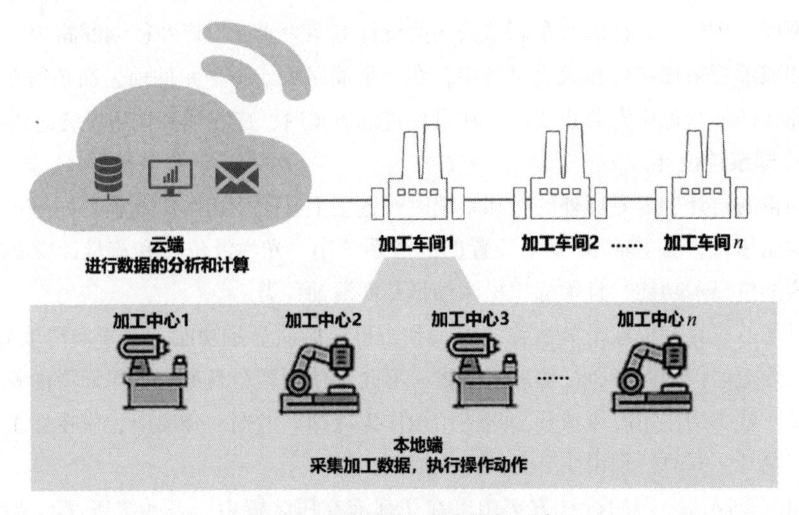

图 3-1　智能制造云端控制示意

对加工中心的控制系统进行设计时，控制系统的类型按照控制方式的不同，一般可分三大类，即开环控制系统、半闭环控制系统和闭环控制系统。

1）开环控制系统是指控制装置与被控对象之间只按顺序工作，没有反向联系的控制系统，如图 3-2 所示。因此开环控制系统无反馈，也没有来自于系统输入端的检测元件或检测元件信号。总体来说，开环系统没有误差修正，精度不高，但是稳定性较好。

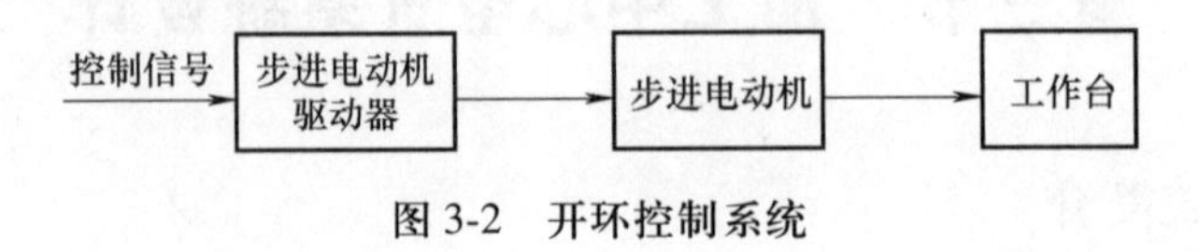

图 3-2　开环控制系统

2）半闭环控制系统中虽然有反馈，但是反馈的是电动机轴上的输出量，不关心机械传动误差，如图 3-3 所示。半闭环控制系统常以电动机码盘作为检测元件，不直接检测传动链末端输出位置。它的系统精度、稳定性介于开环控制系统和闭环控制系统之间，但因为它结构简单、调试方便，所以在现代数控机床中得到了广泛应用。

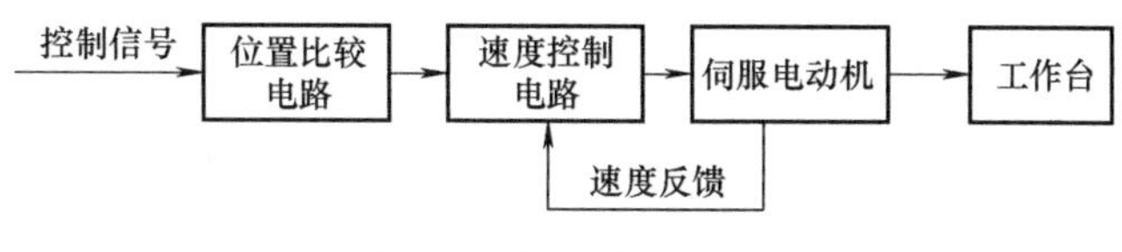

图 3-3 半闭环控制系统

3）闭环控制系统是指系统中有反馈，且反馈的是系统最终的执行结果，如图 3-4 所示，包括机械传动的控制系统。闭环控制系统直接检测传动链末端实际位置的精确信息，因此闭环系统精度高。但是因机械传动链误差会导致系统不稳定，所以闭环控制系统调试复杂，适用于高精密机电一体化设备。

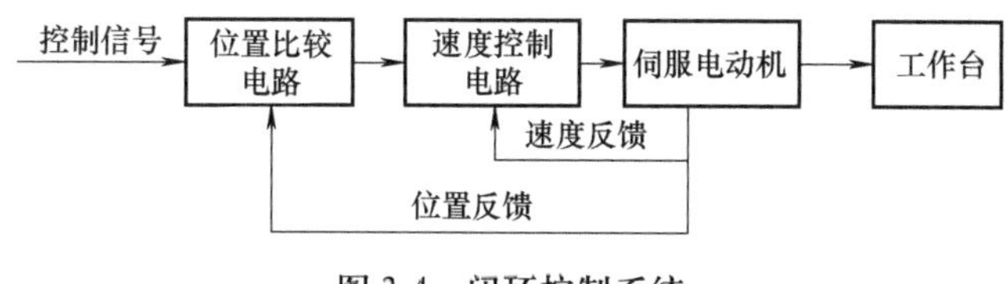

图 3-4 闭环控制系统

二、电气系统设计要求

在对加工中心的电气系统进行设计的时候，通常应该遵循如下要求：①保证设备的诊断面板和操作面板统一；②能够保证加工中心的生产连续、不间断；③所使用的元器件型号和备件的种类尽可能少；④后续的维护成本低；⑤生产区域“透明化”，设备间信息传递准确迅速。

只有在设计过程中遵循这些要求，才能保证整个电气系统的设计最优化。上述的这些要求，不仅在新设备规划设计的时候需要遵循，在进行已有设备改造的时候也同样具有借鉴意义。

三、电气系统设计步骤和注意事项

在进行电气系统设计时，通常可按照如下步骤进行：①根据加工要求，初步制定系统的方案；②选择电动机型号和元器件；③制定电气控制原理图；④确定电气元件明细表；⑤制定总布局图和布置方案；⑥设计电气柜和操纵机构；⑦设计说明书最终确认并交付。

在整个设计过程中，需要注意以下几点。

1. 电源

在结构上，供电电压应设计为中央控制，由中央控制的功率分配来替代独立元件的主开关。当并联供电时，须在安全负荷隔离开关处连接每根供电电缆。

在中央控制的主开关连接时，需要注意在主开关前，须分接中央开关柜中的开关柜照明和控制插座。在主开关后，连接控制系统前必须连接制冷设备。

在从中央控制系统的供电区获得供电的分散式开关柜中连接时，需要注意应在分布式供电的主开关后分接开关柜照明，从而达到较高的安全性。

2. 补偿

在设备功率系数设定的时候需要考虑补偿。补偿方法如下：如果机床或设备中的无功功率超过了 10kVar，那么设定功率系数应达到 $0.95 \leqslant \cos\varphi < 1$ 来进行补偿。如果部分动态感应线圈可忽略不计的话，则应当通过使用电源扼流圈来补偿大型耗能器。

3. 防护措施

对于直接接触，必须在主电路和控制电路中增加防止直接接触的防护措施；而对于间接接触，可以参照相关国际标准做防护措施。

在电器柜内，应使用有防触的接线柱的操纵器具。另外，必须单独装配在主开关前。而且如果外部带电压的零件或者部件连接到电路中，则必须完全覆盖并且做特别标注，这些覆盖物仅允许用工具移开。此外，在工作环境中，必须安装报警指示牌。

对于 24V 直流电池安装，必须采用安全变压器或者等值的开关电源设备。当直接和间接接触时，必须把保护特低电压防护措施当作补充的防护措施。

4. 设备保护

在电压、过载和短路情况下，必须采用断路器来保护电源和变压器，且断路器已根据实际电流进行了调整。

5. 辅助电路

机床中所有操作器具的供电电压必须由操纵台来控制。所有的耗能器和外围设备，及监控仪、传感器和测量仪器必须使用关闭控制电压来关闭。

对于提高遮断功率的辅助接点或者提高截面的芯线和控制电路，不允许做并联连接，允许使用建议的保险丝（在极小的截面上进行测量）来减小能源分配时的导线截面。如果是从具有抗短路导线的电排中分接，这种情况是允许的。建议以组别来划分电路，并使用保险丝来进行保护。对于控制电压的电位，必须用微型自动开关来保护。

一般辅助电路的电压设定可参考如下设置：DC/AC 24V 用于机床照明；DC 24V 一般用于控制电压、滚道、磁性操作器具和发光信号盘、传感器等。

6. 控制系统

为了满足 DC 24V 电路中实现电流隔断的要求，必须采用输入元件和输出元件。首先必须使用带弹簧拉力夹紧的二线和三线接头的标准部件，并在标准部件的标签条上应注明 I/O（输入/输出）的字节地址。在选择 I/O 标准部件的接线时，应该选择截面尽可能小的，并且仅允许从下部引入插接插座。

为了避免感应线圈断开瞬间产生过压，必须使用限压限流元件，该限压限流元件能把电压限制到配电仪表和线圈的许可值以下。

在控制系统的硬件选择时，同时也要考虑满足软件的要求。在控制系统编程时，通常使用触点图来表示所有的联接系统，并以步进方式对机床过程进行图示编程。控制系统的软件代码应附在附录或项目资料中。编程、编码、保养及诊断需要的软件程序包和所提供部件的固件参数，以及当前的操作系统都属于供货内容的组成部分。

7. 定位元件

调整运转时，必须通过操作面板或操纵台来操作每根轴的运转。在反方向调整运转时，必须先让运转的轴空转，然后才能进行急停操作。急停后必须重新起动设备和重置已起动的循环时间。

在设计每根轴的时候，为了便于操作者阅读，必须注明基准点、轴方向和轴的名称。在轴和设计图样上必须说明基准尺寸和测量点。

8. 传送设备

为了尽可能地使设备零件去耦合，可按照控制逻辑把传送设备划分成独立的功能模块，这样故障对功能元件的影响范围就会降到最小。在故障发生时，故障位置后的吊架或者工件传送板会继续运转，而控制系统会依据故障位置前还存在的缓冲数量控制传送设备在恰当的时间停止。

9. 测量控制系统

测量控制系统必须通过一根外接总线连接到设备控制系统。如果设备的控制系统部分过于简单，则测量系统无法通过其进行控制。测量控制系统的传感器和执行元件可以通过总线的传感器/执行元件盒与计算机连接，并且可通过控制软件进行控制。

10. 刀具检测系统

在设计刀具检测系统时，通用性是很重要的原则之一。当检测对象类型更换，使用新程序或其他系统时，原来的系统依然可以继续使用。

在监控逻辑的设定上，通常将首次测量曲线作为参考值，然后周期性地将机床当前状态数值与出厂时的状态数值进行比较。这样不仅可以获得当前的状态，还可以了解变化趋势。

检测系统的监控对象不仅包括刀具磨损的力矩波形，还包括由于刀具涂层缺陷、打磨不佳、切削液进给不足而导致的摇晃。

11. 开关柜

开关柜内部的电气罩壳和安装空间的颜色需要事先在配色表里做好定义。电气罩壳内部的颜色没有特殊要求，但是开关柜底座的颜色选择必须按照配色表的要求，并且底座不允许重叠着色。

开关柜的尺寸选择应该尽可能小，但是必须考虑到备用空间（机床装配或者设备装配时应预留备用空间约为20%，其他预留备用空间约为10%），且防护等级至少达到IP54。

以下为国外某品牌加工中心的开关柜尺寸设计，可做参考。

外形尺寸：高为2000mm，无底座；深最大为500mm；门宽最大为600mm；底座高为100mm。在开关柜中，主开关的安装尺寸离左侧约为250mm，离开关柜下缘为1200mm。开关柜门的开启角度至少为165°，并且可采用闭合系统关闭开关柜门。

如果开关柜安装在机床零件之间，那么当开关柜门的开启角度为165°时，直线距离为开关柜门宽度+100mm，但应至少设计为700mm。如果开启角度<165°时，直线距离为开关柜门宽度+500mm。

在对置或者直列安装的开关柜中，例如：在工作平台上，直线距离为700mm，即左/右开关柜列之间的通道（围栏、机床零件或者类似的零件）至少达到开关柜门宽度700mm。标准部件必须易装配且安装方式是从设备前部进行安装，在侧壁不允许嵌入或者安装部件。

在设计过程中，对于开关柜运行的环境温度，应当事先做好定义。仍以国外某品牌加工中心的开关柜的环境温度设计为例，以下的一些规则在设计过程中都应当考虑：当环境温度达到最大38℃（或工作平台温度达到43℃）时，所有的设备和控制系统在持续运转时都必须功能正常，且开关柜的内部温度必须能在外部清晰地显示。温度高于42℃时，必须进入节拍停止并在主操纵台上显示出来。

冷凝水排出管的设计必须向下布置。当开关柜门打开时，必须关闭制冷设备。

12. 接线

接线必须与电路图保持一致。在各个串联电路中，连线方向必须按照从上向下和从左向右进行，且必须为输入接线选择较小的数值。对于连接线的颜色选择，建议参照统一的标准：主开关前的电压必须连接黄色线，橙色线用于外接能源供输的闭锁电路（例如防护栅或与其他机床的急停联接系统）等。

对于开关柜内那些已连接部件更换时，必须拆除的接线重新连接时，可能更换的接线应当做好芯线标记。例如在芯线上标注设备的连接点（包括接触器、电源引入装置等）。在可插接的接线中则不需要做芯线标记，例如插接装置、接线盒等。

第四章

加工中心的选型、安装及验收

第一节　选型参数评估

加工中心是由机械设备与数控系统组成的，适用于复杂零件加工的高效自动化机床。由于带有刀库和自动换刀装置，工件经过一次装夹后，不仅能对两个以上的表面完成铣、钻、镗、铰、攻等多种工序的加工，而且可在加工过程中完成自动换刀，因此生产效率和自动化程度较高。企业在选用加工中心前必须要进行充分的调研和论证，选用一台加工中心要考虑诸多因素，这些因素包括工件的加工规范、加工精度、生产效率、投资情况、经济效益以及技术服务等。论证必须在工艺部门、设备维修部门、使用部门及技术改进部门等共同参与下进行，使设备的工艺性、加工精度、生产效率、可靠性、可维修性及经济性方面符合上级部门及单位发展的需求。论证报告批准后，应组织相关人员选择 3～5 个生产厂家的产品进行详细的对比，形成招标文件的技术参数。

经过论证选型的设备需包括表 4-1、表 4-2 中的内容，且覆盖三家以上设备的主要技术参数。一般加工中心的主要组件见表 4-1，其主要技术参数及配置见表 4-2，内容涵盖了与工件加工相关的规格参数、主轴参数、驱动参数、精度参数、刀库参数、数控系统及工作条件。

表 4-1　加工中心的主要组件

序号	主 要 组 件	备　　注
1	基础部件	床身、立柱、滑鞍和工作台等
2	主轴单元	主轴箱体、主轴电动机、主轴和主轴支承
3	数控系统	数控装置、可编程控制器、伺服驱动单元及电动机
4	自动换刀系统	刀库、机械手等
5	辅助装置	润滑、冷却、排屑、防护、液压与气动以及随机检测系统等
6	自动交换工作台系统	

表 4-2　加工中心主要技术内容及配置

序　号	主要技术内容		配　置
1	规格参数	行程	床身结构、材料要求、颜色、润滑、冷却、防护、液压、气动及检测系统等
		工作台尺寸	
		工作载荷	
		工作数量	
2	精度参数	精度标准	
		定位精度	
		重复精度	
3	主轴参数	主轴转速	主轴中空吹气清理系统、主轴中心出水切削液系统、主轴空调恒温系统
		主轴锥度型号	
		主轴电动机功率	
		主轴转矩	
		主轴定向装置	
		主轴结构	
4	驱动参数	快进移动速度	
		切削进给速度	
		电动机控制类型	
		进给电动机功率	
5	数控系统	控制系统品牌	
		同时控制轴数	
		光栅尺分辨率	
		控制柜结构	
		显示器尺寸	
		操作界面文字	
		同时控制轴数	
		机床误差补偿	
		程序功能	
		保护功能	
		网络接口型式	
6	刀库	刀库结构及容量	
		最大刀具长度、直径、质量	
		换刀时间	
7	工作条件	供电条件	
		供气条件	
		环境条件	

一、规格参数选择

加工中心最主要的规格是几个数控轴的行程范围和主轴电动机功率。机床的 3 个基本直线坐标（X、Y、Z）行程反映该机床允许的加工空间，因此工作台面的大小基本上确定了加工空间的大小。选用工作台面应比加工工件稍大一些，目的是考虑到安装夹具所需的空间。此外，还要考虑机床工作台的允许承载能力，以及工件与机床交换刀具的空间干涉、与机床防护罩等附件发生干涉等问题。对配置转台的立式或卧式加工中心，规格参数中要增加主轴鼻端到台面的最小距离或主轴中心到台面的最小距离，以及主轴端面到转台中心的最小距离，以保证与加工工件的加工要求相一致。

二、精度参数选择

1. 定位精度和重复定位精度

定位精度和重复定位精度是十分重要的精度指标，它取决于数控机床的几何精度、机床的测量系统精度、进给控制系统的精度和刚度，以及其动态特性等因素。通常数控机床精度检验项目有 20~30 项，但其最有特征的项目是单轴定位精度、单轴重复定位精度和两轴以上铣圆精度。单轴定位精度和单轴重复定位精度综合反映了该轴各运动部件的综合精度，尤其是单轴重复定位精度，它反映了该轴在行程内任意定位点的定位稳定性，这是衡量该轴能否稳定可靠工作的基本指标。目前，数控系统中的软件都有丰富的误差补偿功能，能对进给传动链上各环节系统误差进行稳定的补偿。铣圆精度是用来综合评价数控机床有关数控轴伺服系统的跟随运动特性，是数控系统插补功能的指标。在选择加工中心精度时，应注意定位精度不是机床的加工精度，但从机床定位精度可估算出该机床加工时能达到的精度，如在单轴上移动加工两个孔的孔距精度约为单轴在该段定位误差的 1~2 倍（具体误差值与工艺因素密切相关）。普通型加工中心已可加工 6~7 级精度工件，精密级加工中心可加工 5 级精度工件。

2. 精度标准选择

目前，各国对精度指标的规定、定义、测量方法和数据处理等有所不同。在各类数控机床样本资料介绍中，常用的标准有德国的 VDI/DGQ 3441 标准、美国的 N・MTBA 标准、国际 ISO 230 标准、日本的 JISB 标准、我国 GB/JB 标准以及制造厂家的企业标准等，在评定和检测上其精度数值是有差别的。就定位精度而言，有的标准采用统计法，有的标准采用极差法。从原理上来说，JISB 标准要求是最为宽松的，VDI 标准要求最为严格。因此，在选型时应注意了解制造厂家所用的是何种精度标准，了解系统控制位置精度的控制方法是采用直接测量（闭环控制）还是间接位置测量（半闭环控制），了解数控系统与控制精度的分辨率，以便确保满足必要的加工精度。

3. 几何精度

机床的几何精度是保证该机床加工工件精度的基础，一般不在技术参数中出现，而在机床的验收条款里出现。但为了确保加工中心精度的保持性，往往要求制造商提供已交付用户的几何精度检查报告，以考察加工中心的几何精度和精度裕度。

4. 切削精度验证

机床切削精度的验证可根据厂家提供的检验项目或双方协商确认的试加工件图样进行加工，加工后应对工件尺寸精度、形状误差、位置误差及表面粗糙度进行检验。

三、主轴与驱动参数选择

主轴与驱动的参数指标决定机床的切削性能。主轴电动机功率与转矩反映了加工中心的切削效率，也从侧面反映了加工中心的切削刚性和机床整体刚度。加工选型时，应按照典型工件的加工方案，选择安装刀具的刀柄型号、主轴单元及进给速度等。

1. 刀柄型号

刀柄型号取决于机床主轴装刀柄孔的规格。现在绝大部分加工中心机床主轴孔都是采用 ISO 规定的 7：24 锥孔，常用的有 40 号、45 号、50 号等，个别的还有 30 号和 35 号。机床规格小，刀柄也应选小规格的。由于小规格刀柄对加工大尺寸孔和长孔不利，所以一台机床如果有大规格的刀柄可选择时，应该尽量选择大的，但刀库容量和换刀时间都是要考虑的受影响因素。近年来，加工中心和数控铣床都向高速化方向发展，许多试验数据表明当主轴转速超过 10000r/min 以上时，7：24 锥孔离心力作用较大，会影响刀柄的定位精度，所以高速主轴建议采用德国 VDI 推荐的短锥刀柄 HSK 系列。对同一种锥面规格的刀柄，有日本 BT 标准、美国 CAT 标准、德国 VDI 标准等，它们规定的机械手爪夹的尺寸不同，刀柄的拉紧钉尺寸也不同，所以选择时必须考虑齐全。对已经拥有一定数量加工中心的用户或即将采购一批数控机床的用户，应尽可能选择互相能通用的、单一标准的刀柄系列。

2. 主轴单元

主轴电动机功率在同类规格的加工中心上可以有各种不同的配置，用户应根据自身典型零件毛坯余量大小、切削能力（单位时间金属切削量）、要求达到的加工精度及实际能配置的刀具等因素综合选择。目前一般加工中心主轴转速在 4000~8000r/min，立式高速加工中心主轴转速可达 20000~70000r/min，卧式高速加工中心主轴转速可达 10000~20000r/min。主轴电动机功率反映了机床的切削效率，也从侧面反映了切削刚性和机床整体刚度。

要重点关注主轴单元转速-功率-转矩图，注意连续功率、转矩及 30min 功率和转矩，高速主轴选型时要注意主轴的冷却要求。

3. 进给速度

提高机床转速是目前机床行业的发展趋势，高转速、小切削深度、大进给速度是高速加工的发展方向。高速切削时，既要有高的主轴转速，也要具备与主轴转速相匹配的进给速度。目前，加工中心高速化趋势发展很快，主轴从每分钟几千转到几万转，直线坐标快速移动速度从 10~20m/min 上升到 80m/min 以上，当然其功能部件如电主轴、直线电动机、直线滚动导轨和主轴轴承等及相配套的光栅尺、刀具等附件价格也都相应上升。因此，用户必须根据自身的技术能力和配套能力做出合理选择，招标文件的相关条款内容一定要切合自身实际。

四、数控系统选择

数控系统直接关系到机床整体效益的发挥。用户在购买加工中心时可以向生产厂家要求配置指定的数控系统。知名的数控系统有日本的 FANUC 系统、德国的 HEIDENHAIN 及 SIEMENS 系统等。每种数控系统都有许多功能，如随机编程、运动图形显示、人机对话编辑、故障管理及远程诊断等功能。在选择系统功能时，既要对现在需要的功能全面配置，又要考虑长远的需要，但切忌因盲目追求功能全面而造成浪费。另外，数控系统中除基本功能以外，还有很多选择功能，用户可以根据自己的工件加工要求、测量要求、程序编制要求等，额外选择一些功能列入订货合同附件中，特别是实时传输的 DNC 功能、通信接口以及高速数控加工系统的前瞻功能等。

五、刀库选择

自动换刀装置是保证加工中心多工序集中加工的基本条件，刀库容量、换刀时间和故障率等都是用户非常关心的问题。自动换刀装置的投资占整机的 30%左右，其故障率也占整机故障率的 50%左右。因此，在选择自动换刀装置时，要在满足使用要求的前提下，尽量选用结构简单、可靠性好的装置。刀库容量应根据零件在一次装夹中完成全部工序所需的刀具数量来确定。单机使用的加工中心，其刀库容量不宜太大，因为在使用中每更换一种新的零件，操作者就要根据工艺要求对刀具进行整理，刀库中无关的刀具越多，工作量就越大。另外，大容量刀库成本高，结构复杂，故障率高，刀具管理也相对复杂。一般情况下，立式加工中心的刀库容量选用 20 把左右，卧式加工中心选用 40 把左右。

六、附件的选择

加工中心附件如振动测量仪、刀具预调仪、自动测量装置、精度球杆仪、刀具监视系统、切削状态监视装置、自适应控制装置及各种诊断装置等，选择其中的某些装置对提高加工中心的使用效率和使用质量有很大作用。但是，在选用时应切实注意其实用性和可靠性。此外，有些附件是必须选取的，如机床冷却防护装置、排屑装置、主轴油温控制装置等。采用了这些装置会使加工性能优良，加工质量稳定，同时也可延长机床的使用寿命。

第二节　选 型 原 则

一、实用性原则

选用加工中心的出发点是解决生产中的某一个或几个问题，因此，实用性就是要使选中的加工中心最终能实现预定的目标。例如，选用加工中心是为了加工复杂的零件；或是为了提高加工效率；或是为了提高精度；或是为了集中工序，缩短周期；或是为了实现柔性加工要求等。有了明确的目标，有针对性地选用加工中心，才能通过合理的投入，达到预定的加工目标。以往机床企业在开发产品时，常常是提高加工中心的通用性，使其具有较多的功能，使用户有很大的选择余地。但这必然造成结构复杂，生产成本提高，制造周期加长，同时投资也会相应的增加。而在加工中心的实际使用中，对每一个具体用户来说又往往是只用其中少部分功能，结果造成功能的浪费。

二、经济性原则

经济性是指所选用的加工中心在满足加工要求的条件下，所支付的代价是最经济的或者是较为合理的。经济性往往是和实用性相联系的，加工中心的实用性好，那么相应的经济性也会合理。在这方面要注意的是，不要以高代价换来功能过多而又不合理的加工中心。否则，不仅是造成了不必要的浪费，而且也会给使用、维护保养及修理等方面带来困难。

三、可操作性原则

用户选用的加工中心要与本企业的操作和维修水平相适应。一台较复杂、功能齐全、较为先进的加工中心，如果没有适当的人去操作，没有对其熟悉的技工去维护修理，那么加工中心也发挥不了应有的作用。因此，在选用加工中心时要注意对加工零件的工艺分析、考虑到零件加工工序的制订、数控编程、工装准备、机床安装与调试，以及在加工过程中进行的故障排除与及时调整的可能性，这样才能保证加工中心能长时期正常运转。高档的、复杂的加工中心，可能在操作时非常简单，而加工前准备和使用中的调试和维修却比较复杂。因此，在选用加工中心时，要注意力所能及。

四、稳定可靠性原则

数控机床工作时稳定可靠性高既涉及数控系统，也涉及机械部分，尤其是数控系统（包括伺服驱动）部分。加工中心如果不能稳定可靠地工作，那就完全失去了意义。要保证加工中心数控机床工作时稳定可靠，则在选用时一定要选择可靠品牌产品（包括主机、系统和配套件），因为这些产品技术上成熟、有一定的生产批量且已有一定量的用户。

以上的加工中心选用原则只是提示在选用加工中心中应该注意到的一些问题。在实际选用过程中，应理解加工中心与普通机床之间的差别，了解加工中心选用中的复杂性，不要简单地像订购通用机床那样去选购加工中心。在国外，机床企业接受加工中心的订货时都要经过双方详细的讨论，才能最后确定下来，并且还有一些咨询服务机构来帮助用户选择和用好加工中心。在国内，也已经注意到这个方面，不少生产企业开始加强售前服务，帮助用户做好加工中心的选择，但在程度上还很不够，因此需要由用户做客观的判别。此外，专门的咨询服务机构已经出现，但为数不多。

第三节　安装、调试与验收

机床的安装、调试与验收工作是加工中心前期很重要的管理工作之一，其工作质量与今后机床能否正常运转有着极为重要的关系。机床的安装、调试与验收工作是指机床运输到用户后，安装到车间工作场地，经调试、检验到投入正常使用的全部过程。

一、安装

1. 工作环境

加工中心是高档的数控机床，对工作环境有较严格的要求，不宜安装在室温过高、湿度过大、电网电压不稳、波动过大、附近有频繁起动的大功率设备（如：龙门刨床、中高频热处理设备）和周围粉尘太大的工作环境中。一般室温在 0～40℃，相对湿度不得大于 85%，电压波动应在-15%～10%。具体要求应按机床生产厂家所提供的出厂说明书及相关资料严格执行。

2. 安装基础

在机床用户与机床厂商签署加工中心购置合同之后，用户应根据机床厂家提供的地基图（基础图）及相关资料的要求，参考 GB 50040—2020《动力机器基础设计标准》打好机床的安装基础。

对于小型加工中心（高速型加工中心除外），安装工作较为简单，只要车间水泥地面厚度不低于 300mm，就没有必要重新打基础和预埋地脚螺栓，可用支撑螺钉直接调整机床的水平位置。

对于大中型和精密加工中心一般都需要做基础，并在地脚螺栓的部位做好预留孔，以便机床调平后安装地脚螺栓和浇灌水泥。精密加工中心还应在其地基周围做防振沟。在做加工中心的基础（打地基）时应注意以下两个方面的问题：在浇灌基础混凝土时，必须整体一次连续浇灌完毕，不能分层浇灌；基础混凝土浇灌后应注意养护，其保养期应不低于 28 天。

二、机床的初始就位

当基础达到养护期后便可以着手机床就位方面的各项工作。在拆除机床包装箱之前，应仔细查看包装箱是否有明显的损坏。如无明显的损坏，即可进行拆除机床包装的工作。

机床拆箱后首先应找到随机文件资料，按机床装箱单清点机床主机、部件、附件、外设及电缆等。然后按机床说明书的要求，把机床的基础部件（如床身、底座）就位，用可调垫支承相应的基础部件，将地脚螺栓对应安装，并找正安装基础的水平，再进行组装。

机床各部件组装连接前，首先做好各部件外表面清洁工作，除去各部件安装连接表面、导轨和各运动面上的防锈涂料，并清洗干净。然后按机床说明书，把机床各部件组装连接成整机。在组装连接时，如需要将立柱、数控装置柜、电气柜等装在床身上，或将刀库机械手等装在立柱上，以及前后床身的连接等，应尽量使用机床原来的定位销、定位块和其他定位元件，以保证各部件的安装位置恢复到机床拆卸前的状态，这利于下一步的精度调试。

各部件组装完毕后，再进行电缆、油管和气管的连接。机床说明书中有电气接线图和气压管路图，可以根据图样把有关电缆和管道接头按标记对应接好。连接时应注意整洁和可靠的接触及密封，并注意检查有无松动和损坏，电缆线头插入后一定要拧紧紧固螺钉，保证联接可靠。油管连接时，所有管接头都必须对正拧紧。电缆和油管全部接完后，还应该做好电缆及油管的就位固定、防护罩的安装等，以保证机床的安全运行和整洁的外观。

三、数控系统的连接和调整

1. 开箱检查

数控系统开箱后应仔细检查系统本身、进给速度控制单元、伺服电动机、主轴控制单元及主轴电动机。检查包装箱是否完整无损，实物与订单是否相符。此外，还须检查数控柜内各插接件有无松动，接触是否良好。

2. 外部电缆的连接

外部电缆的连接是指数控装置与外部 MDI/CRT 单元、强电柜、机床操作面板，进给伺服电动机动力线与反馈线，主轴电动机动力线与反馈信号，以及与手摇脉冲发生器等的连接。应使上述连接符合随机提供的连接手册的规定。此外，还应进行地线连接，地线应采用辐射式接地法，即将数控柜中的信号地、强电地、机床地等连接到公共接地点上。

数控柜与强电柜之间应有足够粗的保护接地电缆，一般采用截面积为 $5.5 \sim 14mm^2$ 的接地电缆，而公共接地点必须与大地接触良好，一般要求接地电缆电阻 $<7\Omega$。

3. 数控系数电源线的连接

首先切断数控柜的电源开关，连接数控柜电源变压器一次侧的输入电缆，然后检查电源变压器和伺服变压器的绕组抽头连接是否正确。

4. 设定的确认

数控系统内的印制电路板上有许多用短路棒短路的设定点，需要对其进行适当设定以适应机床的要求（应按随机维修说明书的要求进行设定）。设定确认的内容一般包括以下三个方面。

1）控制部分印制电路板上设定的确认，主要包括主板、ROM 板、连接单元、附加轴控制板及旋转变压器或感应同步器控制板上的设定。

2）速度控制单元印制电路板上设定的确认，在直流速度控制单元和交流速度控制单元上都有许多设定点，用于选择检测元件种类、回路增益以及控制各种报警等。

3）主轴控制单元印制电路板上设定的确认，在直流或交流主轴控制单元上，均有一些用于选择主轴电动机电流极限和主轴转速等的设定点。

5. 输入电源电压、频率及相序的确认

检查确认变压器的容量是否满足控制单元和伺服系统的电能消耗。检查电源电压波动是否在数控系统允许的 $-15\% \sim 10\%$。对于采用晶闸管控制元件的速度控制单元和主轴控制单元的供电电源，一定要检查相序。其检查方法是切断各分路空气开关或熔断器，合上机床总开关，用相序表或示波器来判断。如果相序不符，通电就可能使速度控制单元的输入熔丝烧断，甚至造成更大的损坏。

6. 确认直流电源单元的电压输出端是否正常

数控系统内部都有直流稳压电源单元为系统提供 5V、15V、24V 等直流电压。在系统通电前，应检查其输出端是否有短路或对地短路现象。如有短路应查清其原因，并加以排除，以防烧坏系统内的直流稳压电源单元。

7. 接通数控柜电源检查各输出电压

接通数控柜电源以前，先将电动机动力线断开，这样可使数控系统工作时机床不引起运动。但是，应根据维修说明书对速度控制单元做一些必要的设定，以避免因电动机动力线断开而报警，然后接通电源，检查数控柜各个风扇是否旋转，并借此确认电源是否接通。再检查各印制电路板上的电压是否正常，各种直流电压是否在允许的波动范围内。

8. 数控系统各参数的设定

为保证数控装置与机床相连接时，能使机床具有最佳工作性能，数控系统应根据随机附带的参数表逐项予以确定。显示参数时，一般可通过按压 MDI/CRI 单元上的参数键（PARAM）来显示已存入系统存储器的参数。所显示的参数内容应与机床安装调试后的参数表一致，对于不符的参数，要进行修改。由于数控系统参数的设定与修改，按其参数的级别规定了相应的权限，因此在修改参数时应特别慎重，不可越权轻易修改。

一般全功能的数控系统按参数级别分为四类：第一类是系统的功能参数，有时为固定参数，它属于保密参数，只有数控系统生产厂家才能进行修改；第二类是一些伺服参数、主轴性能参数、PLC 参数、G00 设定及回参考点方式等参数，它是由机床生产厂家在机床出厂前已设定好，其修改权限只属于机床厂；第三类主要有间隙补偿、螺距补偿、回参考点机床坐标值设定等，这类参数是为改善机床性能和精度用的，一般在机床调试和修理时要进行修改，其修改权限属于机床调试人员和修理人员；第四类是用户宏指令、固定循环、刀具补偿等参数，这类参数可由编程人员和操作人员来设定。

9. 确定数控系统与机床侧的接口

数控系统一般都具有自诊断的功能。在荧光屏 CRT 画面上可以显示数控系统与机床接口以及数控系统内部的状态。当具有可编程控制器（PLC）时，还可以显示出从数字控制（NC）到可编程控制器，再从可编程控制器到机床（MT），以及从机床到可编程控制器，再从可编程控制器到数字控制的各种信号状态。各个信号的含义及相互逻辑关系随可编程控制器的顺序程序不同而不同。可以根据资料中的梯形图说明书及诊断地址表，通过自诊画面确认数控系统与机床之间的接口信号状态是否正确。

在完成上述步骤之后，意味着已完成机床数控系统的连接与调整工作，具备与机床联机通电试车的条件。此时，应切断数控系统的电源，连接电动机的动力线，恢复报警的设定。

四、机床几何精度的调试

由于加工中心是高度自动化的数控机床，所以几何精度的调试必须在通电的情况下才能进行。在机床调试前，对于有液压系统、冷却系统的加工中心应对液压油箱、冷却箱及过滤器进行清洗，并应按说明书的要求给机床润滑油箱、润滑点灌入规定牌号的润滑油，给冷却箱灌入规定牌号的切削液，接通外界输入气源。

1. 通电试机

在完成上述机床的安装和其他准备工作之后，便可以给机床通电。机床通电试机一般先进行各部件分别供电试验，然后做各部件全面供电试验。通电后首先观察有无报警故障，然后用手动方式陆续起动各部件，并检查安全装置是否起作用，能否正常工作，能否达到额定的工作指标。总之，根据机床说明书检查机床主要部件、功能是否正常齐全，使机床各部件都能操作运动。

在数控系统与机床联机通电试机时，虽然数控系统已经确认，工作正常无任何报警，但为了以防万一，应在接通电源的同时，做好按压急停按钮的准备，以便随时切断电源。

（1）调整机床的床身水平及各部件的相关位置　机床通电后首先是调整机床的床身水平、机床的主要几何精度，再调整重新组装的主要运动部件与主机的相对位置，如机械手、刀库与主机换刀位置的校正，APC 托盘站与机床工作台交换位置的找正等。

（2）地脚螺栓灌浆　在床身水平及各部件的相关位置找正、调平等工作都完成后，就可以用快干水泥灌注机床（含部件）的地脚螺栓，将各预留孔灌平，等水泥完全干固以后，就可以进行下一步工作了。

（3）伺服系统通电　在对数控系统参数核对、检查并确定准确无误之后，可以给伺服系统通电，为防止“飞车”现象的发生，在通电的同时应做好随时按压急停按钮的准备，一旦出现异常状况，应即刻按下机床操作面板上红色急停按钮。通电后观察 CRT 上有无报警信息，检查伺服驱动控制线路上的信号指示灯是否正常，有无异常气味等。

（4）手动操作　在确认伺服系统供电正常后，应先选择手动操作方式，如手轮（MPG）方式，操作伺服手轮移动机床的各坐标轴。在确认 MPG 方式正常后，再选择手动回零（ZRN）方式，进行各坐标回零试验、选择手动连接进给（JOG）方式、试验机床的进给等操作。测试各坐标轴运动是否正常，如运动方向、回参考点开关是否正常，各坐标轴在运动中有无爬行现象，检查各坐标轴运动行程极限，以及软、硬件开关是否起到了安全保护作用等。

（5）主轴通电　接通主轴伺服驱动电源，检查主轴正、反转，检查高低速换挡、调速等是否正常，检查主轴准停的准确性和可靠性，检查松夹刀等装置的可靠性。

（6）辅助装置通电　接通各种辅助装置的电源，检查液压系统、润滑系统、冷却系统及排屑系统试运行是否正常；检查刀库运行及刀具交换动作是否正常；对于有回转工作台或交换工作台的加工中心还应检查回转工作台、交换工作台的回转、交换是否正常。

在检查机床各轴的运转情况时，用手动连续进给移动各轴，通过数字显示器 CRT 或 DPL 的显示值检查机床部件移动方向是否正确。如果方向相反，则应先将电动机动力线及检测信号线反接，然后检查各轴移动距离是否与移动指令相符。如果不相符，应检查有关指令、反馈参数及位置控制环增益等参数设定是否正确。

在用手动进给时，以低速移动各轴，并使它们碰到超越开关，以此检查超程限位是否有效，数控系统是否在超程时发出报警。最后还应进行一次返回参考点动作。机床参考点是以后机床进行加工的程序基准位置，因此，必须检查有无参考点功能以及每次返回参考点的位置是否完全一致。

2. 精调机床水平及功能部件调试

当地脚螺栓水泥完全固化后，在上述初调的基础上，对机床的精度进行精调和做必要的功能试验。

（1）精调机床水平及相关的几何精度　使用精密水平仪、标准方尺、平尺和平行光管等检测工具，在已经固化的地基上用地脚螺栓和垫铁精调机床主床身的水平位置，并找正或移动床身上的各运动部件，例如立柱、滑鞍和工作台等，观察各坐标全行程内机床水平位置的变化情况，并逐步调正机床水平位置以及立柱导轨与床身导轨的垂直度，使其几何精度在允许范围之内。

调正时，主要通过调整垫铁或支撑螺钉。小型加工中心以调节支撑螺钉为主，大中型加工中心以调节垫铁为主，必要时可稍微改变导轨上的镶条和预紧滚轮，使机床达到出厂精度。

（2）调整刀具交换装置（ATC）的精确位置　调整刀具的交换位置，可采用 G28 回零方式，如用 G28、Y0、Z0 等程序让机床自动运动到刀具交换位置，再以手动方式调整好装刀机械手和卸刀机械手相对主轴的位置。

调整时，一般使用校对心棒进行检测。出现误差时，可以调整机械手的行程，移动机械手支座和刀库位置等，必要时还可以修改换刀位置点的设定。调整完毕后应紧固各调整螺钉及刀库地脚螺栓，然后装上几把刀柄，进行多次从刀库到主轴的往复自动交换，要求动作准确无误，不得出现撞击和掉刀现象。

（3）调整工作台交换装置（APC）的精确位置　带有 APC 交换工作台的机床，应先将工作台移动到交换位置，达到工作台自动交换时动作平稳、可靠、正确。然后在工作台面上装 70%~80%的允许负载，进行承载自动交换，达到正确无误后紧固各有关螺钉。

五、机床的运转试验

加工中心的运转试验包括机床的空运转试验、机床的载荷试验、最小设定单位试验、原点返回试验。该试验应符合 JB/T 8801—2017《加工中心　技术条件》所规定的要求。这些运转试验一般在生产厂家都应逐台、逐项进行，用户在机床验收时，可以提出进行必要的运行试验，如连续无载荷运转试验和载荷运转试验，前者可以考核机床在较长时间（一般采用每天运行 8h，连续运行 2~3 天，或运行 24h，连续运行 1~2 天）的自动运行的情况下机床运行的稳定性、可靠性，该试验也称考机。考机程序可以采用随箱技术文件中的考机程序，也可自行编制一个考机程序；后者是考核机床的功率发挥情况及加工精度，除按有关标准进行试验外，通常是采用用户提供的试切零件来代替载荷运转试验，通过载荷运转试验或试切，可以比较全面地检查机床的各项功能，如机床精度、刚性、可靠性、稳定性以及综合工作（加工）精度。

1. 机床空转试验

（1）温升试验及主运动和进给运动检验　机床主运动机构应从最低转速起，按各级转速依次运转。无级变速的机床应做包括低、中、高速在内的不少于 10 种速度的运转，有级变速的机床应从最低转速到最高转速逐级进行空运转试验，各种转速的运转时间应≥2 min，最高转速运转时间应≥1h，使主轴轴承达到稳定温度，并在靠近主轴定心轴承处测量温度和温升，其温度应≤60℃，温升应≤30℃。在各种速度下运转时，运转应平稳，工作机构应正常、可靠。

对各线性轴线、回转轴线上的运动部件，分别用低、中、高及快速进给速度进行空运转试验，其运动应平稳、可靠，高速时无振动，低速时无明显爬行现象。

在空运转条件下，有级传动的各级主轴转速和进给速度的实际偏差，不应超过设定值的-2%~6%；无级变速传动的主轴转速和进给速度的实际偏差，应符合 GB/T 18400.6—2001《加

工中心检验条件　第6部分：进给率、速度和插补精度检验》中K1、K2的规定。

机床主传动系统的空运转功率（不包括主电动机空载功率）不应超过设计文件的规定。

（2）功能试验　主要做了以下几个功能试验。

1）手动功能试验（用手动或数控手动方式操作机床各部件进行试验）。对主轴连续进行不少于5次的锁刀、松刀和吹气的动作试验，动作应灵活、可靠、准确。用中速连续对主轴进行10次正、反转的起动、停止（包括制动）和定向操作试验，动作应灵活、可靠。无级变速的主轴至少应在低、中、高的转速范围内，有级变速的主轴应在各级转速下进行变速操作试验，动作应灵活、可靠。对各线性轴线、回转轴线上的运动部件，用中等进给速度连续进行各10次的正向、负向的起动、停止操作试验，并选择适当的增量进给进行正向、负向操作试验，动作应灵活、可靠、准确。对进给系统在低、中、高和快速进给速度范围内，进行不少于10种的变速操作试验，动作应灵活、可靠。对分度回转工作台或数控回转工作台连续进行10次的分度、定位试验，动作应灵活、可靠、准确。对托板连续进行10次的交换试验，动作应灵活、可靠，托板交换时间应符合设计规定。托板交换时间的评定应符合GB/T 18400.9—2007《加工中心检验条件　第9部分：刀具交换和托板交换操作时间的评定》的规定。对刀库、机械手以任选方式进行换刀试验。刀库上刀具配置应包括设计规定的最大质量、最大长度和最大直径的刀具；换刀动作应灵活、可靠、准确；机械手的承载重量和换刀时间应符合设计规定。刀具交换时间的评定应符合GB/T 18400.9—2007的规定。对机床数字控制的各种指示灯、控制按钮、DNC通信传输设备和温度调节装置等进行空运行试验，动作应灵活、可靠。对机床的安全、保险、防护装置以及电气系统的控制、联锁、保护功能进行必要的试验，功能应可靠，动作应灵活、准确。机床的液压、润滑、冷却和气动系统进行运行试验，应密封可靠，润滑良好，冷却充分，动作灵活、可靠，各系统不应有渗漏。对机床的各附属装置进行试验，工作应灵活、可靠。

2）数控功能试验（用数控程序操作机床各部件进行试验）。对各线性轴线、回转轴线上的运动部件，用中等进给速度连续进行正、反向的起动、停止和增量进给方式操作试验，动作应灵活、可靠、准确。对进给系统至少进行低、中、高和快速进给速度的变速操作试验，动作应灵活、可靠。对分度回转工作台或数控回转工作台连续进行10次的分度、定位试验，动作应灵活，运转应平稳、可靠、准确。对各托板进行5次交换试验，动作应灵活、可靠。对刀库总容量中包括最大质量刀具在内的每把刀具，以任选方式进行不少于3次的自动换刀试验，动作应灵活、可靠。对机床所具备的坐标联动，坐标选择，机械锁定，定位，直线及圆弧等各种插补，螺距、间隙、刀具等各种补偿，程序的暂停、急停等各种指令，有关部件、刀具的夹紧、松开以及液压、冷却、气动、润滑系统的起动、停止等数控功能逐一进行试验，其功能应可靠，动作应灵活、准确。

3）连续空运转试验。连续空运转试验时，应用包括机床各种主要功能在内的数控程序，操作机床各部件进行连续空运转。整机连续空运转时间应不少于48h。在连续空运转的整个过程中，机床运转应正常、平稳、可靠，不应发生故障，否则应重新进行试验。

连续空运转程序中应包括下列内容：①主轴速度试验。应进行包括低、中、高转速在内的5种以上正转、反转、停止和定位。其中高速运转时间一般不少于每个循环程序所用时间的10%。

②进给速度试验。各轴线上的运动部件应将包括低、中、高和快速进给速度的正、反向进给组合在一起，在接近全行程范围内运行，并可选任意点进行定位。运行中不允许使用倍率开关，以高进给速度和快速进给速度移动的时间应不少于每个循环程序所用时间的10%。③刀库中各刀位上刀具的自动交换应不少于2次。④分度回转工作台或数控回转工作台的自动分度、定位应不少于2个循环。⑤各托板的自动交换应不少于5次。⑥各联动轴线的联动运行。⑦特殊附件的联机运转。⑧各循环程序间的暂停时间应≤0.5min。

2. 载荷试验

（1）试验项目　机床应做下列载荷试验：①机床承载工件最大质量的运转试验（抽查）。②机床主传动系统最大扭矩试验。③机床最大切削抗力的试验（抽查）。④机床主传动系统达到最大功率的试验（抽查）。

（2）机床承载工件最大质量的运转试验　采用与设计规定的工作台最大承载质量相当的重物置于工作台面上并可靠固定，使其载荷均匀，分别用最低、最高和快速进给速度使工作台运转。最低进给速度运转，一般应在接近行程的两端和中间往复进行，每次移动距离不少于20mm；最高进给速度和快速进给速度运转，均应在接近全行程上进行，分别往复1次和5次，回转工作台至少应进行10次旋转。试验时，机床运转应平稳、可靠。工件夹持托板应按工作台最大承载质量做承重交换试验，交换次数不少于5次。

（3）机床主传动系统最大扭矩的试验　在机床主轴恒扭矩转速范围内，选择适当的主轴转速，采用铣削或钻削方式进行试验，改变进给速度或切削深度，使机床主传动系统达到设计规定的最大扭矩。试件材料为HT200，切削刀具为面铣刀或硬质合铣刀。试验时，机床传动系统各传动元件、部件和变速机构工作应正常、可靠，运转应平稳、准确。

（4）机床最大切削抗力的试验　在机床主轴恒扭矩转速范围内，选择适当的主轴转速，采用铣削或钻削方式进行试验，改变进给速度或切削深度，使机床达到设计规定的最大切削抗力。试件材料为HT200，切削刀具为面铣刀或高速钢麻花钻头。试验时，机床工作应正常，各运动机构应灵活、可靠，过载保护装置应正常、可靠。

（5）机床主传动系统达到最大功率的试验　在机床主轴恒功率转速范围内，选择适当的主轴转速，采用铣削方式进行试验，改变进给速度或切削深度，使机床达到主电动机的额定功率或设计规定的最大功率。试件材料为45钢，切削刀具为面铣刀。试验时，机床各部分工作应正常、可靠，无明显的颤振现象，并记录金属切除率（cm/min）。

六、检测与验收

加工中心的检测与验收是一项比较复杂的工作，对试验检测方式及技术要求也比较高。一般需要使用各种高精度仪器，对机床的机、电、液、气等各部分及整机进行综合性能和单项性能的检测，另外还需对机床进行刚度和热变形等一系列试验，最后得到对该机床的综合评价。一般数控机床的检测验收工作包括以下几方面。

1. 外观的检查

在对加工中心做详细检测与验收以前，应对机床外观进行检查。它包括两个方面：其一是参照 GB/T 9061—2006《金属切削机床　通用技术条件》、GB/T 5226.1—2019《机械电气安全　机械电气设备　第 1 部分：通用技术条件》等有关标准，对机床各种防护罩、机床油漆质量、照明、切屑处理、电线和气油管走线固定防护等进行检查；其二是对数控柜的外观进行检查，检查时应侧重以下三个方面。

（1）数控柜外表　检查数控柜中的 MDI/CRT 单元、纸带阅读机、直流稳压单元及各种印制电路板等是否有破损、污染，连接电缆捆绑处是否有破损，如果是屏蔽线，还应检查屏蔽层是否有剥落现象。

（2）数控柜内部件紧固情况　具体包括以下三方面。

1）螺钉紧固检查。检查输入变压器、伺服用电源变压器、输入单元、电源单元及纸带阅读机等有接线端处的螺钉是否都已拧紧，凡是需要盖罩的接线端座是否都已盖罩。

2）连接器紧固检查。数控柜内所有连接器、扁平电缆插座等都有紧固螺钉紧固，以保证连接牢固，接触良好。

3）印制电路板的紧固检查。无论是笼式结构布局的数控柜（每块印制电路板均插在笼子里），还是主从式结构布局的数控柜（1 块主板上若干块选择板），都应检查固定印制电路板的紧固螺钉是否拧紧，并检查印制电路板上各个 EPROM 和 RAM 片等是否插入到位。

（3）伺服电动机的外表　特别对带有脉冲编码器的外壳应认真检查，尤其是后端盖处。若发现有磕碰现象，应将电动机后盖打开，取下脉冲编码器外壳，检查光码盘是否碎裂。

2. 几何精度的检验

加工中心的几何精度综合反映了机床的关键机械零部件及其组装后的几何形状误差。GB/T 18400.1~10《加工中心检验条件》规定了加工中心的几何精度的要求及检验方法。例如：GB/T 18400.1—2010《加工中心检验条件　第 1 部分：卧式和带附加主轴头机床几何精度检验（水平 Z 轴》，GB/T 18400.2—2010《加工中心检验条件　第 2 部分：立式或带垂直主回转轴的万能主头机床几何精度检验（垂直 Z 轴）》。机床检验时，应根据自身结构特点，并不是必须检验标准中所有的项目。

加工中心几何精度的检验方法和普通机床的几何形状精度检验基本类似。其检验方法参照了 GB/T 17421.1—1998《机床检验通则　第 1 部分：在无负荷或精加工条件下机床的几何精度》。使用的检测工具和方法也类似。目前常用的检测工具有精密水平仪、直角尺、精密方箱、平尺、平行光管、千分表、测微仪、高精度主轴心棒及刚性好的千分表杆等。使用的检测工具精度等级必须比所测的几何精度高一个等级。

在几何精度检测时，对被检的大、中型加工中心的地基有严格的要求，其地基及固定地脚螺栓的混凝土应完全固化。小型加工中心由于不需要地脚螺钉，因此只要求机床安装地面是已完全固化的混凝土地面，其厚度一般>300mm。

在进行几何精度检验前，应精调机床的水平，把机床的主床身调到较精确的水平以后，再精调其他几何精度。

几何精度检验一般可进行 1~2 次的预检，允许对一些相互联系、相互牵连的几何精度项目基础部件进行适当的调整。例如立式加工中心的立柱与床身的垂直精度，它会影响对 Y 轴和 Z 轴运动部件移动的垂直度误差，若预检测时，发现误差较大时，则可以适当调整立柱底部床身的地脚垫铁，使立柱适当前倾或后仰，以减少这项误差。但是这样又会影响主轴回转轴心线对工作台面的垂直度误差。因此，在预检时，一定要综合考虑机床的精调方法，不能检测一项调整一项，这样往往会造成因调整后一项几何精度而把之前已检测合格项的精度调成不合格。预检结束后，对各项几何精度检测工作应在精调后一气呵成，之后不允许再行调整。

生产厂家通常将加工中心的精度检验工作安排在连续空运转试验之后进行。在行业抽检时，往往又把加工中心的精度检验工作安排在机床的载荷切削之后，即进行热检。热检更能反映机床的综合性能，特别是机床的热刚度等特性。

用户验收机床时，除合同（或技术协议）条款中有明确规定要进行几何精度验收外，一般凭出厂合格证即可。如果合同（或技术协议）条款中规定要进行几何精度验收，那么几何精度检验应在机床稍有预热的条件下进行，待机床通电后，让机床各坐标轴往复运动几次，主轴也应按中速回转几分钟以后再进行检测。

3. 机床位置精度的检验

加工中心的位置精度是表明所测量的机床各运动部件在数控装置控制下，运动所能达到的精度。因此，根据实测的定位精度值，可以判断出机床在自动加工过程中能达到的最高工件加工精度。机床的线性和回转轴线定位精度和重复定位精度按 GB/T 18400. 4—2010《加工中心检验条件　第 4 部分：线性和回转轴线的定位精度和重复定位精度检验》进行检验；检验应在载荷试验后，工作精度检验前进行。应注意的是，位置精度的检验应在快速下进行。机床位置精度主要检测内容如下。

1）运动定位精度（包括 X、Y、Z、U、V 和 W 轴）。

2）直线运动重复定位精度。

3）直线运动轴机械原点的返回精度。

4）直线运动矢动量的测定。

5）回转运动定位精度（转台 A、B、C 轴）。

6）回转运动重复定位精度。

7）回转轴原点的返回精度。

8）回转运动矢动量的测定。

直线运动的检测工具有测微仪、成组量块、标准长度刻线尺、光学读数显微镜及双频激光干涉仪等。

回转运动的检测工具有 360°精确分度的标准转台或角度多面体、高精度圆光栅及平行光管等。

4. 工作精度的检验

加工中心的工作精度（也称切削精度）检验实质是对机床的几何精度在切削加工条件下的一项综合检验。GB/T 18400. 7—2010《加工中心检验条件　第 7 部分：精加工试件精度检验》是加工中心检验条件的行业标准。该标准规定了在精加工条件下标准试件的特征、尺寸及切削试验，用于评定机床的切削精度。

5. 机床性能及数控系统性能的检验

（1）主轴系数性能　具体包括以下三方面。

1）用手动方式选择高、中、低3个主轴转速，连续进行5次正转和反转的起动和停止动作，试验主轴动作的灵活性和可靠性。

2）根据输入方式，主轴从最低一级转速开始运转，逐级提到允许的最高转速，实测各级转速数值，允差为设定值的±10%，同时观察机床的振动。主轴在长时间高速运转后（一般为2h）允许温升15℃。

3）主轴准停装置连续操作5次，试验动作的可靠性和灵活性。

（2）进给系统性能　具体包括以下两方面。

1）分别对各坐标进行手动操作，试验正、反向的低、中、高速进给和快速移动的起动、停止、点动等动作的平衡性和可靠性。

2）数据输入方式或MDI方式测定G00和G01各种进度，允差±5%。

（3）自动换刀系统　具体包括以下两方面。

1）检查自动换刀的可靠性和灵活性，包括手动操作及自动运行时刀库装满各种刀柄条件下的运动平稳性，机械手抓取最大允许质量刀柄的可靠性，以及刀库内刀号选择的准确性等。

2）设定自动交换刀具的时间。

（4）机床噪声　机床空运转时总噪声不得超过标准规定的83dB，由于数控机床采用电气调速装置，所以主轴箱的齿轮并不是最大的噪声源，而主轴电动机的冷却风扇和液压系统中液压泵等处的噪声可能是最大噪声源。

（5）电气装置　在机床运转试验前后分别做一次绝缘检查，检查接地质量，确认绝缘的可靠性。

（6）数控装置　检查数控柜的各种指示灯，检查纸带阅读机、操作面板、电柜冷却电风扇和密封性等动作及功能是否正常。

（7）安全装置　检查机床操作的安全性和机床保护功能的可靠性。如各种安全防护罩、机床各运动坐标行程保护自动停止功能，各种电流电压过载保护和主轴电动机过热、过载荷时紧急停止功能等。

（8）润滑装置　检查定时定量润滑装置的可靠性，检查润滑油路有无渗漏，到各润滑点的油量分配等功能和可靠性。

（9）气、液装置　检查压缩空气和液压油路的密封、调压功能及液压油箱的正常工作情况。

（10）附属装置　检查机床各附属装置的工作可靠性，如切削液装置能否正常工作，排屑器的工作质量是否良好，冷却防护罩有无泄漏，APC交换工作台工作是否正常，试验带重负载的工作台面自动交换配置接触式测量装置能否正常工作，以及有无相应的测量程序等。

（11）数控机能　按照机床数控系统说明书，用手动或自动编程的检查方法，逐项检察数控系统主要的使用功能。如定位、直线插补、圆弧插补、暂停、自动加减速、坐标选择、平面选择、刀具位置补偿、刀具直线补偿、拐角功能选择、固定循环、行程停止、选择停机、程序结束、冷却的起动和停止、程序号显示及检索、位置显示、镜像功能、螺距误差补偿、间隙补偿及用户宏程序等。

（12）连续无载荷运转 让机床长时间连续运行（一般为 8~16h）是检查整台机床自动实现各种功能可靠性的有效办法。如果机床已通过 48h 的连续空运转试验，此项目一般不再检验。但用户往往对此项目十分感兴趣，会提出检验要求，厂家应满足用户的要求。在连续运行中应编制一个功能比较齐全的程序，一般应包括以下几点。

1）主轴转动要包括标称的最低、中间及最高转速在内的 5 种以上速度的正转、反转及停止等运行。

2）各坐标运动要包括标称的最低、中间、最高进给速度及快速移动，进给移动范围应接近全行程，快速移动距离应在各坐标轴全行程的 1/2 以上。

3）一般自动加工所用的一些功能和代码要尽量用到。

4）自动换刀应至少交换刀库中 2/3 以上的刀号，而且都要装上中等质量以上的刀柄进行实际交换。

5）须使用特殊功能，如测量功能、APC 交换和用户宏程序等。

6. 加工中心的验收标准

在实际项目中，客户对加工中心的验收标准更注重实际。验收要素主要包括培训、资料、设备安装、功能测试、能耗考核、安全、质量测试及问题单等，见表 4-3。

表 4-3 验收要素

移交/验收要素	批量试生产	零批量生产	批 量 投 产
培训	完成操作培训	完成全部培训	
资料	设备安装前移交相关设备的备件清单和图样资料	移交预验收版资料	移交最终版资料
设备安装	每个工序至少 1 台设备完成安装	所有设备完成安装	
功能测试		通过功能测试、功能试验	
能耗考核			单台设备达到规划节拍、开动率、能耗和环境要求
安全	完成安全操作培训	组织安全预验收 不存在不可控安全问题	安全问题措施已实施，组织安全终验收
质量测试	每个工序至少一台设备完成机床能力测试（MFU）	所有设备完成机床能力测试（MFU）	
问题单		锁定零批量问题单	锁定投产问题单

验收要素中最为重要的是功能测试和质量测试。对功能测试来说，常用的方法有空运行（test run），即设备空运行 8h 或更长时间，考察设备的开动率。在机械行业中，很多客户还会使用连续无故障生产 4h 的方法来考察设备的稳定性。除此以外，客户会测试设备的节拍，即实际

节拍是否能达到规划的节拍。节拍是加工中心能否按照规划生产能力进行生产的重要指标，必须达到。对于加工中心的生产质量测试，通常用机床能力指数 CMK 来考核：加工中心在短时间内连续生产 50 件或更多，通过测量加工零件的尺寸得到 CMK 指标。该指标值越大，说明加工尺寸越稳定，一般要求 CMK>1.67。

第四节　工件的定位与安装

一、定位基准的选择

1. 选择基准的基本要求

1）所选基准应能保证工件定位准确，装卸方便、可靠。

2）所选基准与各加工部位的尺寸计算简单。

3）所选基准应能保证加工精度。

2. 选择定位基准的原则

1）尽量选择设计基准作为定位基准。

2）定位基准与设计基准不能统一时，应严格控制定位误差，保证加工精度。

3）工件需两次以上装夹加工时，所选基准应在一次装夹定位后完成全部关键精度部位的加工。

4）所选基准要保证完成尽可能多的加工内容。

5）批量加工时，零件定位基准应尽可能与建立工件坐标系的对刀基准重合。

6）需要多次装夹时，基准应该前后统一。

二、夹具的选择

1. 对夹具的基本要求

1）夹紧机构不得影响进给，加工部位要敞开。

2）夹具在机床上能实现定向安装。

3）夹具的刚性与稳定性要好。

2. 常用夹具种类

1）通用夹具：如虎钳、分度头、卡盘等。

2）组合夹具：由一套结构已经标准化、尺寸已经规格化的通用元件或组合元件所构成。

3）专用夹具：专为某一项或类似的几项加工设计制造的夹具。

4）可调整夹具：组合夹具与专用夹具的结合，既能保证加工的精度，又使装夹更具灵活性。

5）多工位夹具：可同时装夹多个工件的夹具。

6）成组夹具：专门用于形状相似、尺寸相近且定位、夹紧、加工方法相同或相似的工件的装夹。

3. 加工中心夹具的选用原则

1）在保证加工精度和生产效率的前提下，优先选用通用夹具。

2）批量加工可考虑采用简单专用夹具。

3）大批量加工可考虑采用多工位夹具和高效的气压、液压等专用夹具。

4）采用成组工艺时应使用成组夹具。

4. 工件在机床工作台上的最佳装夹位置

工件装夹位置应保证工件在机床各轴的加工行程范围内，并且使刀具的长度尽可能缩短，提高刀具的加工刚性。

三、对刀与换刀

1. 对刀

对刀是指工件在机床上找正夹紧后，确定工件坐标（编程坐标）原点的机床坐标（确定 G54 的 X、Y、Z 的值）。

2. 换刀

根据工艺需要，使用不同参数的刀具加工工件，在加工中按需要更换刀具的过程称为换刀。

3. 对刀点与换刀点的确定

对刀点是工件在机床上找正夹紧后，用于确定工件坐标系在机床坐标系中位置的基准点。对刀点可选在工件上或装夹定位元件上，但对刀点与工件坐标点必须有准确、合理、简单的位置对应关系，方便计算工件坐标点在机床上的位置（工件坐标点的机床坐标）。对刀点最好能与工件坐标点重合。

加工中心有刀库和自动换刀装置，根据程序的需要可以自动换刀。换刀点应在换刀时工件、夹具、刀具和机床相互之间没有任何的碰撞和干涉的位置上，加工中心的换刀点往往是固定的。

第五节　应用与编程

一、应用

加工中心是集铣床、钻床和镗床的加工功能于一体的工艺复合型的数控机床，也是现代制造业生产过程中不可缺少的工艺装备，其工艺方法与传统工艺及普通数控机床加工都有较大的区别。它能对一次装夹中的工件实现不同表面、不同工艺特征、多工位的连续、高效、高精度加工，即将铣、钻、镗、扩、铰、攻螺纹和螺纹切削等加工工序都集中在一台加工中心上来完成。

不同类型加工中心的特点和用途是有所区别的，具体介绍如下。

1）立式加工中心占地面积小，机床调试简单，工件装夹方便，易于观察、找正，便于操作，程序编制相对简单，广泛用于简单箱体、箱盖、板类零件及平面凸轮等零件的加工。

2）三轴联动的立式加工中心，除能够完成上述加工外，还可以用来加工叶片和模具的内外型腔。

3）卧式加工中心的结构比立式加工中心复杂，占地面积大，配有高精度的回转工作台，可以实现对一次装夹中的工件进行多工位的加工。因此，卧式加工中心的用途比立式加工中心的用途要广，适用于四周都需要加工的复杂箱体零件、曲形零件、泵体、阀体零件以及小型模具型腔的加工。

4）多轴（如五轴）联动的卧式加工中心可以用来加工复杂的曲形面、叶轮螺旋桨以及模具。

5）复合加工中心，一般兼具立式和卧式加工中心的功能，有的还具有组合机床的功能，工艺范围更为广泛，工序更为集中，使原先需用两台机床或一条生产线才能完成的加工，集中在一台复合加工中心上就能够完成。工件不需要二次定位和装夹，加工精度、加工效率也更高。

二、适合加工中心的零件

1. 周期性重复投产的零件

周期性和季节性生产的零件用普通机床加工效率低，质量、交货期难以保证，用专用机床加工，设备投资大、利用率低，得不偿失。这类零件用加工中心加工，其质量、效率都能得以保证。零件在加工中心上首批试切合格后，可将程序及相关信息存储起来，供以后加工时继续使用。在零件更换时，还不需要更换大批的夹具、刀具、辅具等工艺装备，既节省以后加工的准备工时，又加快了产品更换的速度。

2. 高精度零件

对于用传统机床无法满足加工精度要求的或易出废品的零件，可安排在加工中心上加工。

3. 试制产品

由于市场需求新开发的产品，用普通机床加工无法满足精度和交货期要求时，可用加工中心加工，这样既可节省大量的工艺装备，降低试制费用，又可缩短试制周期，满足产品精度和交货期的要求。

4. 具有一定批量的零件

加工中心最适合中上批量的生产，其生产的柔性不仅充分体现在对单件、高精度等特殊要求的快速反应上，而且在中小批量生产中更能显示其柔性加工的特点。只要达到经济批量生产，无论是5~10件、10~100件、100~1000件，乃至上万件都可以安排在加工中心上生产。

5. 多工位和工序可集中的零件

多工位和工序可集中的零件可以利用加工中心的快换功能，在两个加工工序间进行快速移动，尽量减少机床非加工运行时间，合理地安排刀具更换次数和加工路径，提高产品加工质量，节约辅助工时。

6. 难测量的零件

难测量的零件可以利用加工中心本身所具有的高定位精度、重复定位精度以及主轴旋转精度，来保证零件的加工精度。

7. 形状复杂的曲面零件

形状复杂的曲面零件必须用四轴联动、五轴联动的加工中心，运用 CAD/CAM 软件技术才能够完成零件的加工。

8. 装夹困难的零件

对于一些外形比较复杂、装夹又比较困难、精度要求又较高的零件，用普通机床需多次装夹才能进行加工，但精度又难以保证，推荐使用加工中心进行加工。

三、零件加工程序的编制

1. 程序编制方法

加工中心在加工过程中，机床或刀具的运动以及其他的辅助动作均受控于程序指令。因此，零件的加工质量、效率在很大程度上取决于加工程序是否合理。零件加工程序的编制是指从零件图样的工艺分析到程序检验的全过程，它包括分析零件图样、工艺处理、数学处理、编写程序单、制作控制介质（或直接向数控系统输入程序）和程序检查。程序编制方法有手工编程和计算机辅助编程两类。

（1）手工编程　手工编程时，整个程序的编制过程是由人工完成的。这就要求编程人员不仅要熟悉数控代码及编程规则，而且必须具有加工工艺知识和数值处理能力。目前，大都采用 ISO 标准代码书写。手工编程适于几何形状不复杂、加工工序简单的零件。对于几何形状复杂的零件，尤其需要三轴以上联动加工的空间曲面组成的零件，编程时数据计算十分繁琐、费时、易出错，程序校验也非常困难，用手工编写很难完成。对这类零件，编程与加工工时之比高达 30 多倍，不利于整体效率的提高。

（2）计算机辅助编程　计算机辅助编程也称自动编程。对于三维以上复杂零件的加工程序，由于数据计算、处理复杂，所以只能借助计算机进行辅助编程。计算机辅助编程分为数控语言编程和图形交互式编程两类。

2. 程序代码

零件加工程序所用的指令代码，主要有准备功能 G 指令、进给功能 F 指令、主轴功能 S 指令、刀具功能 T 指令以及辅助功能 M 指令。一般系统中常用的 G 功能和 M 功能都与 ISO 国际标准中所规定的含义一致，对一些在 ISO 中未作规定的特殊指令，可由数控系统生产厂家自定义。

（1）准备功能（G 功能）　准备功能也称为 G 功能（或称 G 代码），是用来指令机床动作方式的功能。准备功能是用地址 G 及其后面的数字来指令机床动作。

（2）进给功能（F 功能）　进给功能也称 F 功能，是用来指令坐标轴的进给速度的功能。进给功能用地址 F 及其后面的数字来表示。在 ISO 标准中规定 F1 ~ F5 位。F 功能的单位为 mm/min 或 in/min（1in = 25.4mm）。如：F1 表示切削进给速度为 1mm/min 或 0.01in/min；F150 表示进给速度为 150mm/min 或 1.5in/min。

（3）主轴功能（S 功能）　主轴功能也称主轴转速功能（即 S 功能），是用来指令机床主轴转速（切削速度）的功能。S 功能用地址 S 及其后的数字来表示，目前有 S2 位和 S4 位之分。在编程时除用 S 代码指令主轴转速外，还要用 M 代码指令主轴旋转方向，如正转（CW）或反转

(CCW)。又如：S1500M03 表示主轴正转，1500r/min；S800M04 表示主轴反转，800r/min。

(4) 刀具功能（T 功能） 刀具功能也称 T 功能，是用来选择刀具的功能。刀具功能是用地址 T 及其后面的数字表示，目前有 T2 位和 T4 位之分（这里 T2、T4 表示用 2 位数或 4 位数字表示刀号），如 T10 表示用 2 位数表示刀号的第 10 号刀具。T 代码与刀具相对应的关系由生产厂家与用户共同确定，也可以由使用厂家自己确定。

(5) 辅助功能（M 功能） 辅助功能也称 M 功能，是用来指令机床辅助动作及状态的功能。辅助功能是用地址 M 及其后面的数字所组成。M 代码是永不指定的代码，即便修订标准时也不规定其含义，留待机床厂家自行规定。因此，M 功能代码常因机床生产厂家以及机床结构的差异和规格的不同而有所差别，因此编程人员必须熟悉具体机床的 M 代码。

第五章

镗铣加工中心

第一节　概　　述

镗铣（铣镗）加工中心是以铣床（如床身铣床）或镗床（如坐标镗床）为基础发展起来的加工中心。这类加工中心以铣削加工和镗削加工为主，同时还可以完成钻削和攻螺纹、车内槽等工序。它主要适合箱体、壳体、盖板以及复杂零件的曲线和曲面加工。

第二节　重点镗铣加工中心

一、立式镗铣加工中心

立式镗铣加工中心是指工作台与主轴设置为平行情况的加工中心。由于立式镗铣加工中心加工范围大，所以适用于铸件、钢件等金属材料的端面切削，特别适用于 H 型钢、圆管型截面、BOX 型钢两端面的切削，可对超长工件两端面进行铣削因此广泛应用于钢构桥梁、工程机械制造、船舶等行业。

立式镗铣加工中心由数控铣床发展而来，同时综合数控铣床的特点及功能，其结构和加工工艺基本类似，但与数控铣床不同的是立式镗铣加工中心带有自动换刀装置和刀库。立式镗铣加工中心一般可以实现三轴二联动或三轴三联动，有的可以实现五轴和六轴控制。图 5-1 为典型立式加工中心。

图 5-1　典型立式加工中心

二、卧式镗铣加工中心

卧式铣镗加工中心既可加工较大零件，又可分度回转加工，最适合零件多工作面的铣、钻、镗、铰及攻螺纹等多工序加工，具有在一次装夹中完成箱体孔系和平面加工的良好性能，还特别适合箱体孔的调头镗孔加工，广泛应用于汽车、内燃机、航空航天、家电和通用机械等行业。图 5-2 为典型卧式加工中心。

图 5-2 典型卧式加工中心

卧式镗铣加工中心的关键零部件是主轴箱，安装在立柱侧面，也有少数厂家采用双立柱的热对称结构，将主轴箱置于立柱中间，这种结构最大特点是刚性、平衡性、散热性能好，为主轴箱高速运行提供了可靠保证。但是，双立柱结构不便于维护保养，是企业采用的少的主要原因。主轴箱移动一般通过电动机驱动滚珠丝杠进行传动，是主轴驱动核心传动装置，一般采用静压轴承支承，由伺服电动机驱动滚珠丝杠进行驱动。

卧式镗铣加工中心的主轴系统主要有两种结构型式，一种是传统的镗杆伸缩式结构，具有镗深孔及大功率切削的特点；另一种是高速电主轴结构，具有转速高、运行速度快、高精度的特点。高速电主轴在卧式镗铣床上的应用越来越多，除了主轴速度和精度大幅提高外，还简化了主轴箱内部结构，缩短了制造周期，尤其是能进行高速切削，电主轴转速最高可达 10000r/min 以上。不足之处在于功率受到限制，制造成本较高，尤其是不能进行深孔加工。而镗杆伸缩式结构速度有限，精度虽不如电主轴结构，但可进行深孔加工，且功率大，可进行满载荷加工，效率高，这都是电主轴无法比拟的。因此，两种结构并存，工艺性能各异，也给用户提供了更多的选择。

三、落地镗铣加工中心

落地镗铣加工中心集中静压导轨带静压轴承，用于高速进给，滑枕为全封闭式，其四面为静压导轨，具有机械对称性和热对称性，加工过程中滑枕有自动补偿系统，主轴轴承的润滑由气-油系统完成，循环切削液使其保持温度恒定。床身、滑座、立柱、主轴箱和滑枕为铸铁结构，主轴箱垂直移动由带双测量系统的双精密滚珠丝杠控制，从而使主轴箱的位置不受滑枕延伸和附件质量的影响。

第三节 典型镗铣加工中心

一、DMG MORI DMU 50 加工中心

高质量和高性价比的第三代 DMG MORI DMU 50 加工中心（以下简称 DMU 50 加工中心）凝聚了 DMG MORI 20 多年的经验和成熟技术，是一款高性价比的五轴加工中心，如图 5-3 所示。第三代紧凑型 DMU 50 加工中心缔造了从五轴加工到五轴联动加工的新标杆，更大的摆动范围，更高性能的主轴和创新的冷却系统，使该设备在众多行业得到广泛应用，如培训、工程机械、航空航天、医疗器械和汽车制造等行业。

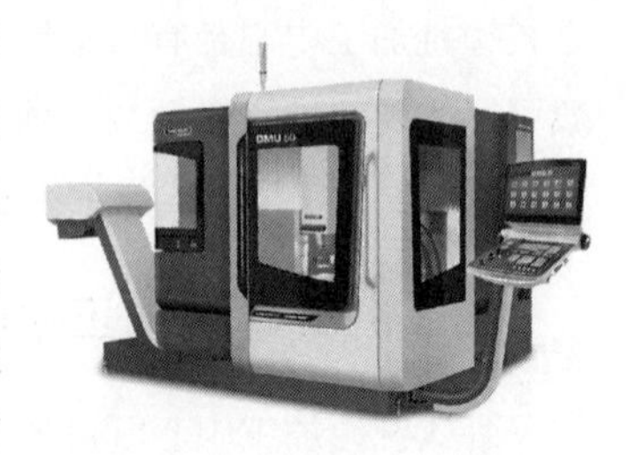

图 5-3 DMU 50 加工中心

1. 设备特点

DMG MORI 在开发第三代 DMU 50 加工中心时，兼顾了现代化的机床外观和设备易操作性需求。例如，大型和平滑的加工区门宽度达 880mm，即使该设备配自动化解决方案，机床操作者也能自由地从正面接近加工区。工作台高度为 800mm，便于机床操作者装夹工件。第三代 DMU 50 加工中心优异的操作接近性还包括部件的维护，例如电气柜、液压油箱、油雾分离器、热交换器和冷却单元。

650mm×520mm×475mm 的行程和 300kg 的可负载工件质量使这款全新第三代 DMU 50 加工中心适用于加工大型工件。全新数控回转摆动工作台的摆动范围增大到-35°~110°，显著提高了设备的适用范围。42m/min 的快移速度和 30r/min 的回转摆动轴快移速度，确保了高动态性能的五轴加工到五轴联动加工。除 15000r/min 转速的 SpeedMASTER 电主轴外，用户还能选择转速达 20000r/min 的电主轴。植根于 DMG MORI 全面的专有技术，MASTER 系列电主轴的可靠性和使用寿命明显优于传统主轴，因此，DMG MORI 不仅为该系列的主轴提供 36 个月的质保期，而且无工作时间限制。用户还能选配多达 120 个刀位的刀库，标配刀库提供 30 个刀位。

第三代 DMU 50 加工中心采用整体床身结构，创新的冷却导轨、驱动和工作台轴承，在同类机型中拥有无可匹敌的高精度（DIN ISO 230-2 标准下定位精度 4μm）。该机型配备直连的滚珠丝杠，5 个轴全部都配直接位移测量系统，提供高精度保证。DMU 50 加工中心还提供切削液箱和刀具测量选配功能。

2. 服务行业举例

DMG MORI 还为 DMU 50 加工中心提供丰富的自动化解决方案，例如工件或托盘运送系统。因此，这款加工中心能满足航空航天、医疗器械、汽车和能源领域未来的苛刻挑战。第三代 DMU 50 加工中心不但满足了以上全部要求，而且继续保持 DMG MORI 五轴加工中心最畅销机型的牢固地位。

二、DMG MORI DMU 200 Gantry 加工中心

DMG MORI DMU 200 Gantry 加工中心（以下简称 DMU 200 Gantry 加工中心），如图 5-4 所示。该加工中心具有高动态性能，可加工大型工件，可选配复合加工技术等优势，具体优势包括：动态性能 0.5g 加速度，50m/min 快移速度（$X/Y/Z$）；大型加工区行程达 2000mm×2000mm×1200mm（$X/Y/Z$），可选配 4000mm 的 X 轴行程，占地面积仅 24m^2；铸铁床身具有高稳定性；高承重工作台，可承重质量达 10000kg 的工件；高灵活性，配 45°或 90°铣头进行五轴加工，转速达 30000r/min；选配 ULTRASONIC 超声加工 CRPP/GRP 材质或 LASERTEC Shape 激光加工表面纹理的复合加工技术。

图 5-4　DMU 200 Gantry 加工中心

1. 设备特点

DMG MORI 独具匠心地将大型工件的加工能力与高动态性能集于 DMU 200 Gantry 加工中心一

身，其加工能力使航空航天、汽车制造、模具和能源行业的客户获益。该加工中心提供五轴加工能力，转速高达30000r/min，可选配ULTRASONIC超声加工功能或LASERTEC激光加工功能，用户可加工10000kg的复杂铝件、复合材料工件或焊接的工件，可用吊车轻松地从机顶装件。DMU 200 Gantry加工中心的低桥式结构允许用户充分利用该加工中心的加工区。该加工中心占地面积<4300mm×5400mm，而行程可达2000mm×2000mm×1200mm，DMG MORI以此成功填补了DMF与DMU P产品线之间的产品空白。

铸铁床身与桥式龙门结构为该加工中心的高动态性能提供了坚实的基础，该加工中心的快移速度达50m/min，加速度达0.5g，即使是大型工件在该加工中心上也能高效率地加工。根据现场应用要求，用户可选五轴联动加工的两种铣头，即45°和90°铣头。45°铣头能充分利用加工区，而90°铣头适用于特定应用主轴，如compactMASTER五轴标配版的转速为20000r/min。选配的主轴转速还包括24000r/min、28000r/min和30000r/min。DMU 200 Gantry加工中心为立式三轴机床，出厂时配SpeedMASTER主轴，转速为20000r/min，还能选配ULTRASONIC超声加工铣头和LASERTEC Shape激光加工技术。增加该选配后可对模具进行完整加工，包括表面纹理加工。

如果加工复合材料或制模材料（如Ureol），还能选配高效率的三点除尘系统，包括主轴鼻端的除尘系统、工作台附近的除尘系统以及加工区的除尘系统（带连续体积流量计）。在该设备的基础结构设计中已考虑这些应用因素，用户可以根据需要选择标准化的选配套件。

DMG MORI toolSTAR刀库标配30个刀位，也可选配120个刀位。刀库配单独的操作面板，DMU 200 Gantry加工中心可从正面轻松接近，也可从两侧接近，体现了人机友好性。DMG MORI ERGOline控制面板配21.5in（1in=0.0254m）多点触控显示屏和CELOS®系统，控制面板可轻松转到两侧的任意一侧。未来，DMG MORI将为DMU 200 Gantry加工中心提供海德汉数控系统的CELOS®选配，同时还提供精选的DMG MORI技术循环，例如，确保高运动特性精度的3D quick-SET和高表面质量的ATC。

2. 服务行业举例

DMU 200 Gantry加工中心和ULTRASONIC超声加工技术可满足复合材料的干式加工要求。例如：位于德国科隆的Toyota Motorsport公司采用DMU 200 Gantry加工中心保持生产技术的领先地位。在科隆，Toyota Motorsport开发和生产LMP1赛车，参加世界耐力锦标赛，也开发Yaris WRC赛车，参加世界拉力锦标赛。在技术合作中，DMG MORI共提供了17台创新的加工中心和车削中心，这些机床承担着高难工件的加工任务。

三、哈斯EC-400卧式加工中心

哈斯EC-400卧式加工中心（以下简称EC-400加工中心）是指主轴轴线与工作台平行设置的加工中心，如图5-5所示。它有6个工作台面、100个刀位，且主轴有中心出水的功能，主要适用于箱体类、腔体类产品零件的加工，在工作台面上依次装满工件，依次完成多个面、多个工件的加工，在产品加工中带有断刀检测、自主换刀和自主检测产品合格的功能。

扫码看视频

图 5-5　EC-400 加工中心

1. 设备特点

1）可实现一次装满料，连续加工运行，无人值守。

2）可实现柔性生产制造，可同时加工多款产品。

3）非常适用于大批量的高效生产。

2. 设备优势

1）可加工深腔，排屑性能好。

2）机床刚性比较好，可以加工重量级工件。

3）具有中心出水功能，解决了难加工材料钻孔困难的问题。

4）交换式工作台的使用可以实现连续生产。

5）刀具检测等功能的使用可以及时发现刀具断刀等异常情况，为无人值守的生产方式保驾护航。

3. 案例应用

1）加工零件：某腔体零件，如图 5-6 所示。

2）使用机型：EC-400 加工中心。

3）零件材料：铝合金（6061）。

4）毛坯形态：206mm×68mm×35mm 方料。

5）加工要点：一次装夹完成除夹位面以外的所有工序。按图 5-7 所示装夹方式装夹，在 1 个工装塔上，4 个面均按照上述方式安装一个毛坯，6 个工作台上一次性安装好，共计 24 件毛坯。

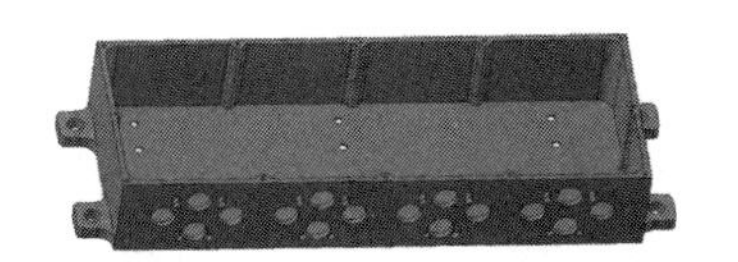

图 5-6　某腔体零件

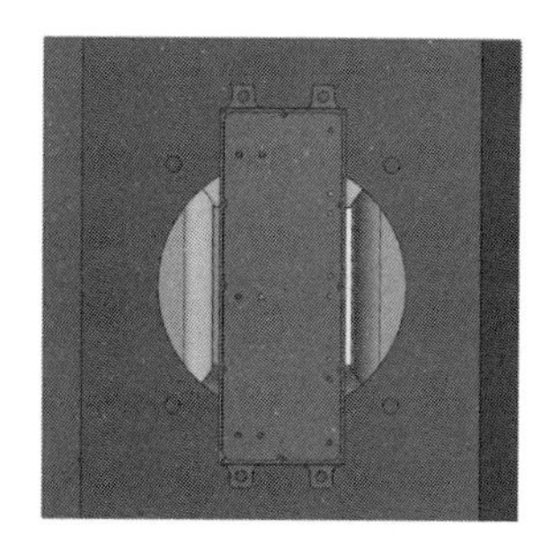

图 5-7　装夹方式

6）工艺流程：加工 B0 面（正面）的产品内腔和外形→加工 B0 面的孔位（见图 5-8）→加

工 B90 面的侧面特征（见图 5-9）。加工产品的夹位面特征如图 5-10 所示。

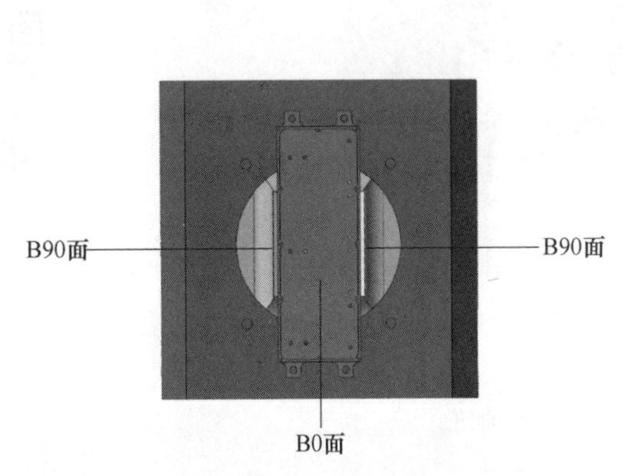

图 5-8 加工 B0 面内腔、外形、孔位

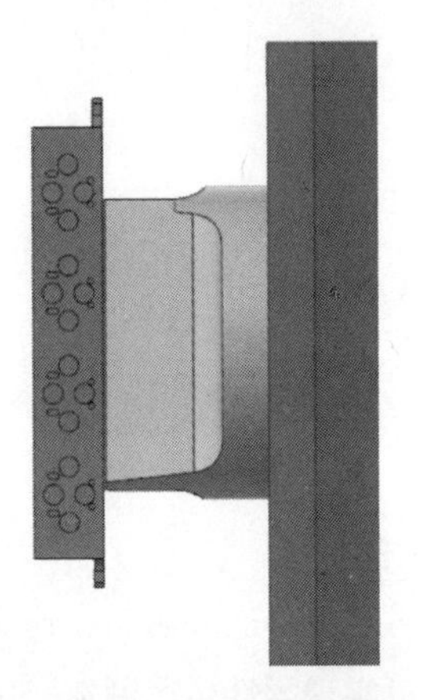

图 5-9 B90 面的侧面特征

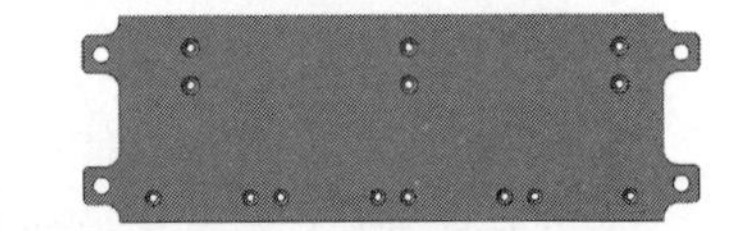

图 5-10 加工产品的夹位面特征

7）加工难点：如果此产品使用三轴加工，需要三步工序才能完成，而且此产品壁厚较薄，后面做侧面的加工就容易夹持变形，品质不稳定。而 EC-400 加工中心可以很轻松地完成此产品的稳定加工。

8）交换工作台的优势：此产品不仅在 EC-400 加工中心上可以连续生产，而且可以在机床加工的时候更换工件，减少装夹时间；由于配备刀具检测功能，它还可以实现无人值守模式的生产，作业人员的工作量很少。

四、哈斯 UMC-750 五轴立式加工中心

五轴联动是一种非常高效的加工方式，可大幅减少零件的装夹次数，从而提高多面和复杂零件的精度。为此，哈斯 UMC 系列加工中心提供了 3+2 加工和五轴联动加工的高性价比解决方案。哈斯 UMC-750 五轴立式加工中心（以下简称 UMC-750 加工中心）为集成双轴耳轴工作台，配备 500mm 直径旋转台面、采用标准 T 形槽和精密导向孔，具备较高的通用性，如图 5-11 所示。*B* 轴提供−35°~120°的旋转倾斜行程，以提供出色的工具空间加上较大的旋转转矩，可加工中大型的五轴复杂零件。

扫码看视频

图 5-11 UMC-750 加工中心

1. 设备特点

UMC-750 加工中心可五轴联动加工，拥有无线直观探针系统（WIPS）、强大的内嵌式直驱主轴、大容量侧挂式刀库，还包含无线直观探测软件、动态工件偏置设定（DWO）和刀具中心点控制（TCPC）。

2. 设备优势

1）简化设置操作，使五轴设置与三轴机床设置一样简单。

2）零件和夹具可置于工作台/旋转台面的任何位置。

3）消除工件夹具（如自定心夹具）成本，节省资金。

4）不需要从 CAM 系统重新生成程序。

5）包含转台轴校准工具。

6）无线直观探针系统，缩减设置环节是任何机床实现产量最大化的关键所在。借助哈斯提供的探测解决方案，只需按几下按钮即可在几分钟内完成任何机床的设置。行业一流水准的铣床和车床无线直观探针系统（WIPS 以及 WIPS-L）为集成式探针系统设定了标准。简明的屏幕指示可指导新手用户完成整个过程，经验丰富的用户还可以利用自定义探测例程的全部优势和使用其全部功能。在 UMC 系列上此功能为标准配置，进一步简化了五轴加工过程。

3. 应用案例

1）加工零件：可转位铣刀杆，如图 5-12 所示。

2）使用机型：UMC-750 加工中心。

3）零件材料：调质淬火合金钢。

4）毛坯形态：磨削加工后圆柱杆，如图 5-13 所示。

图 5-12　可转位铣刀杆

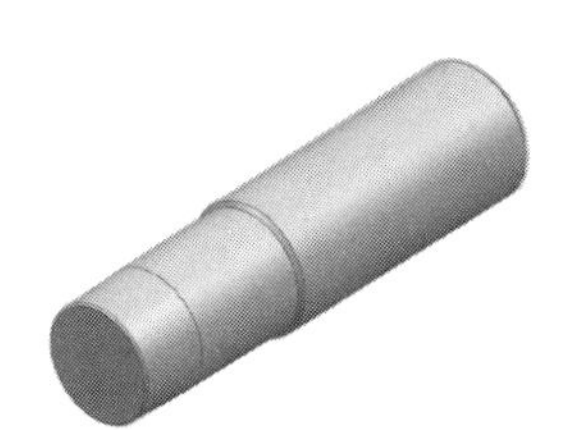

图 5-13　毛坯件

5）加工要点：高空间精度、材料硬加工（45HRC）、无线直观探针系统（WIPS）。

6）机床选项：12000r/min 直驱高速主轴，哈斯 UMC 系列标配无线直观探针系统（WIPS），刀具列表和切削参数见表 5-1。

表 5-1　刀具列表和切削参数

刀 具 号	刀 具 名 称	转速/(r/min)	进给速度/(mm/min)
T1	12×*R*1mm 立铣刀	1800	240
T2	5mm 立铣刀	2600	360
T3	2. 5mm 立铣刀	4000	150
T4	*R*1. 5mm 球头铣刀	4500	300
T5	*R*1mm 球头铣刀	6000	100
T6	*R*0. 5mm 球头铣刀	12000	100
T7	3mm 立铣刀	3500	120
T8	2mm 中心钻	10000	50
T9	*D*2. 5mm 钻头	5000	100
T10	M3 丝锥	300	150

7）装夹方式：装夹方式如图 5-14 所示。

图 5-14　装夹方式

8）工艺流程：容屑槽粗加工（见图 5-15）→刀片槽粗加工（见图 5-16）→加工刀片槽螺纹孔（见图 5-17）→精铣刀片槽和所有倒角（见图 5-18）。

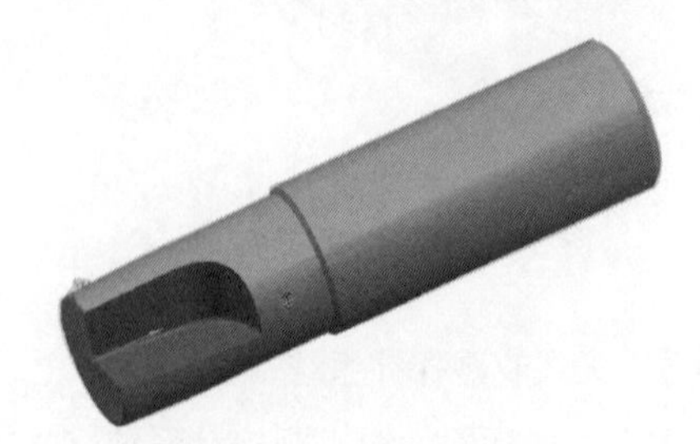

图 5-15　容屑槽粗加工

图 5-16　刀片槽粗加工

图 5-17　加工刀片槽螺纹孔

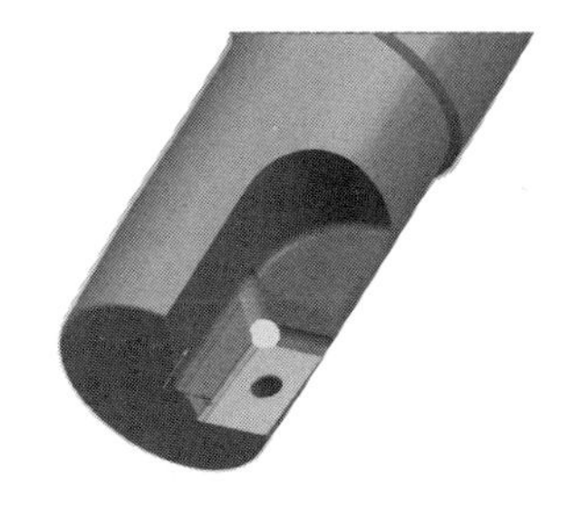

图 5-18　精铣刀片槽和所有倒角

9）加工难点：数控刀具加工对机床线性以及旋转轴的定位精度有很高要求。UMC-750 加工中心标配的旋转轴光栅尺对提高产品质量有很大帮助。

由于这类产品的装夹在 Z 轴不能定位，意味着每个零件都需要进行 G54 坐标系设定。但配备 WIPS 系统以后，每个零件可以进行自动对刀并且自动修改 G54 坐标，减少了撞机风险。

五、哈斯 VF-2 立式加工中心

哈斯拥有广泛的 VF 系列数控设备型号，可匹配任何尺寸和生产要求。所有 VF 系列立式加工中心都拥有极高的性价比及出色的加工能力。VF 系列提供各种选件，以准确满足要求。所有哈斯机床均在美国加利福尼亚州奥克斯纳德设计和制造。哈斯 VF-2 立式加工中心（以下简称 VF-2 加工中心）是哈斯最畅销的型号，也是大多数车间的主要生产工具，如图 5-19 所示。

图 5-19　VF-2 加工中心

扫码看视频

1. 设备特点

VF-2 加工中心具有大功率直驱主轴、丰富的选项配置，是保有量最高的型号，整机美国原装进口。

2. 设备优势

VF-2 加工中心有丰富的选项配置，无论从机床的硬件还是软件上，哈斯的 VF 系列提供了种类繁多的选项配置，用户可根据所需的加工要求进行配置。可视化编程系统为专有的对话式程序设计系统，采用全彩色图形界面，用户可以通过易于理解的分步模板快速编写简易铣削程序的 G 代码，不需要购买成本较高的 CAM 软件。

3. 应用案例

1）加工零件：铝合金结构件，如图 5-20 所示。

2）使用机型：VF-2SS 加工中心。

3）零件材料：铝合金（6061）。

4）毛坯形态：整块铝合金。

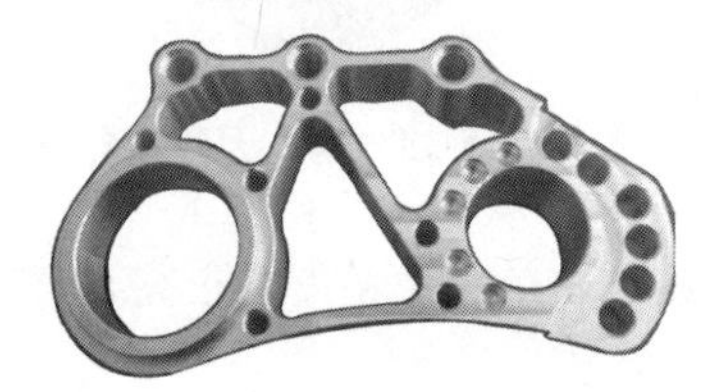

图 5-20　铝合金结构件

5）加工要点：需要在最短时间内除去大量的加工余量。

6）机床选项：12000r/min 直驱高速主轴；无线直观探针系统（WIPS）；中心出水（TSC 300）。VF-2SS 切削参数见表 5-2。

表 5-2　VF-2SS 加工中心切削参数

刀　具　号	刀 具 名 称	转速/(r/min)	进给速度/(mm/min)
T1	50mm 面铣刀	8000	3000
T2	*D*26mm 钻头	2600	360
T3	20mm 立铣刀	4000	150
T4	*D*8. 5mm 钻头	4500	300
T5	*D*6mm 钻头	6000	100
T6	10mm 立铣刀	12000	100
T7	10mm 倒角刀	3500	120
T8	M10 丝锥	10000	50
T9	*D*8mm 定心钻	5000	100

7）装夹方式：OP10 以毛坯中心为原点，OP20 以 OP10 加工孔为坐标系原点，如图 5-21 所示。

图 5-21　装夹方式

8）工艺流程：铣上表面和预钻孔（见图 5-22）→粗加工 OP10（见图 5-23）→精加工 OP10（见图 5-24）→零件翻面加工 OP20（见图 5-25），零件整体加工时间为 13min。

图 5-22　铣上表面和预钻孔

图 5-23　粗加工 OP10

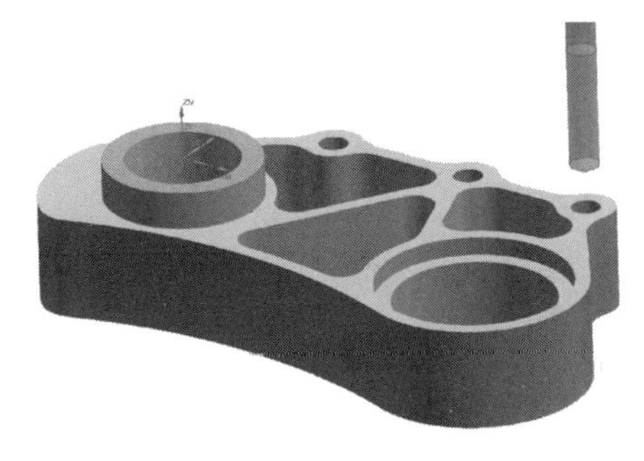

图 5-24　精加工 OP10

图 5-25　零件翻面加工 OP20

六、哈斯 VF-2TR 五轴立式加工中心

哈斯 VF-2TR 五轴立式加工中心（以下简称 VF-2TR 加工中心）是基于 VF-2 立式加工中心平台的多功能五轴加工中心，其提供完全同步的五轴联动加工，可以将工件定位到几乎任何角度进行加工，如图 5-26 所示。为增加其加工范围，转台可直接安装至机床标准 T 形槽工作台上，如仅需三轴加工时，可轻松移除转台，获得更大的加工空间。

图 5-26　VF-2TR 加工中心

扫码看视频

1. 设备特点

可实现全五轴轮廓加工，拥有高速加工软件、30+1 侧挂式刀库、无线直观探针系统（WIPS）、动态工件偏置设定（DWO）和刀具中心点控制（TCPC）。

2. 设备优势

动态工件偏置设定（DWO）和刀具中心点控制（TCPC）为哈斯内置的软件功能，使得设置四轴和五轴作业就像设置三轴机床一样简单。无论 CAM 系统的编程位置如何，操作人员都可将任何位置的零件和操作夹具置于机床操作台或旋转台面。DWO 和 TCPC 可确定 CAM 系统中心旋转编程与机床中心旋转间的差异，并使用适当偏置。

通过利用高速加工算法，VF-2TR 加工中心可缩短循环时间，使用高速加工可实现更快的进给速率和更复杂的刀具轨迹。

3. 应用案例

1）加工零件：植入骨板，如图 5-27 所示。

2）使用机型：VF-2TR。

3）零件材料：TC4（钛合金）。

4）毛坯形态：钛合金毛坯块，如图 5-28 所示。

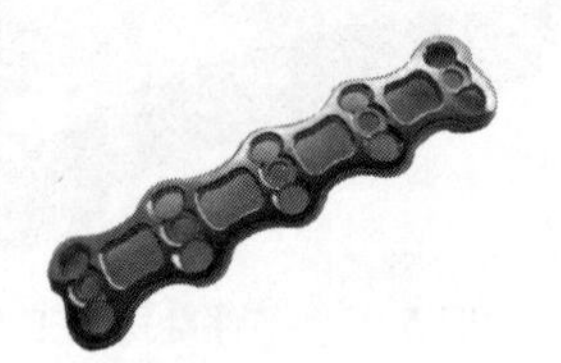

图 5-27　**植入骨板**

图 5-28　**钛合金毛坯块**

5）加工特点：曲面低表面粗糙度值、高加工效率、高曲面轮廓度。

6）机床选项：12000r/min 直驱高速主轴；HSM（高速加工）；四轴和五轴驱动选项；DWO/TCPC（刀尖跟随）。刀具列表和切削参数见表 5-3。

表 5-3　刀具列表和切削参数

刀具号	刀具名称	转速/(r/min)	进给速度/(mm/min)
T1	2.8mm 钻头	6000	300
T2	25mm 大进给铣刀	2500	2500
T3	6mm 立铣刀	3000	1000
T4	4mm 立铣刀	5000	1000
T5	*R*3mm 球刀	4000	1500
T6	2.5mm 立铣刀	8000	800
T7	*R*2.5mm 球刀	8000	800
T8	*R*1mm 球刀	10000	700

7）装夹方式：装夹方式如图 5-29 所示。

8）工艺流程：预钻孔（见图 5-30）→外形粗加工（见图 5-31）→粗精加工外形曲面（见图 5-32）→加工中间方槽以及外圆角（见图 5-33）→工艺搭子加工（见图 5-34）。

图 5-29　装夹方式

图 5-30　预钻孔

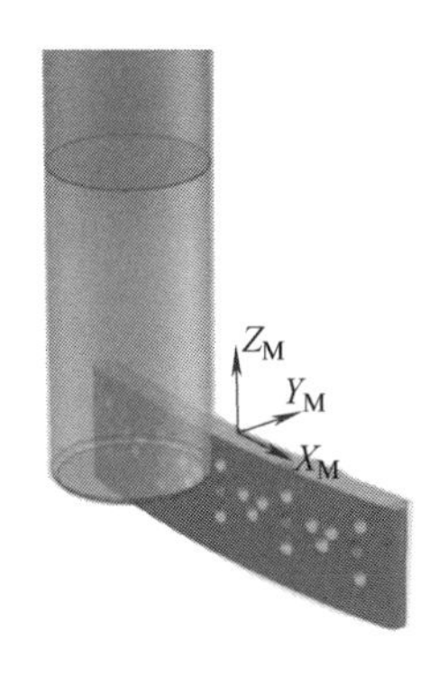

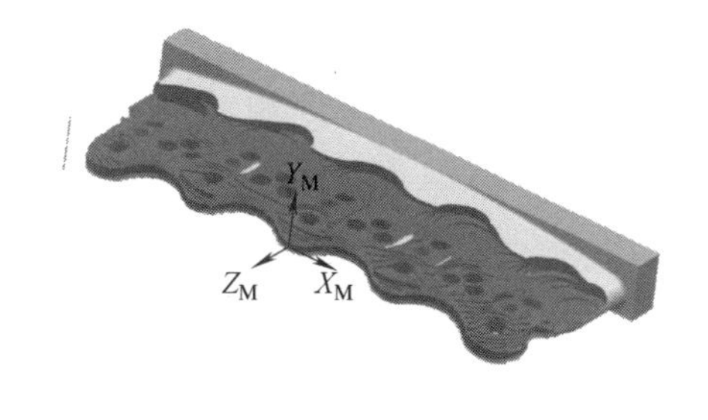

图 5-31　外形粗加工

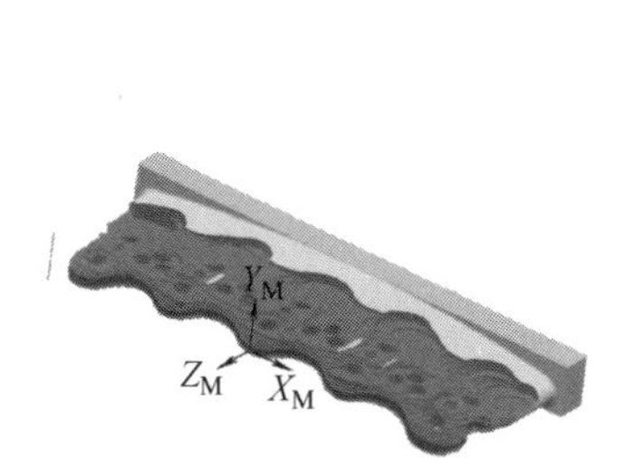

图 5-32　粗精加工外形曲面

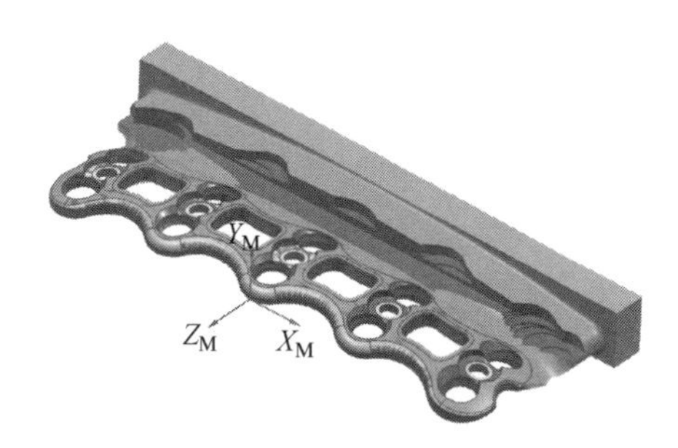

图 5-33　加工中间方槽以及外圆角

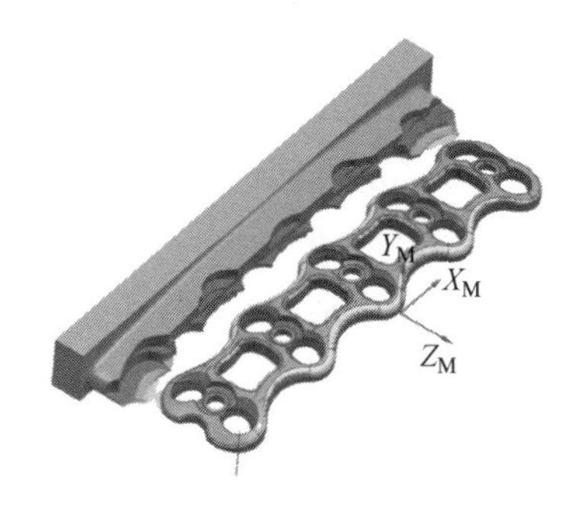

图 5-34　工艺搭子加工

七、山崎马扎克 HCN6800 L 卧式加工中心

HCN 系列卧式加工中心是山崎马扎克（Mazak）公司开发的高性能卧式加工中心。它通过采用高速主轴技术、高速进给技术、高速换刀技术和高速数控系统技术等高端技术，大幅度缩短加工时间，提高加工效率，满足多种生产需要。

1. 高生产率

山崎马扎克 HCN6800 L 卧式加工中心的轴快移速度达到 60m/min，轴加速度达 0.8g，刀具交换时间为 2.4s，主轴加减速时间为 3s（转速 0~10000r/min），分度台回转时间 1.9s/90°，托盘交换时间仅 10s。这些指标可在很大程度上缩短非加工时间，提高加工效率。标准主轴配置为 10000r/min、37kW（30min 额定功率）/30kW（连续额定功率）的电主轴以及电动机双绕组结构，最大转矩输出可以达到 586N · m。

2. 先进的操作系统

机床控制系统采用了世界领先水平的新一代数控系统 SMOOTH G，该数控系统使用了高速的 800MHz 的双 CPU，大幅度提高了数控系统的数据处理能力和运动控制性能，并率先采用了个人计算机（PC）与 CNC 无缝融合的技术，实现了 PC 和 CNC 之间的宽带双向通信，使机床具备了先进的智能化功能。SMOOTHG 超高速运算和各种动作的同时进行使空闲时间大幅缩短，生产效率提高。

3. 高精度

利用 FEM 有限元分析设计，确保运动轴在高加减速运动下不产生振动，从而确保机床能长时间稳定、高精度加工。通过采用圆柱滚子高刚性导轨确保各轴运动的高速度、高精度和高刚性。托盘和分度台采用锥销定位方式，增加了刚性，也提高了托盘交换时的重复定位精度。

扫码看视频

八、山崎马扎克 VCN530C L 立式加工中心

山崎马扎克 VCN530C L 加工中心是一种 C 型结构的高性能立式加工中心，如图 5-35 所示。它兼顾技术先进和生产高效的特性，采用移动工作台。主要部件材质采用高品质密烘（MEEHANITE）铸铁，此材质刚性好、精度保持性强，制品外形美观。各主要部件如底座、立柱、滑鞍通过 FEM 分析，使机床整体具备热特性好、稳定性好、高刚性、高精度且振动小等特点。

图 5-35　VCN530C L 加工中心

1. 设备特点

（1）主轴　加工中心配置 BT50 规格主轴。主轴电动机输出功

率达 30kW，最高回转速度达到 8000r/min。电动机采用双绕组结构，确保在低速区的大转矩输出，适合钢件等黑色金属的重切削、高速区的大功率输出，以及铝件等有色金属的高效率加工。

（2）三轴驱动　*X/Y/Z* 轴采用预拉伸的精密滚珠丝杠，配合高精密直线滚柱导轨，使用大功率的伺服电动机及平滑高增益放大器驱动，实现高速、高精驱动，具有良好的动态特性。*X/Y/Z* 轴快移速度达 42m/min。

（3）刀库　刀库可以容纳 24 把刀，刀库驱动和机械手驱动均采用伺服电动机。通过采用双伺服驱动，简化了传动系统的机械结构，提高了刀具交换系统的可靠性，并且节约了换刀时间，刀具交换时间仅为 3.8s。

（4）人性化设计　导轨防护罩采用大倾角的山形结构设计，使切削液和切屑排出顺畅。所有气动、润滑等相关部件均集中布置在机床的右后方，调整维护非常方便。可旋转型操作面板，使操作者可较容易地接近工作台和主轴，减少了加工准备时间。

（5）系统配置　机床控制系统采用 Mazatrol SMOOTH G 数控系统，该数控系统使用了高速的 800MHz 的双 CPU，大幅提高了数控系统的数据处理能力和运动控制性能，使机床操作更加方便、更加安全，加工精度更加稳定，加工效率得到大幅提升。

（6）节能、环保　丝杠和导轨全部采用油脂润滑，减少了润滑油消耗，延长了切削液的使用时间。全封闭的防护罩完全避免了切屑和烟尘的外溢，不会对工作环境造成污染。

2. 应用实例

1）加工零件：商用车后桥中变速器壳体。

2）主要精度及关键尺寸：变速器结合面平面度为 0.05mm；变速器结合面装配销孔与发动机结合面装配销孔的位置度为 ϕ0.06mm；输入、中间、输出轴承孔径（6 级公差）的位置度为 ϕ0.05mm；输入输出轴、中间轴轴承孔独自同轴度为 ϕ0.05mm，圆柱度为 0.01mm；输入输出轴、中间轴轴承各孔与变速器结合面垂直度为 0.03mm；立、卧式加工中心混合组成桁架自动线。

3）夹具设计：机床夹具使用 *A* 轴转台，转台左置保证工件双面加工，满足桁架上下料需求。夹具通过辅助支撑和固定支撑相结合的方式，减少零件夹持变形，如图 5-36 所示。

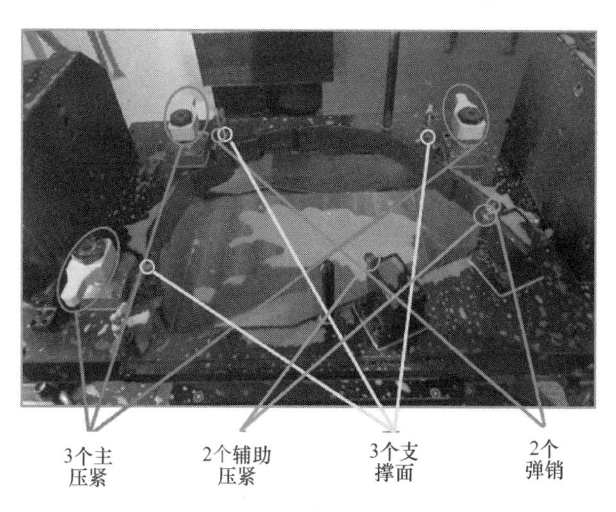

扫码看视频

图 5-36　装夹方式

4）加工效果：通过立卧结合的形式，在立式加工中心进行粗加工，卧式加工中心进行精加工，这样既保证零件精度，又降低投资成本。合理的夹具设计，保证了零件的夹持可靠性，降低了零件的夹持变形，保证了零件加工精度。加工中心安有410mm转台，以最优化的设计实现了大尺寸变速器零件在该型机床上的加工。

九、友嘉 VMP-45A 立式加工中心

友嘉 VMP-45A 立式加工中心（以下简称 VMP-45A 加工中心）是高刚性和高精度的优化组合，适合精密产业的加工需求，可以成功替代卧式加工中心的加工，大大降低了用户的投入，也可以为客户加工缸体、缸盖提供了相关经验，如图5-37所示。

图 5-37　VMP-45A 加工中心

1. 设备特点

1）采用FEM有限元素分析优化设备的动态刚性，保证最佳的结构刚性、机械精度及加工可靠性。

2）感应伺服刀库的换刀时间为2.2s，工作台面增大。

3）可配合逆向加工技术：CMM→3D→CAD→CAM→实际加工。

4）导轨采用“二线一硬”形式，X、Y、Z轴的切削速度为36m/min、36m/min、24m/min。

5）主轴6个轴承，前4后2，经过精确动平衡设计，在最高转速时的振动<0.002mm，确保高精密度。

6）采用NSK螺杆，减少螺杆温升，提升加工稳定性。

2. 设备规格

VMP-45A 加工中心的技术参数见表5-4。

表 5-4　VMP-45A 加工中心技术参数

技术参数		参量
行程	X轴行程/mm	1100
	Y轴行程/mm	610
	Z轴行程/mm	600
	工作台面至地面距离/mm	960
	主轴中心至立柱轨面距离/mm	660
	主轴鼻端至工作台面距离/mm	135~735
工作台	工作台面积（长×宽）/mm	600×1200
	最大载荷/kg	1500
	T形槽（宽×槽数×间距）/mm	18×5×100
主轴	主轴转速/(r/min)	50~10000
	刀柄形式	BT-40
	主轴电动机功率/kW	15/18.5
	X轴进给速度/(m/min)	36
	Y轴进给速度/(m/min)	36

（续）

技术参数		参　量
主轴	Z 轴进给速度/(m/min)	24
	X 轴 AC 伺服电动机/kW	4.0
	Y 轴 AC 伺服电动机/kW	4.0
	Z 轴 AC 伺服电动机/kW	4.0
刀库	换刀时间（刀臂式）/s（50Hz）	2.2
	换刀方式	刀臂式
	刀具数量	24
	最大刀具质量/kg	8
	最大刀具长度/mm	300
	最大刀具直径/mm	80
	最大刀具直径（无相邻刀）/mm	150
定位精度/mm（ISO/VDI 标准）		0.010
重复定位精度/mm（ISO/VDI 标准）		0.005
电功率/kVA		25
占地面积（长×宽）/mm		3180×2750
机器质量/kg		6800

3. 应用案例

1）加工零件：发动机缸体，如图 5-38 所示。

a) 剖视图1

b) 剖视图2

c) 剖视图3

图 5-38　发动机缸体

2）加工情况：供给日企主机厂，开始年产 5 万套，用于半精加工。共 16 台设备分 4 步工序完成零件的加工，单件加工节拍 122s。发动机缸体生产线如图 5-39 所示。友嘉 VMP-45A 立式加工中心第四轴取代卧式加工中心，可减少企业投资总额。

3）自动化形式：桁架（4 根 Z 轴）全长 100m。

图 5-39　某发动机缸体生产线

十、友嘉 NFX 系列立式加工中心

友嘉 NFX 系列立式加工中心是高效、高性价比组合，主结构采用有限元素分析，以保证刚性与稳定性。*X*、*Y*、*Z* 轴行程可扩展到 1050（850）mm、520mm 及 600mm，三轴采用全线轨设计，配合高加减速传动系统，*X*、*Y*、*Z* 轴快移速度为 40m/min、40m/min、30m/min。主轴采用直接式 12000r/min、配置低惯量高加减速电动机，减少加减速时间，提升加工效率。防护罩的优化，可以减少切屑在加工区的停留时间。NFX-1050A 立式加工中心如图 5-40 所示，其主轴头结构如图 5-41 所示。

图 5-40　NFX-1050A 立式加工中心

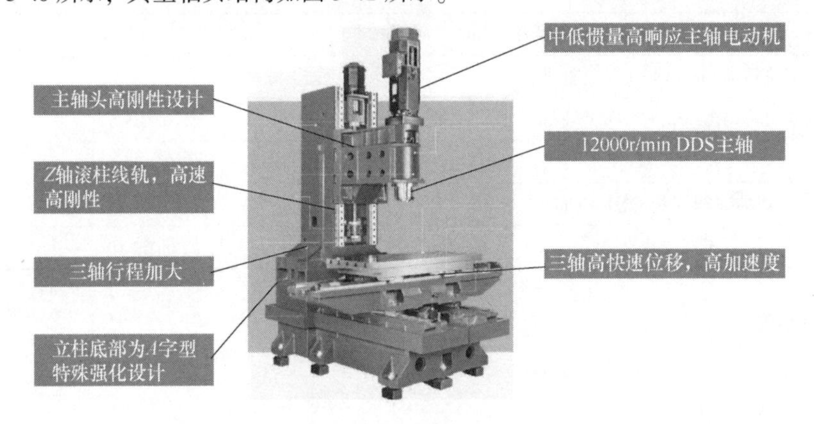

图 5-41　主轴头结构

1. 技术参数

NFX-850A 立式加工中心、NFX-1050A 立式加工中心的技术参数见表 5-5。

表 5-5　NFX-850A、1050A 立式加工中心技术参数

技术参数		NFX-850A	NFX-1050A
行程	*X* 轴行程/mm	850	1050
	Y 轴行程/mm	520	520
	Z 轴行程/mm	600	600
主轴	主轴转速/（r/min）	50～12000（直接式）	50～12000（直接式）
	主轴孔锥度	7/40 锥度 NO. 40	7/40 锥度 NO. 40
	主轴鼻端至工作台距离/mm	155～755	155～755
	主轴中心至立柱轨面距离/mm	583	583
	工作台中心至立柱轨面距离/mm	323～843	323～843
进给	*X*、*Y* 轴快移速度/（m/min）	40	40
	Z 轴快移速度/（m/min）	30	30

（续）

技术参数		NFX-850A	NFX-1050A
工作台	工作台面积/mm²	520×950	520×1150
	工作台质量/kg	800	800
	T 型槽宽/mm	18×5×100	18×5×100
	工作台表面至地面距离/mm	950	970
数控系统	数控系统	西门子 828D	西门子 828D
刀库	刀库容量/把	24	24
	最大刀具直径/mm	80	80
	最大刀具直径（无相邻刀）/mm	150	150
	最大刀具长度/mm	300	300
	最大刀具质量/kg	8	8
	换刀时间（刀对刀）/s	2.2	2.2
电动机功率	X、Y、Z 轴电动机/kW	9、10.8、17.1	9、10.8、17.1
	X 轴 AC 伺服电动机/kW	3.1	3.1
	Y 轴 AC 伺服电动机/kW	3.1	3.1
	Z 轴 AC 伺服电动机/kW	3.1	3.1
机床	机床占地长度、宽度及高度/mm	2530×2185×3143	2800×2185×3143
	机床质量/kg	5200	5700

2. 应用领域

1）汽车零部件。缸体缸盖、支架连接件、泵阀壳体及车用轮毂等。

2）广义 5G 终端。通讯基站：基站壳体、滤波器及散热器等铸锻铝的加工。物联网元件：城市监控、工业传感器及智能家居等挤压铝的加工。光学组件：摄像头、激光模组等挤压铝的加工。新 3C：手机、智能手表、笔电及 AR/VR 等挤压铝的加工。

3）其他模具行业及一般加工行业。

十一、友嘉 DVD-5200 双主轴立式加工中心

友嘉 DVD-5200 双主轴立式加工中心（以下简称 DVD-5200 加工中心）是集成、高效加工的组合，如图 5-42 所示。

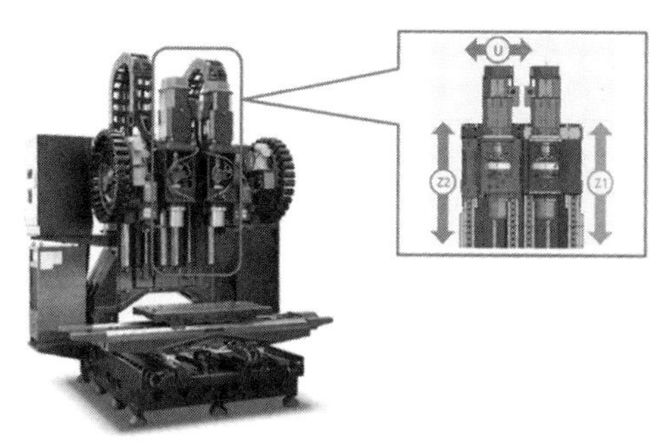

图 5-42 DVD-5200 加工中心

1. 设备特点

1）采用较低的重心设计和稳固的宽床体，滚柱导轨可增强稳定性并减少热变形。

2）采用纳米技术的铸铁床身和其他铸铁结构，保证了整体结构的稳定性。

3）适用于精确和重型切削条件的宽间距滚柱导轨。

4）采用高刚性三角形肋体结构，最大限度地减少重型机械加工下的振动和变形。

5）双主轴 Z 向单独可控，不受刀具长度不同的限制，各主轴转速为 12000r/min，采取 BBT40 主轴端连接方式。

6）两主轴间有 U 轴，调整工装方便。

2. 设备参数

DVD-5200 加工中心技术参数见表 5-6。

表 5-6 DVD-5200 加工中心技术参数

技术参数		参量
工作台	工作台尺寸（长×宽）/mm	1200×520
	最大荷重/kg	800
	T 形槽规格	18H8×P125×4
	工作台到主轴端面距离/mm	150~750
行程	X 轴行程/mm	1040
	Y 轴行程/mm	520
	Z_1 轴、Z_2 轴行程/mm	600
	U 轴行程/mm	±2
	Z_1、Z_2 主轴间距/mm	500
主轴	X 轴快移速度/(m/min)	40
	Y 轴快移速度/(m/min)	40
	Z 轴快移速度/(m/min)	40
	U 轴快移速度/(m/min)	15
	主轴锥孔	BBT40
	主轴最大转矩/(N·m)	118
	连续加工转矩/(N·m)	88.5
	主轴转速/(r/min)	12000
	驱动方式	机械直连式
ATC	刀柄形式	BBT40
	刀库容量/把	双侧各 20
	最大刀具直径/mm	80
	最大刀具长度/mm	300
	最大刀具质量/kg	8
	换刀时间/s（T-T）	1.6~5
	换刀时间/s（C-C）	3.9
	拉钉形式	PS-806-1，15°
导轨	X、Y、Z、U 轴	滚柱导轨

（续）

技术参数		参　量
电动机	主轴功率/kW（30min连续）	15/18.5
	主轴电动机	AiL-12/12000i
数控装置	数控系统	Fanuc 0*i*-MF
	显示屏	10.4in彩色LCD显示屏
	电源要求	380（1±15%）V，（50±2）Hz，三相
	占地尺寸（长×宽×高）/mm	2305×2750×3470
	机器质量/kg	8700
定位精度/mm（JIS标准）		±0.003
重复定位精度/mm（JIS标准）		±0.002

3. 应用案例

1）加工零件：需加工的零件如图5-43所示。

2）零件结构特点：加工位置位于工件端面处，槽均布100等分，加工量比较大。加工内容为100齿，要求公差对称度为0.05mm，精度要求高。齿宽为3mm，加工尺寸较小，刀具刚性不足。加工内容比较多，常规加工刀具耐磨度低，不能实现连续加工。加工过程中，工件较大不适合较长距离转运。

3）使用机型：DVD-5200加工中心可实现一次装夹两件工件同时加工，效率是同等加工节拍的两倍；采用凸轮滚子结构式转台（见图5-44），精度高，可解决加工精度问题；铣齿采用大盘刀加工，11个刃，加工效率高，耐磨性好；体积小，占地面积小；可实现自动化上料，解决人工上料困难。DVD-5200加工中心与通用加工中心的加工效果对比见表5-7。

图5-43　加工的零件

图5-44　凸轮滚子结构式转台

表5-7　加工效果对比

技术参数	通用加工中心	DVD-5200加工中心
线速度/(m/min)	30~50	100~150
加工时间/min	50~60	7.5~8
占地面积/m^2	40	20
耐磨度/h	12	120

4）加工效果：整体方案加工效率是普通加工效率的7倍，占地面积是普通设备的1/2，加工精度是普通设备的1倍，刀具耐磨度是普通刀具10倍。

十二、蒂德精机VT60B立式钻攻中心

蒂德精机VT60B立式钻攻中心专为5G零件滤波器、基站壳体加工而设计，采用龙门式结构的机床总体布局，配置高速BT30主轴、高速伞式刀库，如图5-45所示。横梁采用一体式45°斜背梁结构，滑座在横梁上做横向X轴移动，主轴箱在滑座上做上下Z轴移动，工作台沿床身做纵向Y轴移动。固定部件重型化设计，移动部件质量均等分布在各水平轴上，并对移动部件进行极致轻量化设计，有效提高了动态响应速度和运动精度。

扫码看视频

图5-45　蒂德精机VT60B立式钻攻中心

1. 设备特点

床身与横梁立柱采用聚合物矿物铸件，提供稳定的基础支承件。加速度为1g，3个轴的快移速度为60m/min。针对5G基站零件的结构特点和加工要求，其有效加工范围大，X轴行程为1100mm，Y轴行程为600mm，工作台尺寸为1200mm×600mm。

2. 设备优势

固定部件重型化设计，移动部件轻量化设计。与传统机床相比，该产品加工效率提高了30%。经业界权威FANUC公司评测，主轴加减速和钻孔效率高于国内平均水平，攻螺纹效率和伺服控制效率达到世界领先水平。该设备具有大流量冲屑功能，并配置四级过滤水箱，可有效改善铝制工件加工中切屑堆积范围大、切削水管路易堵、水箱清理困难问题。

3. 应用案例

1）加工零件：5G零件滤波器、基站壳体，如图5-46所示。

2）零件材料：压铸铝。

3）加工类型：面、槽、柱、孔的铣削、钻削和攻螺纹。

4）加工难点：与4G零件相比较，5G零件集成度更高，结构更加紧凑，精度及表面粗糙度要求更高。

5）刀具：ϕ2mm、ϕ4mm球刀，钻头、丝锥。

6）切削参数：切削速度v_c=60m/min，进给速度f=5000mm/min，背吃刀量a_p=0.5mm。

图 5-46　5G 零件滤波器、基站壳体

十三、汇专超声绿色高效五轴联动加工中心

1. 设备特点

汇专超声绿色高效五轴联动系列加工中心包括 200mm、350mm、500mm、650mm、800mm 和 1000mm 6 种直径规格的工作台，最大负载 1000kg，可满足不同质量与尺寸零件的加工需求。配置汇专自主超声主轴，可减少切削力，满足难加工材料的高效加工需求。此系列加工中心可选配超临界 CO_2 内冷或微量润滑（MQL）冷却系统，实现清洁切削；标配高精密光栅尺，可实现全闭环控制；直线轴重复定位精度可达 4μm，旋转轴重复定位精度为 5 "；标配西门子 840D sl 系统，具备五轴联动、RTCP（Rotated Tool Center Point）刀尖跟随功能。

2. 应用行业

此系列加工中心适用于硬脆材料（蓝宝石、玻璃、陶瓷等）、碳纤维复合材料及金属等材料的超声加工，满足不同尺寸的复杂曲面零件高精、高效五轴联动加工。此系列加工中心广泛用于航空航天、医疗、汽车、半导体和通用精密制造等领域，如图 5-47 ~ 图 5-51 所示。

图 5-47　汇专超声绿色高效五轴联动加工中心 UGV200-5AXIS

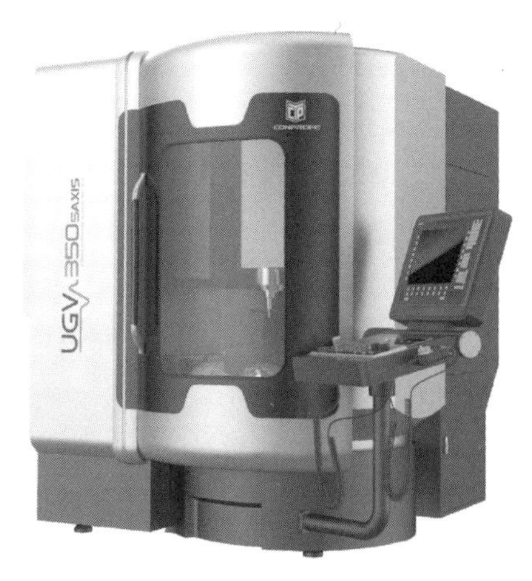

图 5-48　汇专超声绿色高效五轴联动加工中心 UGV350-5AXIS

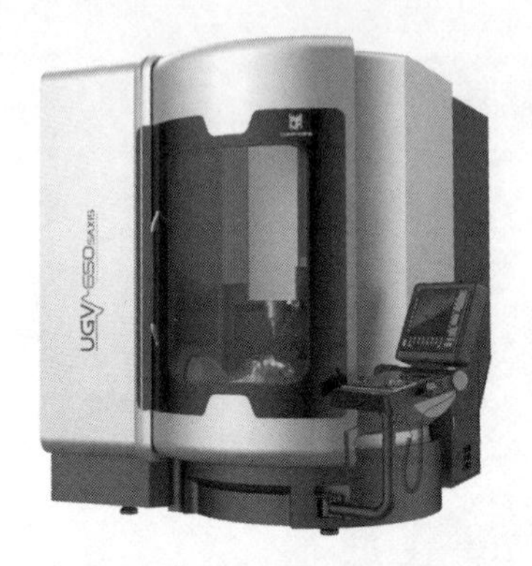

图 5-49 汇专超声绿色高效五轴联动加工中心 UGV650-5AXIS

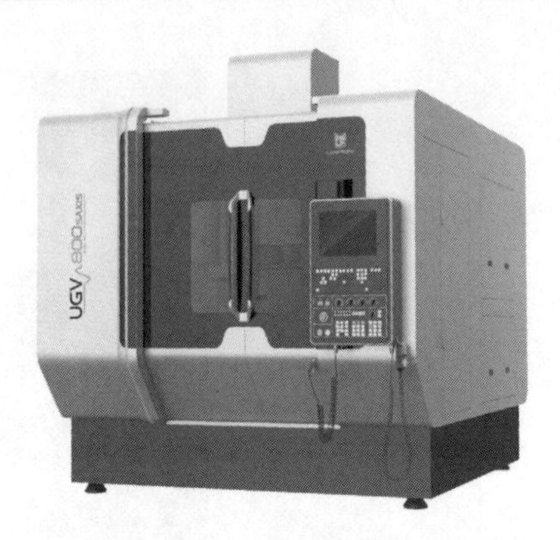

图 5-50 汇专超声绿色高效五轴联动加工中心 UGV800-5AXIS

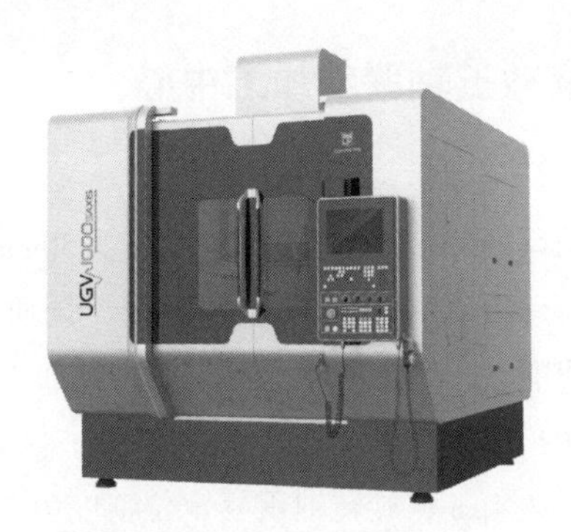

图 5-51 汇专超声绿色高效五轴联动加工中心 UGV1000-5AXIS

十四、汇专超声绿色钻攻中心

1. 设备特点

汇专超声绿色钻攻中心同时配置超声加工系统及微量润滑（MQL）系统的加工中心，加工过程无需传统切削液，实现清洁切削，且有效提升刀具寿命及效率，提升表面质量，减少毛刺。此系列加工中心包括 500mm、700mm、1200mm 3 种 X 轴行程规格，机床高度可根据需求进行定制，满足不同尺寸零件的加工需求；可选 BBT-30 超声内冷主轴，最高转速可达 30000r/min；定位精度为 5μm，重复定位精度为 3μm；可选多种规格刀库，包括 T21、T26、T30、T36、T30+T14；主轴鼻端至工作台标准距离为 200～560mm，可选 270～630mm 或者 340～700mm；可配置 4 轴、5 轴，标配三菱系统，可选配西门子、发那科数控系统。汇专超声绿色高效钻攻中心 UGT-500 如图 5-52 所示。

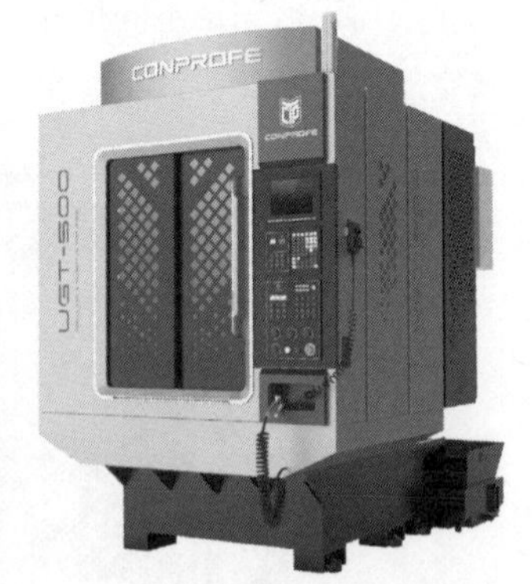

图 5-52 汇专超声绿色高效钻攻中心 UGT-500

2. 应用行业

此加工中心集钻孔、攻牙及铣削等加工为一体，适合小型零件、盘形零件、壳体类加工，适用于高温合金、钛合金、铝合金、不锈钢等金属材料的高效、高质量加工，广泛用于消费电子、五金精密零件、医疗、汽车零件和通用精密制造等领域。

十五、汇专超声绿色雕铣中心

1. 主要特点

汇专超声绿色雕铣中心可实现一机多用，满足硬脆材料、金属材料、复合材料及镜面高光的加工需求。此系列加工中心包括400mm、500mm、600mm、800mm及1200mm 5种X轴行程规格，负载100~1000kg，满足不同质量与尺寸零件的加工需求。可配置超临界CO_2低温冷却系统、微量润滑（MQL）内冷系统，实现清洁加工；可配置不同型号超声主轴（HSK-E25/HSK-E32/HSK-E40/A63/BT30），最高转速50000r/min；可选配双刀库，满足不同工序的加工需求，实现夹位合并，为客户节约成本；搭配五轴转台，可实现五轴定位加工、五轴联动加工，满足工序集约化和复杂曲面零件的加工需求；标配华中数控918D系统，可选配西门子808D/828D系统。汇专超声绿色高效精密雕铣中心系列设备如图5-53、图5-54所示。

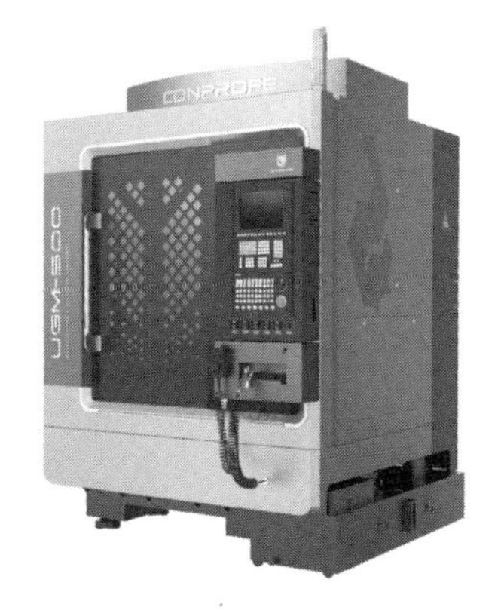

图5-53　汇专超声绿色高效精密雕铣中心UGM-500

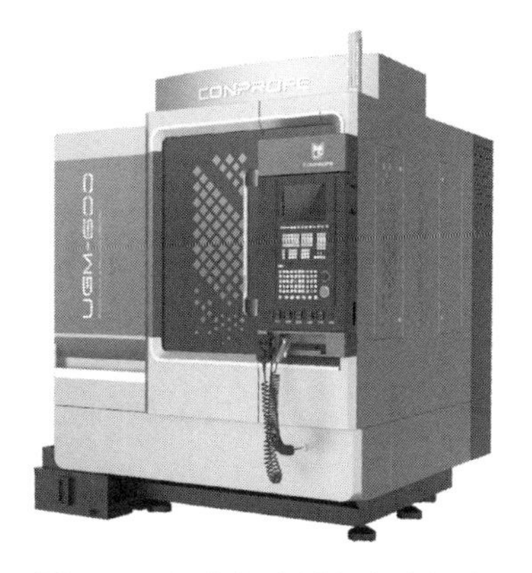

图5-54　汇专超声绿色高效精密雕铣中心UGM-600

2. 应用行业

此系列加工中心适用于陶瓷、蓝宝石、玻璃等硬脆性材料、复合材料以及其他难切削材料的超声加工，同时满足高温合金、钛合金、铝合金、不锈钢等金属材料的高速、高精密加工。广泛应用于消费电子、半导体、医疗、航空航天、汽车和通用精密制造等领域。

十六、汇专超声精密石墨加工中心

1. 设备特点

汇专超声精密石墨加工中心包括500mm、600mm两种X轴行程规格，满足不同质量与尺寸零件的加工需求；采用高刚性横梁立柱一体式铸件床身，对称式龙门设计，具有极佳的吸震性能、精度保持性、动态特性和热稳定性；多层防护，采用迷宫结构、正压密封及特殊集尘设计，机床防护等级高；可用于干切削和湿切削；集成汇专自主超声主轴，可降低切削力，减少硬脆材料亚表面损伤，最高转速可达 40000r/min；可配置高精密光栅尺，实现全闭环控制，重复定位精度可达 2μm；标配华中数控 918D 数控系统，可选西门子 828D 数控系统。汇专超声精密石墨加工中心系列设备如图 5-55、5-56 所示。

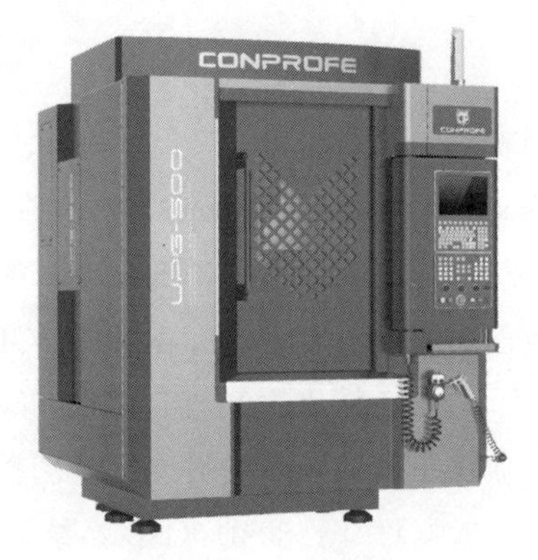

图 5-55　汇专超声精密石墨加工中心 UPG-500

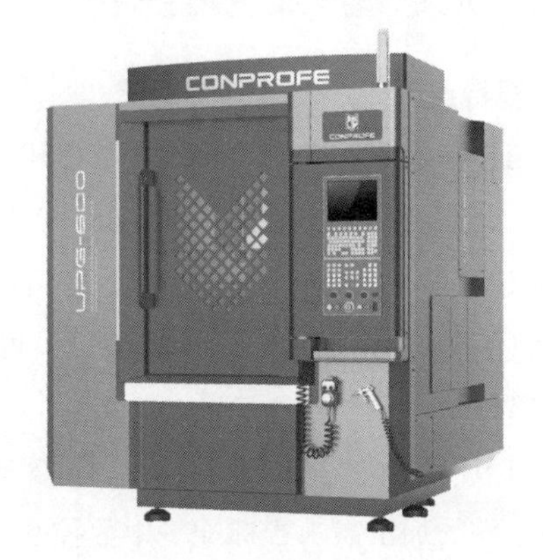

图 5-56　汇专超声精密石墨加工中心 UPG-600

2. 应用行业

此系列加工中心可用于石墨、陶瓷生坯、硬脆材料（蓝宝石 、玻璃等）的高精高速加工，广泛应用于半导体、消费电子、石墨电极、航空航天等领域。

第六章

车削加工中心

第一节　概　　述

车削加工中心是以轴类零件和回转体零件为加工对象，在数控车床的基础上发展起来的。机床配有刀库，一般还配有 C 轴，除能完成轴类零件和回转体零件的车、钻、镗、车螺纹和攻螺纹之外，还能完成铣削加工和零件的周边孔钻孔、攻螺纹等多工序的复合加工。这类车削加工中心多数采用转塔式动力刀库，还有的采用链式刀库，通过机械手进行刀具交换。

车削加工中心可以加工各种回转表面，如内外圆柱面、内外圆锥面、螺纹、沟槽、端面和成形面等，加工精度可达 IT8~IT7，表面粗糙度值 Ra 为 0.8~1.6μm。

车削加工中心主要应用于直轴、盘、套类零件等，若改变工件的安装位置或将车床适当改装，还可以加工多轴线的零件（如曲轴、偏心轮等）或盘形凸轮。单件小批量生产中，各种轴、盘、套等类零件多选用适应性广的卧式车床或数控车床进行加工；直径大而长度短（长径比为 0.3~0.8）的大型零件，多用立式车床加工。图 6-1 为山崎马扎克紧凑型车削加工中心。

图 6-1　山崎马扎克紧凑型车削加工中心

第二节　车削加工中心的特点

车削加工中心与数控卧式车床的结构布局大致相同，主要区别是：车削加工中心的转塔刀架上带有能使刀具旋转的动力刀座，主轴有按轮廓成形要求连续回转（不等速回转）运动和进行连续精确分度的 C 轴功能，并能与 X 轴或 Z 轴联动。车削加工中心分为多主轴（主要主轴和辅助主轴）、双主轴等多种类型。

车削加工中心加工具有以下优势。

（1）易于保证同轴度要求　利用卡盘安装工件，回转轴线是车床主轴回转轴线；利用前后顶尖安装工件，回转轴线是两顶尖的中心连线。

（2）易于保证端面与轴线的垂直度要求　通过横溜板导轨与工件回转轴线的垂直度来保证端面与轴线的垂直度。

（3）切削过程较平稳避免了惯性力与冲击力　允许采用较大的切削用量，高速切削，有利于提高生产率。

（4）适用于有色金属零件的精加工　有色金属零件表面粗糙度值 Ra 要求较小时，不宜采用磨削加工，需要用车削或铣削等方式加工。用金刚石车刀进行精细车削时，质量较高。

（5）刀具简单　车刀制造、刃磨和安装均较为方便。

第三节　典型车削加工中心

一、DMG MORI NLX 系列万能车削加工中心

一流的车削效果需要高刚性的机床结构和相应的高性能。DMG MORI NLX 系列万能车削中心（以下简称 NLX 车削中心）拥有高刚性的机床结构、优异的车削和铣削性能。NLX 系列车削加工中心的高可靠性、高精度和易操作性是许多要求苛刻的行业用户的理想选择，例如汽车制造、机械工程等。

多年来，NLX 系列加工中心已成为灵活通用和高质量的代名词。高刚性的床身保证了复杂工件的高精度加工，其结构来自于有限元的优化设计，X 轴、Y 轴和 Z 轴采用减振性能优异的箱型硬轨。高刚性意味着可以高效地进行重切加工，并确保优良的表面质量，包括加工难切削材质。该加工中心配有智能冷却系统，可准确地控制热位移。冷却的核心是主轴周围的螺旋形油套和床身中的切削液循环冷却。如果选配标准分辨率达 0.01μm 的磁尺直接测量系统，则加工中心将具有更高精度。

1. 多样化的规格

NLX 系列加工中心不仅规格丰富，还能选择大量功能部件。NLX 1500、NLX 2000、NLX 2500 和 NLX 3000 的卡盘尺寸达 12in（1in = 0.0254m），而 NLX 4000 和 NLX 6000 分别可达 18in 和 24in。NLX 2500 的规格更丰富，作为一款成功机型，NLX 2500-500、NLX 2500-700 和 NLX 2500-1250 的车削长度为 450 ~ 1255mm。NLX 3000 的车削长度为 713 ~ 3170mm，非常适合加工长形轴件。NLX 2000 加工中心的车削直径达 356mm，而 NLX 6000 加工中心（见图 6-2）的车削直径可达 920mm。

用户可在众多配置中进行选择，经济地加工不同尺寸工件和复杂工件。为加工复杂工件的几

何形状，可选数字式尾座、副主轴、Y 轴，高效铣削版是二轴的升级版，根据机型和车削长度可选不同的配置。丰富的配置可以经济且高精度地进行 6 面完整加工，一次装夹对工件进行车/铣复合加工，包括辅助加工或背面加工。

图 6-2　NLX 6000 加工中心

2. 创新的刀塔

NLX 加工中心配 BMT 刀塔，该刀塔带驱动电动机，拥有优异的铣削性能。对于 NLX 4000 以下的所有机型，刀具轴转速高达 10000r/min。NLX 6000 的动力刀转速为 4000r/min。NLX 系列加工中心中两款最小车削中心的 BMT 刀塔配 20 刀位，其他车削中心配 12 刀位。

3. 一流的操作性

各种规格的 NLX 系列加工中心都很易于操作。大开度的机床门诠释 DMG MORI 易用机床的设计理念，用户可轻松接近加工区和需要日常维护的部件。在数控系统方面，该系列车削中心配备易于操作的 CELOS®系统。现代化的 DMG MORI 操作系统安装在 ERGOline 控制面板中并配备 21.5in 多点触控显示屏。因此能够持续管理、查看文档以及显示任务单、工艺和机床数据。CELOS®系统还能用 App 应用程序扩展功能并兼容客户的现有基础性管理系统和程序。全触控操作显示屏可清晰地显示大量可选参数并提供直观和图形化的编程系统。

二、DMG MORI CLX 系列车削加工中心

DMG MORI 的入门级机床提供多样化的解决方案，包括丰富可选的加工技术、软件解决方案和应用。DMG MORI CLX 系列车削加工中心（以下简称 CLX 车削中心）搭载高科技选配，不仅有强劲的车削性能，而且性价比突出。

现代化的数控机床必须有高生产力、灵活通用且易于操作。DMG MORI 以加工能力全面和完整的 CLX 系列车削中心成功满足这些要求。这款模块化设计的车削中心提供多样化的选配和丰富的技术解决方案，为用户提供了个性化的配置。

1. 设备特点

CLX 350 车削中心（见图 6-3）占地面积不足 $5m^2$，CLX 450 车削中心占地面积不足 $5.8m^2$。DMG MORI NLX 系列万能车削中心特别适合小型车间使用。CLX 350 车削中心的纵向距离为 580mm，更大型号的姊妹机——CLX 450 的纵向距离为 600mm，车削直径为 ϕ320mm 和 ϕ400mm，因此能加工的工件尺寸更广泛。高动态性能的主轴解决方案能确保高精度和高切削性能。CLX 350 车削中心的主轴功率为 16.5kW，转矩为 168N·m，转速为 5000r/min，CLX 450 车削中心的主轴功率为 25.5kW，转矩为 426N·m，转速为 4000r/min，特别适用于重切加工。在快移速度方面，CLX 450 车削中心的 X 轴和 Z 轴快移速度达 30m/min，小型号车削中心的 Z 轴快移速度甚至可达 36m/min。伺服刀塔的刀位数为 12 位。CLX 450 车削中心还提供 6 个圆周镗刀位（固定车刀位）。而且，可动尾座还允许 CLX 系列车削中心加工轴件。

图 6-3　CLX 350 车削中心

CLX 系列车削中心的床身为铸铁材质，拥有更高刚性和更优异的减振性能。此外，倾斜的床身结构使设备拥有理想的排屑性能。*X* 轴和 *Z* 轴采用高端滚珠丝杠和直线滚柱导轨，可满足更高的生产需求。CLX 450 车削加工中心的 *Y* 轴可选配直线导轨。CLX 350 车削中心主轴配备 4 个高动态性能轴承，棒料规格为 ϕ51mm（选配 ϕ65mm），CLX 450 车削棒料中心规格为 ϕ80mm，以确保高圆度精度和更长使用寿命。低电气负载、低功率消耗和能量回馈技术可保持能量平衡。

CLX 系列中 CLX 750 车削中心的车削长度为 1290mm，最大车削直径为 700mm，*Y* 轴为 640mm，这是该系列机床中的全新规格。在进行 ϕ430mm 轴件的车削生产中，可用尾座进行辅助。CLX 750 车削中心适用于加工质量为 600kg 的工件。CLX 系列车削中心的优势如下。

1）特有的 DMG MORI 技术循环，例如变速加工或刀具轻松监测以及多螺纹加工循环。

2）全部 CLX 系列车削中心的标配设备都包括 IoT Connector。

3）拥有将机床接入数字化的网络，内置防火墙功能，可有效保护机床，还支持 Service Camera 和 Net Service 的创新服务解决方案。

CLX 750 车削中心定制的自动化解决方案和第二代 Robo2Go 及桁架式机器人 GX 6 全部在工厂预配并满足 DMG MORI 的质量标准，进一步提高 CLX 系列车削中心的生产力。

在数控系统方面，19in DMG MORI SLIMline 多点触控控制面板配西门子或发那科数控系统，简化了 CLX 系列车削中心的操作。此外，还提供 DMG MORI 的多种技术循环，例如刀具轻松监测等。在发生刀具破损或刀具过载时，该循环允许主轴和进给轴受控停止，避免损失。

2. 应用案例

德国的 DINSE 公司将 CLX 350 车削中心用于生产焊接设备，该公司注意到，这台灵活通用的车削中心可高效率和高精度地生产复杂工件。为提高定位精度，DMG MORI 为该通用型车削中心的 *X* 轴和 *Y* 轴配直接位移测量系统。高性能的副主轴可进行背面加工，40mm 的 *Y* 轴行程可进行工件 6 面的完整加工。*Z* 轴行程为 580mm，最大工件直径为 ϕ 320mm，这样的大型加工区可满足工件广泛的加工要求。在车削方面，几乎全部机床都配棒料送料机，因此，机床操作人员可操作多台机床。

三、哈斯 ST-10 车削加工中心

哈斯 ST 系列车削加工中心系统操作简便，与立式加工中心的操作极其类似，并且哈斯 ST 系列车削加工中心具有高刚性和高热稳定性。其中，哈斯 ST-10 车削加工中心（以下简称 ST-10 加工中心）外形极为精炼，占地面积很小，但加工空间很大，加工范围也很广。该加工中心能够提供同等价位最高的性能，在同类产品中性价比很高，并提供副主轴选项，可实现一次装夹完成整个零件的加工。

哈斯送料系统专为用于哈斯 ST 和 DS 系列数控车削加工中心而设计和制造，可与哈斯控制器无缝相连。创新的折叠式设计便于打开车床主轴的后部，以便快速调整衬套和更换主轴衬套。ST-10 车削加工中心如图 6-4 所示。

1. 设备特点

（1）加工适应能力强　ST-10 车削加工中心的主轴完全由哈斯自主研发及制造，其功率为

11.2kW，最高转速可达6000r/min，为车削加工提供了强而有力的保障。拥有12个刀位的BOT刀塔，使其拥有广泛的加工能力。

（2）自动送料系统　哈斯自动送料系统直接连接至哈斯控制器，创新的折叠式设计便于打开车床主轴的后部，以便快速调整衬套和更换衬管，而双层存放架可将备用衬套放置在需要的位置（可放在最前面），以便随时能够完成快速更换。

图6-4　ST-10车削加工中心

2. 应用案例

1）加工零件：发动机带轮，如图6-5所示。

2）使用机型：ST-10车削加工中心+Bar feed（自动送料器）。

3）零件材料：调质合金钢。

4）毛坯形态：ϕ42mm×300mm毛坯圆棒料，如图6-6所示。

图6-5　发动机带轮

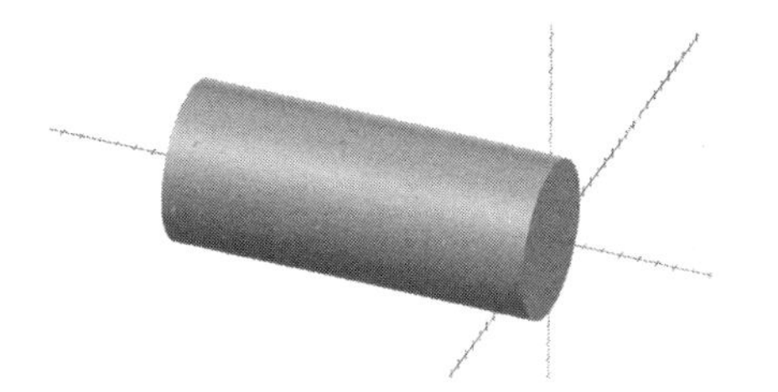

图6-6　毛坯圆棒料

5）机床参数：6000r/min高速主轴、TSC300（21kg压力内冷）、ATP（自动刀具对刀仪）和接料器，刀具列表及切削参数见表6-1。

表6-1　ST-10加工中心刀具列表及切削参数

刀具号	刀具名称	转速/(r/min)	进给量/(mm/r)
T1	80°端面粗车刀	3000	0.25
T2	21mmU钻	1200	0.1
T3	6mm端面割槽刀	3000	0.1
T4	35°端面V形槽车刀	3000	0.5
T5	80°内孔镗刀	3000	0.25
T6	3mm端面切断刀	3000	0.08

6）工艺流程：粗车端面外圆、钻中间孔（见图6-7）→外径轮廓加工（见图6-8）→内孔精镗加工（见图6-9）→切断加工（见图6-10）。

7）加工难点：此零件为大批量生产，由于每年几十万件的量对零件的一致性要求很高，所以需要进行CPK考核，用户要求CPK的考核指标为≥1.67。主要控制内孔$\phi 22H7$，由于哈斯车床有ATP自动对刀仪，设置30件进行一次对刀，所以如果有误差机床会进行自动补偿，产品合格率为99.9968%。

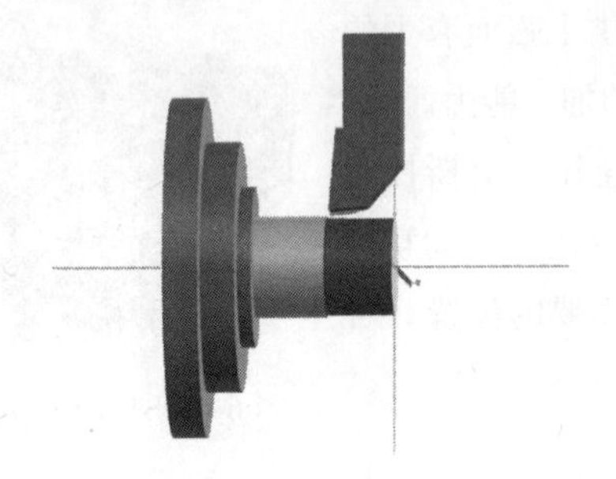

图 6-7　粗车端面外圆、 钻中间孔

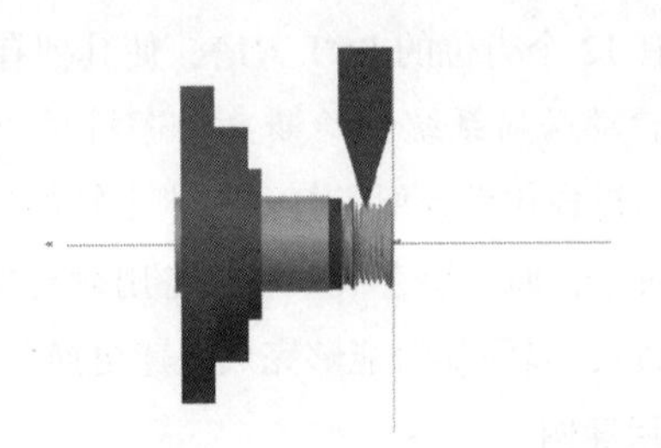

图 6-8　外径轮廓加工

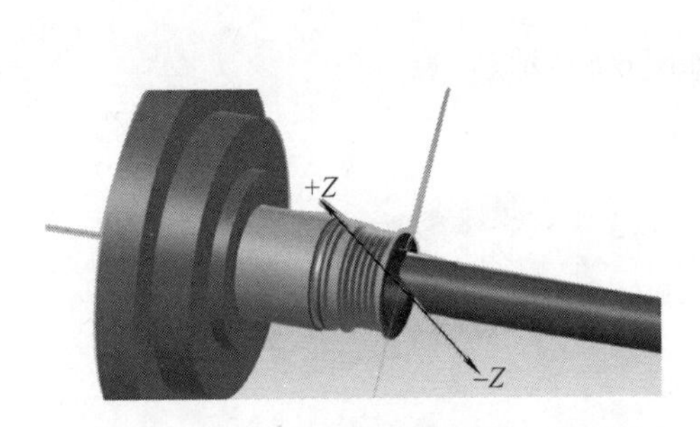

图 6-9　内孔精镗加工

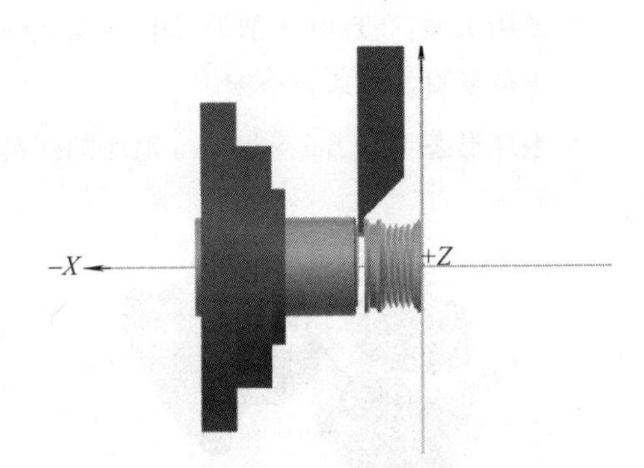

图 6-10　切断加工

四、山崎马扎克 QTC200MSYL/500 车削加工中心

山崎马扎克 QTC200MSYL/500 车削加工中心（以下简称 QTC200MSYL/500 加工中心）是在全球同一品质理念下全球同步生产的高速、高精度的数控车床，如图 6-11 所示，它采用 SMOOTH G 系统，可选配 *Y* 轴和第二主轴，适合非金属材料、有色金属材料、钢材及铸件等各种材料工件的高效能加工，可满足汽车、电子、家电、航空航天、模具及仪器仪表等各行业对中小型精密零件的高效率加工的需求。

扫码看视频

图 6-11　QTC200MSYL/500 车削加工中心

1. 设备特点

（1）主轴　主轴采用大功率、大转矩、高速及高精内置电主轴结构，可以满足小直径工件的

高速精密加工、中高速区域的有色金属、钢材和铸件的高速切削等额定输出，能确保良好的加工精度和效率。

（2）刀塔　采用山崎马扎克专利的无抬升结构刀塔，伺服电动机分度、鼠牙盘精确定位、液压锁紧方式，保证了换刀的速度、交换精度及刚性。

（3）尾座　NC 尾座能够依据程序指令对推力做无级调整，从粗加工开始到精加工结束，始终都能提供合适的推力来实现连续加工。

（4）全轴采用滚珠导轨　通过采用滚珠导轨，在实现高刚性、高速性、长耐久度和长寿命的同时，保证了重复高速定位精度，从而带来长期高可靠性的加工和免维护运行。

（5）系统配置　机床控制系统采用 SMOOTH G 数控系统，触屏操作。装载了能实现高速、高精度控制的硬件和软件。流畅性的图像用户界面以及支持功能提供优良的操作性，使机床操作更加方便、更加安全且加工精度更加稳定，从而加工效率也得到提升。

（6）节能、环保方面　全封闭结构防护罩避免了切屑和烟尘的外溢，不会对工作环境造成污染。机床待机状态下，压缩空气消耗量为零。采用高寿命 LED 照明灯，待机一段时间后，机床会自动关闭照明灯、自动停止排屑器的运转，以减少整机电力消耗。

2. 应用案例

1）加工零件：加工汽车后轮毂短轴。

2）零件材料：碳钢（S45C）。

3）加工要求：采取双主轴加工，一次装夹完成全部加工内容，棒料输送机自动上料，工件收集器自动下料。使用 QTC200MSYL/500 加工中心和专用刀座，利用 Y 轴行程进行大直径棒料切断。在有限的机器尺寸下能实现大直径工件的复合加工。外径上使用三面刃铣刀通过 Y 轴偏移加工键槽。新一代 CNC 系统配置刻字功能，可在零件上刻印文字，集中管理各加工工序的进程，通过工序主页画面实现便捷操作，如图 6-12 所示。

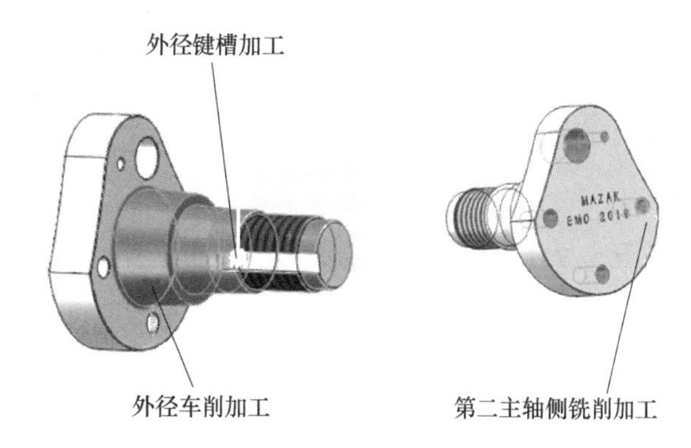

图 6-12　加工示意

4）加工步骤：具体加工步骤见表 6-2。

表 6-2　后轮毂短轴加工步骤

刀位号	刀具	加工内容
T1	T-Max P 车削刀具	粗车外圆及端面
T3	T-Max P 车削刀具	精车外圆
T5	CoroThread 266 螺纹车削刀具	外径螺纹 M22×2.5
T10	CoroMill 327 整体式硬质合金铣刀	外径键槽

（续）

刀 位 号	刀 具	加 工 内 容
T4	CoroMill 316 整体式硬质合金铣刀	ϕ10mm 孔倒角
T6	CoroCut QD 切断刀具	棒料切断
T1	T-Max P 车削刀具	粗车另一端面
T9	CoroDrill 860 整体式硬质合金钻头	钻 ϕ6mm 孔
T7	CoroDrill 860 整体硬质合金钻头	钻 ϕ3. 2mm 孔
T12	CoroMill Plura 整体式硬质合金铣刀	铣削外轮廓
T2	CoroMill 316 整体式硬质合金钻头	外轮廓倒角
T11	CoroMill Plura 整体式硬质合金铣刀	刻字

5）加工难点：大直径棒料切断在有限的机器尺寸下也能实现大直径工件的复合加工，外径上使用三面刃铣刀通过 Y 轴偏移加工键槽，两工序都需要铣削加工，分序加工效率低。此外，工件需要进行刻字，Y 轴切断刀进行大直径棒料切断，双主轴加工，一次装夹完成全部加工内容，配置 MAZATROL 刻字功能，可在工件上刻印文字。

6）达到效果：实现大直径工件的复合加工、键槽加工、双主轴加工、刻印文字、棒料输送机自动上料，以及工件收集器自动下料。

扫码看视频

五、大连机床 DT-40H 车削加工中心

大连机床 DT-40H 车削加工中心（以下简称 DT-40H 加工中心）是三轴联动、半闭环控制的车削加工中心，如图 6-13 所示。主机床身采用整体铸造成形，床身导轨采用 40°倾斜布局，具备较高的刚性，床鞍及尾座滑体均为直线导轨，摩擦系数小、动态特性好。主轴电动机采用高功率、高转速的伺服主电动机，操作方便、运转可靠。它可对 ϕ350mm 以内的轴类零件及 ϕ350mm 以内的盘类零件进行各种车削、钻削和铣削加工。

图 6-13 DT-40H 加工中心

1. 设备特点

DT-40H 加工中心采取模块化设计，排屑方式灵活（可后排也可侧排），BMT 刀塔刚性好、便于背向加工，高精度执行标准，标配进口滚珠导轨和高精度的液压尾座。

2. 设备优势

DT-40H 加工中心可以单机自动化生产，也可以由多台组成生产线。床身预留桁架机械手立柱接口，单机自动化连线时，桁架的立柱可安装在机床的床体上，节省了空间的同时，也节省了连线的成本，同时增加了整线的可靠性。

DT 系列加工中心包含 DT-30、DT-40、DT-50 等加工中心，加工中心之间的功能部件可互相借用及互换，方便组织生产的同时，降低了维修难度，提高了整机稳定性。

3. 应用案例

1）加工零件：差速器壳体，如图 6-14 所示。

2）使用机型：DT-40H 加工中心。

3）零件材料：QT-450（球墨铸铁）。

图 6-14　差速器壳体

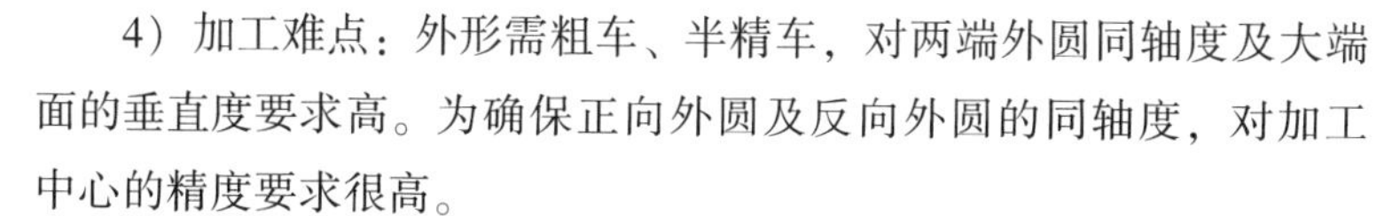

4）加工难点：外形需粗车、半精车，对两端外圆同轴度及大端面的垂直度要求高。为确保正向外圆及反向外圆的同轴度，对加工中心的精度要求很高。

5）加工中心选项配置：专用夹具、背向加工刀座。DT-40H 加工中心的刀具及切削参数见表 6-3。

表 6-3　DT-40H 加工中心刀具及切削参数

刀具号	刀具名称	转速/(r/min)	进给速度/(mm/min)
T1	25mm×25mm 外圆车刀	1592	200
T2	25mm×25mm 外圆车刀	1592	200
T3	ϕ10mm 钻头	2548	80
T4	ϕ10mm 铰刀	3800	120

6）工艺流程：正向外圆精车至大端面→反向外圆精车→钻 ϕ10mm 基准孔→铰孔成品。

第七章

复合加工中心

第一节 概　　述

复合加工中心是指具有立式加工中心和卧式加工中心功能的立卧两用加工中心。通常称这类加工中心为五面加工中心，它能实现一次装夹，完成除安装基面以外的5个面的多工序加工。这类加工中心有两种形式：一种是主轴头可以从立轴转成卧轴，实现五面加工；另一种是工作台从卧轴转成立轴，实现五面加工。

复合加工中心是能够在一台主机上完成（或尽可能完成）从毛坯至成品的多种要素加工的加工中心，是当前世界机床技术发展的潮流。复合加工在保持工序集中和消除（或减少）工件重新安装定位的总体发展趋势中，使更多的不同加工过程复合在一台机床上，从而达到减少机床和夹具，避免工序间的搬运和中间库存，提高工件加工精度和质量，缩短加工周期和节约作业面积的目的。这不仅能够满足用户在减少占地面积、减少零件传送和中间库存、保证加工精度等方面的需求，而且也符合现代社会的节能减排要求。目前越来越多的复杂零件采用复合加工中心进行综合加工，复合加工中心已经成为各国机床制造商开发的热门产品。

复合加工中心大体可分为三类：第一类是以车削为主体的复合加工中心，如车铣复合加工中心；第二类是以铣削为主体的复合加工中心，如五轴棒料加工中心；第三类是以磨削为主体的复合加工中心，如车磨复合加工机和倒置式车磨复合加工中心。

（1）车削为主体　以车削加工为主体的复合加工中心是车削复合加工中心。车削复合加工中心是以车床为基础的加工中心，除车削用工具外，在刀架上还装有能铣削加工的回转刀具，可以在圆形工件和棒状工件上加工沟槽和平面。这类复合加工中心常把夹持工件的主轴做成两个，既可同时对两个工件进行相同的加工，也可通过在两个主轴上交替夹持，完成对夹持部位的加工。

（2）铣削为主体　以铣削为主体的复合加工中心除铣削加工外，还装载1个能进行车削的动力回转工作台。例如，五轴控制的复合加工中心，除 X、Y、Z 三轴控制外，为适应刀具姿势的变化，可以使各进给轴回转到特定的角度位置并进行定位；六轴控制的复合加工中心可以模拟复杂形状工件进行加工。

（3）磨削为主体　多轴的磨床原先只在无心磨床上可见，且多数是以装卸作业自动化为目的，现如今有了能在1台机床上完成内圆、外圆、端面磨削的复合加工中心。例如综合螺纹和花键磨削功能的复合加工中心。

第二节　车铣复合加工中心

车铣是利用铣刀旋转和工件旋转的合成运动来实现对工件的切削加工，使工件在形状精度、位置精度和已加工表面完整性等多方面达到使用要求的一种切削加工方法。车铣复合加工不是单纯地将车削和铣削两种加工手段合并到1台机床上，而是利用车铣合成运动来完成各类表面的加工，是在当今数控技术得到较大发展的条件下产生的一种新的切削理论和切削技术。

国际上对复合加工中心尚无明确定义，复合加工中心正处于创新发展之中。复合加工又叫完全加工、多功能加工。早期曾将加工中心称为复合加工机床，但是随着复合加工技术的不断发展与进步，复合加工中心与以前所称的复合加工机床有了本质上的区别。复合加工中心可通过一次装夹零件完成多种加工工序，缩短了加工时间，提高了加工精度和质量，因而受到用户的欢迎。数控车铣复合加工中心是复合加工中心的一种主要机型，通常是在数控车床上实现平面铣削、钻孔、攻螺纹及铣槽等铣削加工工序，具有车削、铣削以及镗削等复合功能，能够实现一次装夹、完成全部加工工序的功能。

车铣复合加工中心的运动包括铣刀旋转、工件旋转、铣刀轴向进给和径向进给4个基本运动。依据工件旋转轴线与刀具旋转轴线相对位置的不同，车铣复合加工主要可分为轴向车铣加工、正交车铣加工以及一般车铣加工。其中，轴向车铣加工和正交车铣加工是应用范围最广泛的两类车铣加工方法。轴向车铣加工由于铣刀与工件的旋转轴线相互平行，因此它不但可以加工外圆柱表面，也可加工内孔表面。正交车铣加工由于铣刀与工件的旋转轴线相互垂直，所以在内孔直径较小时它不能对内孔进行加工，但在加工外圆柱表面时，由于铣刀的纵向行程不受限制，可以采用较大的纵向进给，因此在加工外圆柱表面时效率较高。

与常规数控加工工艺相比，车铣复合加工具有的突出优势主要表现在以下几个方面。

（1）缩短产品制造工艺链，提高生产效率　车铣复合加工中心可以安装多种特殊刀具，采用新型的刀具排布，减少换刀时间，提高加工效率，车铣复合加工可以实现一次装夹完成全部或者大部分加工工序，从而大大缩短产品制造工艺链。这样，一方面减少了由于装夹改变而导致的生产辅助时间，另一方面也缩短了工装夹具制造周期和等待时间，能够显著提高生产效率。

（2）减少装夹次数，提高加工精度　装夹次数的减少避免了因定位基准转化而导致的误差积累。此外，车铣复合加工中心大都具有在线检测的功能，可以实现制造过程关键数据的在线检测和精度控制，从而提高产品的加工精度。高强度一体化的床身设计，提高了对难切削材料的加工能力。车铣复合加工中心还配置有自动送料装置，可以实现自动上料，基本实现单台机床的流水线作业。

（3）减少占地面积，降低生产成本　紧凑美观的外形设计，改善了空间利用方式，使维护修理更方便。虽然车铣复合加工中心的单台价格比较高，但由于制造工艺链的缩短和产品所需设备的减少，以及工装夹具数量、车间占地面积和设备维护费用的减少，因而能够有效降低总体固定资产的投资、生产运作成本和管理成本。

第三节　典型复合加工中心

一、DMG MORI 第二代 NTX 1000 车铣复合加工中心

DMG MORI 第二代 NTX 1000 车铣复合加工中心（以下简称第二代 NTX 1000 加工中心）不仅拥有高刚性和高效率，还拥有卓越的空间精度和先进的机床结构设计，可满足不同行业的加工要求，如图 7-1 所示。

1. 设备特点

第二代 NTX 1000 加工中心将车削与铣削集于一身，可高效加工复杂形状工件。五轴联动加工与车削加工相结合，且转速达 12000r/min，因此这款加工中心是航空航天、医疗器械和工业设备领域复杂加工应用的理想选择。先进的第二代 NTX 1000 加工中心不仅具有极高精度，而且具有高生产力的自动化解决方案。

图 7-1　第二代 NTX 1000 加工中心

含排屑器的第二代 NTX 1000 加工中心占地面积仅为 12.4m^2，因此，单位面积生产力更高。该设备的 X 轴行程达 455mm，Z 轴行程达 800mm，车削直径达 430mm。由于刀塔 2 的最大分度直径达 680mm，因此该设备的结构为加工提供了充足的空间，刀具主轴与刀塔 2 可进行联动加工，紧凑的刀具主轴和刀塔 2 允许灵活排列刀具，避免刀具与夹具干涉。

2. 高铣削精度和铣削性能

在滚珠丝杠、滚珠丝杠螺母和主轴中，切削液的循环冷却最大限度地降低发热且有效避免了环境温度的变化，使设备在长时间加工中，也可达到加工稳定和高精度。此外，刀塔 2 配 BMT（内置电动机刀塔）最大限度地减少发热和振动，提高铣削精度和铣削性能，并显著提高生产力。

第二代 NTX 1000 加工中心可兼容自动化解决方案，包括棒料送料机和机内运动机器人。机内运动机器人是位于机床内的机器人，用于搬运工件。机床操作人员使用数控系统控制机器人和检查工作状态，操作与其他机床操作类似。第二代 NTX 1000 加工中心配有基于 App 应用程序的控制和 CELOS®操作系统，还配有直观易用且操作便捷的触控面板。

为降低环境影响和运行成本，第二代 NTX 1000 加工中心采用高能效部件，例如 LED 照明灯。通过对不同机床功能的优化，可降低生产企业 90%的润滑油消耗。第二代 NTX 1000 加工中心还增强了自动操作期间的节能功能，例如根据加工负载调整切削液流速，待机模式时关闭多个用电系统的供电。

二、哈斯 DS-30Y 双主轴车铣复合加工中心

哈斯 DS-30Y 双主轴车铣复合加工中心（以下简称 DS-30Y 加工中心）是将双主轴车削与 Y

轴、C 轴和动力刀具相结合的强大一体化加工中心，如图 7-2 所示。可以进行偏心铣削、钻削和攻螺纹等加工，从而提高加工能力。它标配 12 工位 BMT65 刀塔和同步 C 轴联动功能，可实现多用途四轴加工能力。相对的双主轴支持完全同步旋转，并能实现动态部件对接，进而减少循环加工时间。DS-30Y 加工中心在同类产品中具有非常高的性价比。

图 7-2　DS-30Y 加工中心

扫码看视频

1. 设备特点

1）双主轴的设计可实现一次装夹完成多道工序。

2）可实现 Y 轴铣削、钻削和攻螺纹。

3）非常适合用于大批量零件的高效生产。

2. 设备优势

1）哈斯 DS 系列通过简单直接的 G 代码镜像命令，消除了运行双主轴车床的复杂操作。编程非常简单，可手动完成。

2）DS-30Y 加工中心的 12 刀位 BMT65 刀塔为车刀和镗刀提供了超刚性安装，以提高切削性能，并在使用第二主轴时提供额外的刀具间隙。行业标准的刀座易于安装，无需额外的校准，可减少停机时间。

3. 应用案例

1）加工零件：BT40 刀柄。

2）机床选项：24 位 BMT65 刀塔、300Psi 高压冷却系统、卡盘吹气功能及动力刀 Y 轴加工。

3）工件材料：材料类型为 45 钢，材料尺寸为 ϕ65mm×155mm。DS-30Y 加工中心的刀具列表及切削参数见表 7-1。

表 7-1　DS-30Y 加工中心刀具列表及切削参数

刀 具 号	刀 具 名 称	转速/(r/min)	进给量/(mm/r)
T1	80°外圆车刀	3000	0. 35
T2	ϕ14. 5mm 钻头	2600	0. 15
T3	ϕ24mm 钻头	1800	0. 25
T4	80°内圆车刀	2500	0. 25
T5	8mm 铣刀	3000	0. 10
T6	60°内螺纹刀	800	2. 00
T7	60°外圆车刀	1200	1. 50
T8	35°外圆车刀	3000	0. 15

4）装夹方式：零件装夹方式如图 7-3 所示。

图 7-3　零件装夹方式

5）工艺流程：副主轴夹持毛坯，车零件左端面（见图 7-4）→钻镗 M16×2 内孔并车内螺纹（见图 7-5）→铣两边键槽（见图 7-6）→副主轴传递至正主轴完成加工总长以及所有右端面工序（图 7-7）。

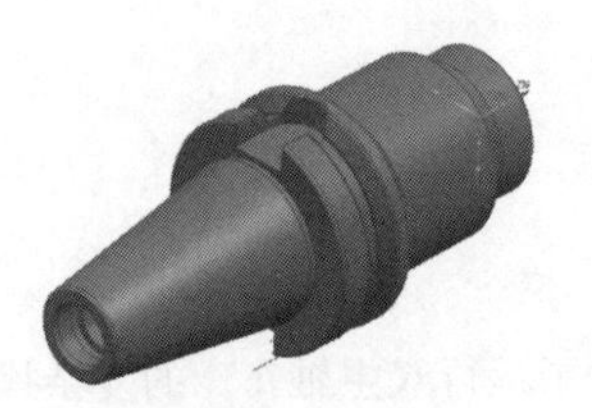

图 7-4　副主轴夹持毛坯，车零件左端面

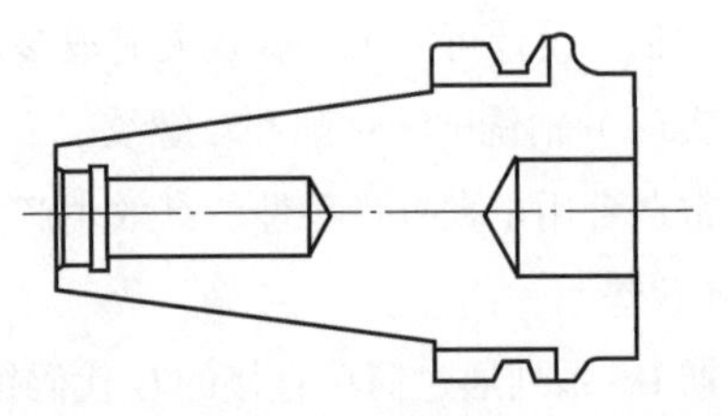

图 7-5　钻镗 M16×2 内孔并车内螺纹

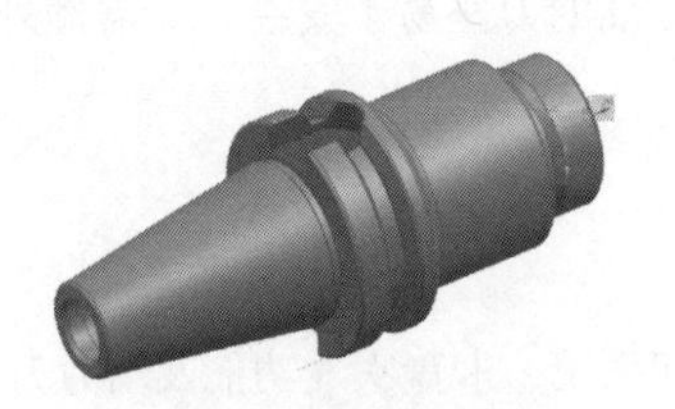

图 7-6　铣两边键槽

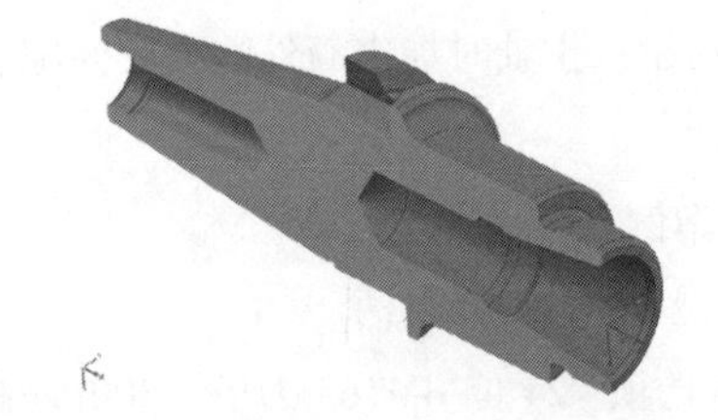

图 7-7　加工总长以及所有右端面工序

6）加工难点：如果不是双主轴车床来加工此零件，那么最少需要 1 台车床和配有四轴转台的立式加工中心才能完成此零件，而哈斯 DS 系列加工中心能在一次装夹中完成此零件的加工。

三、哈斯 DT-1 铣削加工中心

哈斯 DT-1 铣削加工中心（以下简称 DT-1 加工中心）是具备全套铣削功能的紧凑型高速钻削和攻螺纹加工中心，如图 7-8 所示。动力强劲的 BT30 锥形内嵌式直驱主轴具备 10000r/min 转速，能够实现高速刚性攻螺纹。20 刀位的高速换刀装置能够快速更换刀具，换刀对刀时间仅为 1.6s，同时，2400m/min 的切削速度和较大的加速度，缩短了加工循环时间。DT-1 加工中心外形细长、尺寸紧凑，能够非常有效地利用车间的空间。

1. 设备特点

1）多轴选项加工。从传统的 HA5C 分度器到高速 TRT100 转台，都是哈斯拥有的四轴或五轴解决方案，能够满足各种需求。所有紧凑型加工中心均可额外附加旋转轴。哈斯控制器内置许多的功能（如 G107 圆柱体雕刻），可大大简化机床多轴的加工工序。

2）BT30 锥度内嵌式直驱主轴。哈斯制造的 BT30 锥度内嵌式直驱主轴可为高速铣削提供 10000r/min 的转速（20000r/min 可选）。内嵌式直驱主轴直接耦合到电动机，提供出色的表面加工质量和更高的热稳定性。

图 7-8 DT-1 加工中心

2. 应用案例

1）使用机型：DT-1 加工中心。

2）零件材料：S31603。

3）毛坯形态：薄片喷丝板，如图 7-9 所示。

图 7-9 薄片喷丝板

4）机床选项：15000r/min 直驱高速主轴，DT-1 加工中心的刀具列表及切削参数见表 7-2。

表 7-2 DT-1 加工中心刀具列表及切削参数

刀具号	刀具名称	转速/(r/min)	进给速度/(mm/min)
T1	*D*2mm 钻头	3000	100
T2	*D*0.3mm 钻头	12000	100

5）装夹方式：以毛坯外圆定位，用中间螺钉压紧工件，如图 7-10 所示。

图 7-10 装夹方式

6）加工难点：微孔加工钻削时主轴需要有良好的稳定性。Z 轴和主轴之间要有良好的同步率，如果不同步钻头就很容易折断。

四、格劳博四轴通用加工中心系列 G440/G640/G840

格劳博四轴通用加工中心系列 G440/G640/G840（以下简称 G440/G640/G840 加工中心）以强大动态的卧式四轴通用加工中心为市场需求提供了更多解决方案。为达到理想的静态和动态操作，该系列加工中心从开始就借助于整机的多对象模拟技术进行不断优化，从而在激烈的竞争环境中，拥有更高的可靠性、精确性和动态性。模块化配置不仅使机床能够完全适应现有的生产系统，还为开辟新的业务领域提供了更多可能。

凭借全新的四轴通用加工中心系列，除了原有的五轴市场领域外，格劳博进一步扩大了其产品范围，能够满足所有不断增长的目标市场需求。G440/G640/G840 加工中心拥有模块化的机床设计和众多选件，可根据用户的具体要求来进行配置。G640 加工中心如图 7-11 所示。同格劳博五轴联动通用加工中心一样，格劳博四轴通用加工中心系列具有紧凑的设计、高生产率以及极大稳定性，除可适用于汽车制造领域外，还适合机械工程、载货汽车、客车、铁路、农业和建筑机械，以及流体技术领域。

图 7-11　G640 加工中心

1. 设备特点

为了在减轻结构组件质量的同时提高稳定性，G440/G640/G840 加工中心借助拓扑优化和 FEM 模拟等数字化手段进行设计。该系列机床被设计成刚性床身上带有 3 个固定点的活动立柱，旋转轴由动态力矩电动机驱动，直线轴由滚珠丝杠驱动。对于 G840 和 G640 加工中心而言，工作空间可根据目标领域，以更大的立柱配置进行扩展，从而满足更高夹紧装置的使用。

2. 设备优势

1）配置灵活的格劳博主轴。除了拥有 500mm、630mm 和 800mm 三种设计尺寸的托盘类型外，G440/G640/G840 加工中心还提供了多种配置的主轴系列（见图 7-12），包括适用于 HSK、SK、CAT、BT 和 BIG-PLUS 的各种尺寸接口。格劳博设计制造的主轴具有高质量特性，擅长完成严苛环境中的批量生产与极高精度的动态任务。重型电主轴与机械主轴的种类范围不断扩大，凸显了格劳博对生产制造技术潜力优化的永恒探索。

2）应用于四轴系列的格劳博自动化技术。格劳博的“卓越中心（Center of Excellence，CoE）”能够胜任各种自动化技术咨询服务。在接近真实的条件下，格劳博借助 3D 规划和工艺流程模拟技术来进行设计，为用户提供平衡稳定的自动化解决方案。其应用范围从标准带有夹紧装置与复杂工件夹紧技术的托盘变换器，一直到格劳博开发的机器人辅助工件与圆形和直线托盘存储

图 7-12　格劳博电主轴

系统 PSS-R/PSS-L，如图 7-13 所示。

图 7-13　格劳博直线托盘存储系统 PSS-L 内部

3）模块化刀库。刀库作为独立模块被安装在主机旁边，可以根据用户的需求变化，轻松地进行后期更换，如图 7-14 所示。刀库容量大小可调，以满足不同的用户需求。格劳博可提供容纳 450 把刀具（HSK-A100）的大型刀库，从而将刀库容量扩展至最大。柔性生产工位除了需要专业的控制系统，还必须集成中央刀库。在生产过程中，长达 830mm 的刀具能够以符合人体工程学的适当高度被直接手动添加到刀库当中。

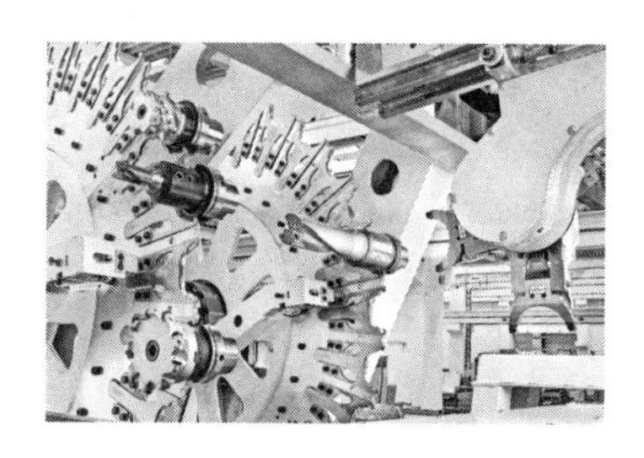

图 7-14　格劳博通用加工中心刀库

扫码看视频

五、格劳博五轴联动通用加工中心 access 系列 G350a/G550a

access 系列中的 G350a 和 G550a 加工中心是格劳博五轴联动通用加工中心产品组合中较新的机型，具有极高性价比。

1. 设备特点

1）同样的加工优势但“更经济”。并非所有的客户都需要两个驱动单元，因此 access 系列机床在垂直 *Y'*轴上只安装了一个驱动单元（单侧单驱动单元，而不是对称双驱动单元），这使它们变得更经济。access 系列的技术参数与格劳博传统的五轴联动通用加工中心非常相似，因此 G350a（见图 7-15）和 G550a（见图 7-16）加工中心与 G350/G550 加工中心具备完全相同的加工精度。与此同时，access 系列还拥有市场和客户熟知的格劳博 G 系列产品所具备的全部优势，包括格劳博行业闻名的五轴联动技术，单件和批量生产中卓越的加工质量，出众的可靠性和生产力，以及模块化可扩展的自动化解决方案等。

2）配置更灵活。考虑到现今各种应用领域繁杂的需求和挑战，格劳博还不遗巨细地为基本机型提供了多样化的选件包，这使 G350a 和 G550a 具有极高的灵活性，可实现为客户“量身定制”的要求。除了基础配置，机床还可以配备独立的工作区油雾收集器、自动化工作区域门，用

图 7-15　G350a 加工中心

图 7-16　G550a 加工中心

户还能够从选件包中选择刀库配置、切削液系统和软件解决方案等。

access 系列还可配备众多格劳博自主生产的自动化解决方案，可实现高柔性、高效率生产。例如，在可选的自动化解决方案中，格劳博圆形托盘存储系统（PSS-R）在保证小占地面积的同时可为多达 15 个托盘提供足够的存储空间，工件或托盘夹紧系统则可达到更高的灵活性，而可选的托盘交换器能够满足加工操作期间装卸工件的需求。这些自动化解决方案与定制选件包相结合，确保了最佳的零件处理效果和完美的生产工艺。

另外一些选件则只为 G 模块提供，例如集成旋转工作台的机型（通用车铣复合加工中心）或刀具附加刀库。

2. 设备优势

经优化的标准配置使 G350a 和 G550a 加工中心的投资成本降低了约 20%，成本回收期也因此相应缩短，但仍可以提供出色的加工质量。它们为满足更高的工件加工需求而设计，经强化的功能可提供具备出色可靠性的高效生产，并能够针对自动化解决方案进行扩展。同时，格劳博全球服务网络提供卓越的 7×24h 全天候服务。除此之外，access 系列融合了格劳博从近百年的机床生产经验中积累的专业知识，能够同时为个性化和批量生产保证最佳的加工质量，即使是标准型号，也具备更强大的机床配置。

G350a 和 G550a 加工中心的优势具体如下。

1）电主轴轴承安装在最佳位置，确保能够靠近加工点，实现超高稳定性并保证轴的绝对精度和加工精度。

2）A'轴方向上 230°超大摆动幅度的独特轴布局可使切屑直接落入排屑槽内，令工件加工几乎不受切屑累积所造成的干扰。

3）独有的翻转式加工使热量不会随着残留在零件和夹紧装置上的碎屑流入到机床中。

4）具有同级机床中最长的 Z 轴行驶距离。

5）在轴的任何位置都可利用最大长度的刀具对超大尺寸工件进行加工（例如深孔钻等）。

6）主动冷却吸热元件、组件，可进行高效的机床冷却。

7）采用了紧凑型机床理念，机床占地面积很小。

8）设计符合人体工程学，可确保生产安全性。

9）配备主流控制系统（西门子或海德汉）。

六、格劳博五轴联动通用加工中心 G 系列 G150/G350/G550/G750

格劳博五轴联动通用加工中心 G 系列 G150/G350/G550/G750，为汽车工业、航空航天、工具模具、机械制造、医学工程和能源等行业用户提供了很多选择，除具备加工效率高、设计紧凑、铣削性能卓越、可见性高、工作区操作方便和易于维护等特点外，还配有多种选件以完美满足加工要求。它的优势如下。

1）卧式主轴可达到同类机床中最长 Z 轴行程和最佳排屑效果。

2）3 个直线轴的独特布局将导轨与工作点之间的距离降至最小，使机床具有最佳稳定性。

3）“隧道”概念保证在使用最长刀具时机床各旋转轴都不受任何限制，仍然能够实现最大工件的加工。

4）3 个直线轴和 2 个旋转轴可实现五面加工和五轴联动加工。

5）A'轴与 B'轴的倾角范围分别为 230°和 360°，提供了很大的加工自由度。

（一）格劳博 G150 五轴联动通用加工中心

伴随着全新 G150 加工中心的诞生，格劳博进一步完善了其五轴联动通用加工中心的产品范围，如图 7-17 所示。G150 加工中心继承了成熟且被市场高度认可的 G 系列模块化系统的最高加工精度和最优加工性能，G 系列模块化系统在汽车工业中处于很高的市场地位，且一直在定义着生产率和工艺安全的标准。

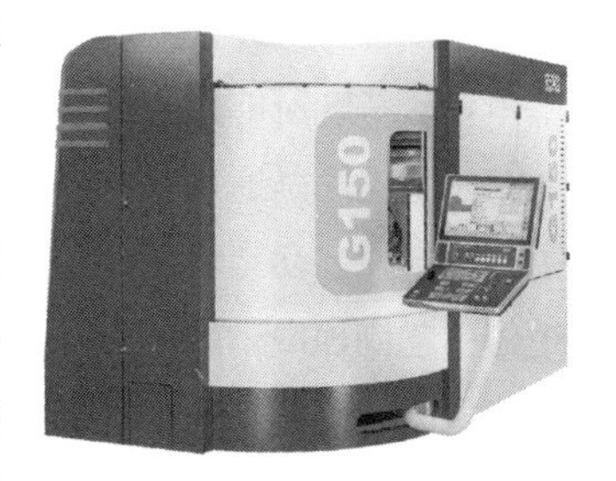

图 7-17　G150 加工中心

1. 设备特点

高精度无人化生产、高动态加工能力以及高生产效率让全新 G150 加工中心脱颖而出。拥有 320mm×320mm 托盘的 G150 加工中心完美延续了格劳博 G 系列独有的设计理念，用途广泛，适用于各行各业。

对于加工标准极高的复杂工件，G150 加工中心的开发特别强调空间加工高精度，以获得优良的表面质量和最高的几何公差。这一改进是通过突破性的校准理念、所有相关组件创新性的冷却理念和高动态轴配置的稳定性实现的。G150 加工中心的诞生满足了更小尺寸工件的加工需求，从而对 G350、G550 和 G750 加工中心进行了补充，使格劳博五轴联动通用加工中心的生产范围得到进一步拓展。

2. 设备优势

和同系列其他格劳博五轴联动通用加工中心一样，G150 加工中心也具备卓越的轴设计理念。卧式主轴设计确保了出色的生产稳定性，且格劳博自主生产的电主轴具备良好的铣削控制能力，能有效减少刀具磨损。

同时，最佳设计的工作点（TCP）可使刀具尽量接近工件且拥有极高的刚度。G150 加工中心的“隧道”设计及其较长的 *Z* 轴行程使它成为了同类机床中的“世界之最”——将可使用刀具的长度最大化。

Z 轴由 6 个滚轮滑靴引导，无论是短工件还是长工件，都可确保在既定的轴布局基础上进行出色的铣削。配以格劳博自有的主轴技术及多种类型主轴，G150 加工中心可对所有材料进行强力铣削。

格劳博 G 系列模块化系统能够将高度符合人体工程学和完美自动化生产巧妙地结合。G150 加工中心能够快速适应不同的车间环境，也非常适合批量生产。例如，如果配备格劳博自主研发的托盘存储系统，操作人员可在早班进行样件试验和生产，在夜间进行无人化自动化生产。

不论是 Job-Shopper，还是批量生产，格劳博为 G150 加工中心提供了完美的功能组件。值得一提的是 HSK-E40 电主轴在高达 42000r/min 的转速下仍可保持极佳的热稳定性，极其适合加工由钛、不锈钢和铝等材料制成的易损工件。

G150 加工中心设计紧凑的精密工作台，配以高运行速度，可确保其拥有最大灵活性。

在 G150 加工中心的开发过程中，加工复杂且超精密的工件时所能达到的精度是主要关注点。静态精度通过一种创新性的设置方法得到了进一步的提高，这种方法将已经过验证的理念带到了基本机械精度所能达到的全新水平。

热稳定性是通过所有相关组件的主动冷却来实现的，格劳博经过多年的改进，已为业界树立了新的标杆。动态精度对于五轴联动加工而言非常重要，从最一开始便将驱动模拟集成到不断改进的工艺流程中，能够持续改善运动速度和加工精度。

机床的预热循环可根据实际情况单独调整，并能够根据几何参数自动检测何时开始生产及结束预热循环。如果需要重新校准，相关软件会自动识别并通知操作人员。结合格劳博自主研发的托盘存储系统，校准甚至可以完全自动启动。工艺可靠性对于格劳博至关重要，每个环节都会进行严格把控。

扫码看视频

（二）格劳博五轴联动通用加工中心 G350 和 G550

“空间至简，技术至臻”是格劳博专为 G350 和 G550 加工中心提出的宣传口号。集成式刀库的智能化全新布局使机床宽度减小了 18.5%，全新开发的换刀臂以及扩大的刀库容量使机床准备和对刀时间缩短了 30%，第一代产品所不具备的双刀盘刀库可容纳的刀具长度也提升了 50%。

翻转式加工和卧式主轴的独特布局能够使切屑直接落入排屑槽内，避免因切屑残留而造成故障。

G350 加工中心（见图 7-18）和 G550 加工中心（见图 7-19）不仅可以作为独立机床进行工件加工，更可配合格劳博圆形托盘存储系统（PSS-R）、直线托盘存储系统（PSS-L）和刀具附加刀库（TM）等形成工件存储系统解决方案，甚至高柔性化的生产系统，以提高机床利用率，实现更长时间的自动化无人化生产。

格劳博还专门针对 G350 加工中心开发了多种高动态工作台，它可以实现经优化的摆动角度，可使用长度和 Z 轴行程都更短的刀具来加工涡轮叶片或刀具等更为细长的工件。而对于叶盘类工件，G350 加工中心由于机床 A'轴直接由转矩电动机驱动，且 A、B 轴工作台补偿移动极小，配合尺寸较小的工作台，A'轴从 $-185°$ 到 $45°$ 的超大旋转范围可实现包括翻转在内的最佳摆动角度，能够大大提升工件的可操作性，有效提高刀具的使用寿命，可进行要求具备高机床稳定性的加工。

扫码看视频

图 7-18　G350 加工中心

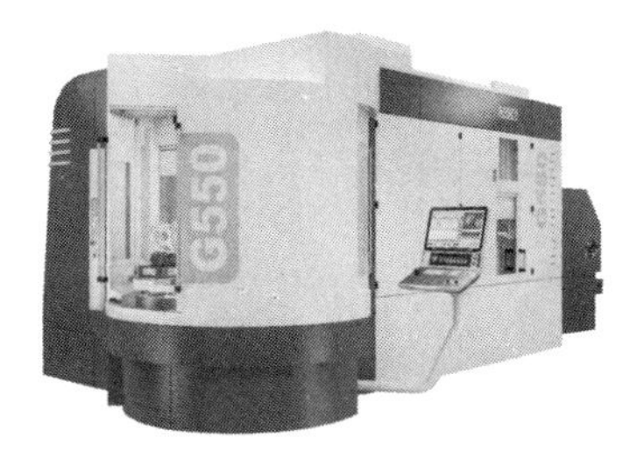

图 7-19　G550 加工中心

扫码看视频

七、山崎马扎克 INTEGREX i-300 ST 卧式加工中心

山崎马扎克 INTEGREX i-300 ST 卧式加工中心（以下简称 INTEGREX i-300 ST 加工中心）功能强大、精度高，适用于中到大型零部件的加工，如图 7-20 所示。它融合了强力车削中心和加工中心的所有功能，配备了第二车削主轴，削减了加工工序的操作，使设备实现了一次装夹即可完成所需加工，减少了夹具、刀具数量，提升了加工效率。

此外，五轴联动加工能力使 INTEGREX i-300 ST 加工中心可以轻松实现圆形零部件的二次加工，可以加工刚性铸件（如卡盘或柱状）的零部件，以及圆形或波纹状零部件（如航空零部件）。

1. 设备特点

INTEGREX i-300 ST 加工中心铣削主轴旋转角度为-30°~210°（定位精度为0.0001°），转速为20000r/min（20HP）。第二车削主轴实现了一次装夹完成所有加工，*C* 轴可实现加工定位精度为0.0001°。INTEGREX i-300 ST 加工中心增加下刀塔，辅助第一、第二车削主轴加工，标准配备为36把刀具的刀库，还可选择容量为72把或110把的刀库。

图 7-20　INTEGREX i-300 ST 加工中心

扫码看视频

2. 应用案例

（1）中桥输入轴　如图7-21所示，此零件的加工难点及解决方法如下所述。

1）加工难点：工件悬伸较长，易出现振刀现象。

2）解决方法：分段车削，例如一段100mm长棒料需要加工出 ϕ20mm、ϕ30mm 和 ϕ40mm 多个段落，通常编程为一次加工出 ϕ20mm、ϕ30mm 和 ϕ40mm 几个部分，为了避免振刀，可先只加工 ϕ20mm 部分，结束后再加工 ϕ30mm 部分，依此类推。

图 7-21　中桥输入轴

3）加工过程中存在的问题和总结：因为被加工零件已经加工好外形，只精加工外圆和花键，但没有花键滚刀，所以只做外圆精加工。线速度为220m/min，进给量为0.12mm/r，加工出的零件表面质量非常好。

（2）中桥输出轴　如图7-22所示，此零件的加工难点及解决方法如下所述。

1）加工难点：花键部位和 *A* 基准的同轴度要求 ϕ0.02mm 以内。

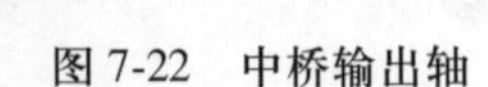

图 7-22　中桥输出轴

2）解决方法：一次成形，即将同轴度要求较高的部位在一次装夹的情况下完成。

3）加工过程中存在的问题及解决方案总结：①要满足花键部位与 *A* 基准 ϕ0.02mm 以内同轴度的要求，最好一次加工完成，但因为此部位在开始时需要夹持中心架，所以在第二主轴自制了1个顶尖，夹持中心架车完端面及中心孔后顶尖固定，一次性车削外圆。交接前需要手动取下顶尖，建议选配 ATC 刀具顶尖或者第二主轴顶尖功能。②中心架最小夹持直径为50mm，此零件中间部位的直径为46mm，无法夹持，建议后期将中心架安装在基座的左侧。③零件右端面有一个锥形内孔，尖端部位非常小，须使用一把尖部比较小的车刀进行加工。此过程容易使刀片破损，所以推荐使用球刀铣的方式加工（使用车刀加工约28min，使用球刀加工约32min）。如果产量大，建议使用特殊钻头粗加工，再用车刀精加工。④由于夹持了中心架或顶尖，所以螺纹加工完之后，螺纹环规不方便放进去检测，建议换成螺纹中径千分尺检测。

（3）转向节轴　如图 7-23 所示，此零件的加工难点及解决方法如下所述。

1）加工难点：零件外圆和内孔基本都有 ϕ0. 02mm 同轴度要求。

2）解决方法：一次成形，即将同轴度要求较高的部位在一次装夹的情况下完成。

图 7-23　转向节轴

3）加工过程中存在的问题和总结：①此零件的整个外圆及大端面内孔基本都有 ϕ0. 02mm 的同轴度要求，若要完全达到精度要求，需对夹具有非常高的要求。如果零件的几何公差要求必须达到，就需要考虑使用内涨式卡盘，使外圆、大端面及内孔依序加工出来。②加工时需要使用中心架，但切屑难免会进入中心架的滚轮，造成加工时的振动以及压伤零件表面。可制作 1 个塑料挡板装在中心架上，这样可以隔绝大多数的切屑。但在加工外圆时，需要手动把隔板掀起来。③加工过程中，中心架无论夹在哪里都会损伤外表面，但根据输入轴的加工来看，硬度更高的表面，压伤的痕迹很小，所以建议在满足要求的前提下，把中心架夹持部位的淬火硬度由 48～53HRC 调整至 60HRC。④零件外圆有 3 处淬火位置，需要使用 CBN 车刀加工，由于车削量比较少，所以很难断屑。⑤零件内孔比较深，建议使用减振车刀。⑥零件有两个深孔，目前机床最高水压为 3. 5MPa，为保险起见推荐使用啄钻。如果水压达到 7MPa，则可以一次性完成钻削，提高效率。

八、北京精雕 JDGR200T 五轴高速加工中心

北京精雕 JDGR200T 五轴高速加工中心（以下简称 JDGR200T 加工中心）选择合理的软硬件配置，可稳定实现 2～5μm 的加工精度，如图 7-24 所示。X、Y、Z 轴工作行程分别为 500mm、280mm、300mm，B 轴回转角度为 −120°～90°，C 轴回转角度为 −120°～360°，工作台直径为 260mm，最大工作负重为 30kg。JDGR200T 加工中心主轴及刀库的相关参数见表 7-3。

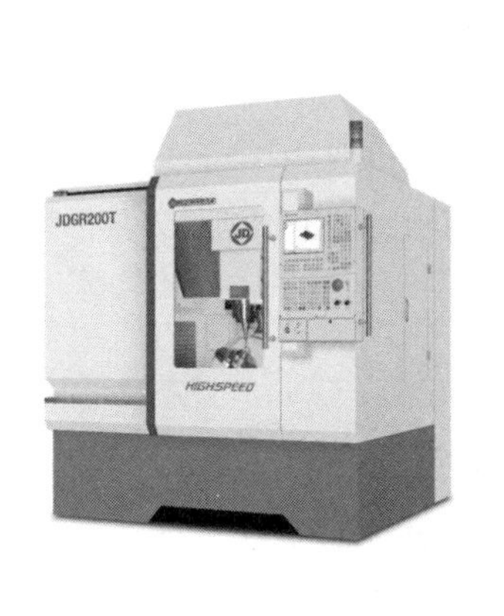

a) 实物

ϕ260

270

236

b) 工作台尺寸

扫码看视频

图 7-24　JDGR200T 加工中心

表 7-3　JDGR200T 加工中心主轴及刀库的相关参数

主轴类型	精密加工专用电主轴 JD135E-32-HE32/F	高速精密电主轴 JD135S-24-BT30/FA	高速精密电主轴 JD150S-20-HA50/C	中空通水电主轴 JD150SC-20-HA50/A
主轴参数	32000r/min，HSK-E32	24000r/min，BT30	20000r/min，HSK-A50	
刀库信息	链式刀库（37/63 把刀）			

1. 设备特点

JDGR200T 加工中心可以稳定实现 0.1μm 进给量、1μm 切削及纳米级表面粗糙度加工，具备铣、磨、钻、镗及攻等复合加工能力。它的具体配置如下。

1）可选 4 个型号的电主轴，其中电主轴最高转速可达 32000r/min。

2）配备大容量链式机械手刀库（63 把刀）。

3）配置五轴加工专用 CAM 软件——SurfMill。

4）配备精雕在机测量系统，实现对刀具、夹具和工件状态的监测。

5）配备刀具 3D 圆角补偿系统，可在机检测和智能补偿带 R 角刀具的直径误差和轮廓误差。

6）可配置微雾润滑系统。

7）可加装机内喷淋系统，配合机内螺杆式排屑器，快速排出机内切屑。

8）可配机外刮板式排屑器。

9）可搭配 JDFM25S 或 JDFMS30 或 JDFMS40C 自动供料系统，升级为 JDGR200T 自动化单元，实现工艺成熟的小批量零件单机自动化生产，如：饰品、精密电极、精密模具及医疗器械等精密产品的加工。

2. 应用案例

1）加工零件：尺桡骨接骨板，如图 7-25 所示。

2）零件材料：ZTA3 钛合金。

3）零件尺寸：60mm×25mm×10mm。

4）加工要求：产品表面粗糙度值 Ra<0.8μm，表面光滑无缺陷；单件产品加工时间<70min。

5）加工难点：钛合金属于难加工材料，为保证产品结构强度，产品采用整块板料铣削成形，材料去除率超过 60%，且加工时间要求控制在 70min 以内。

6）加工工艺：采用五轴加工工艺，通过一次装夹完成粗加工（见图 7-26）、孔位加工（见图 7-27）和精加工（见图 7-28）等多道工序。使用 JD150S 高速精密电主轴满足刀具摆线侧铣加工，粗加工时长可缩短 20min。

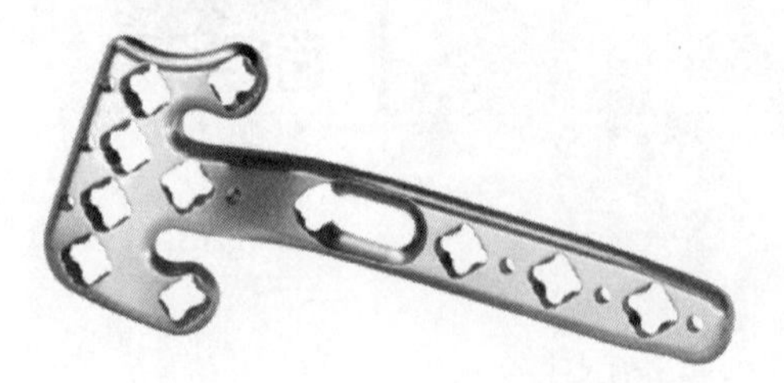

图 7-25　尺桡骨接骨板

图 7-26　粗加工

图 7-27　孔位加工

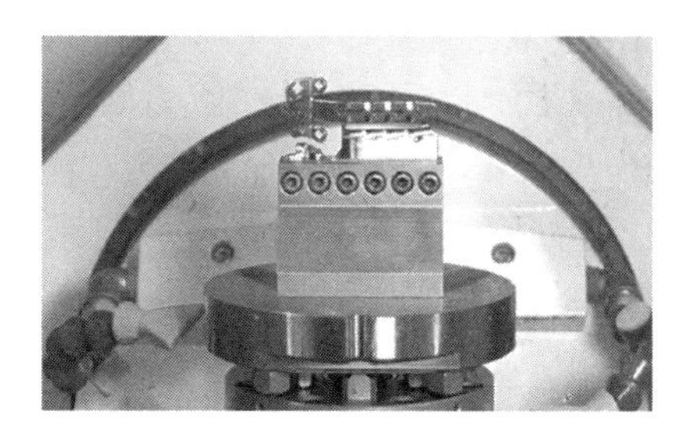

图 7-28　精加工

7）加工结果：单件产品加工总时长为 50min，表面粗糙度值 $Ra \leqslant 0.6\mu m$，批量生产 300 件产品，良品率为 99%。

九、北京精雕 JDGR400T 五轴高速加工中心

北京精雕 JDGR400T 五轴高速加工中心（以下简称 JDGR400T 加工中心）是国内首台通过中国机械工程学会团体标准“机床装备制造成熟度”评价的五轴高速机，经过 T/CMES 04001-2020《机床装备制造成熟度评价规范》评测达到八级标准。选择合理的软硬件配置，可稳定实现 2~5μm 加工精度。X、Y、Z 轴工作行程分别为 450mm、680mm、400mm，A 轴回转角度为 -120°~90°，C 轴回转角度为 -120°~360°，工作台尺寸为 ϕ400mm，最大工作负重为 150kg，如图 7-29 所示。JDGR400T 加工中心电主轴及刀库的相关参数见表 7-4。

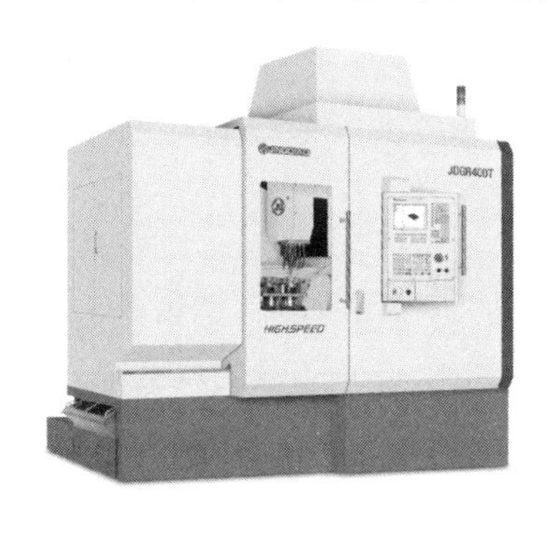

a) 实物

ϕ500

319　410

b) 工作台尺寸

扫码看视频

图 7-29　JDGR400T 加工中心

表 7-4　JDGR400T 加工中心电主轴及刀库的相关参数

主轴类型	高速精密电主轴 JD150S-20-HA50/A	中空通水主轴 JD150SC-20-HA50	高速精密电主轴 JD130S-24-BT30
主轴参数	20000r/min，HSK50-A	20000r/min，HSK50-A	24000r/min，BT30
刀库容量	链式机械手刀库 1		链式机械手刀库 2
刀库容量/把	36		36

1. 设备特点

JDGR400T 加工中心可以稳定实现 0.1μm 进给量、1μm 切削及纳米级表面粗糙度的加工，具备铣、磨、钻、镗及攻等复合加工能力。它的具体配置如下。

1）标配转矩达 21.5N·m 的 JD150S 精雕高速精密电主轴，可配精雕中空通水主轴，适用于深孔、深型腔加工。

2）标配刀具 3D 圆角补偿系统，可在机检测和智能补偿带 *R* 角刀具的直径误差和轮廓误差。

3）可配精雕在机测量系统，可实现对刀具、夹具和工件状态的监测。

4）可加装机内喷淋系统，配合机内螺杆式排屑器，快速排出机内切屑。

5）可配机外刮板式排屑器。

6）可搭配 JDFMS150S 自动供料系统，升级为 JDGR400T 自动化单元，实现各类工艺成熟零件的单机自动化生产，如：精密模具、医疗器械等复杂、精密产品的五轴加工。

2. 应用案例

1）加工零件：汽车发动机缸体模具镶件，如图 7-30 所示。

2）零件材料：模具钢（H13，硬度为 52HRC）。

3）零件尺寸：183mm×184mm×191mm。

4）加工要求：曲面余量±0.015mm，表面粗糙度值 $Ra<0.3\mu m$，接刀痕≤10μm。

5）加工难点：该零件为压铸模具镶件，多异型深腔结构，最小圆角半径为 0.75mm，对镶件的表面效果和精度有一定的要求。如果使用三轴机床加工，除需要采用电火花来完成后续清根清角加工外，还需使用大量电极 24h 不间断放电一周。

图 7-30　汽车发动机缸体模具镶件

6）工艺方案：采用三轴+五轴接序加工方案，首先在三轴机床上粗加工，预留 0.3mm 余量做淬火处理，然后在 JDCT600 三轴机床上使用 $\phi 21R0.8$mm、$\phi 10R0.5$mm 刀具完成粗加工。粗加工完成后，将工件转移至 JDGR400 五轴机床，进行后续各道工步的加工，使用刀具 $\phi 10R0.5$mm、$\phi 10R4$mm、$\phi 10R3$mm、$\phi 10R2$mm、$\phi 10R1$mm 和 $\phi 10R0.75$mm 等球刀做五轴精加工（图 7-31）和清角加工（图 7-32）。

图 7-31　五轴精加工

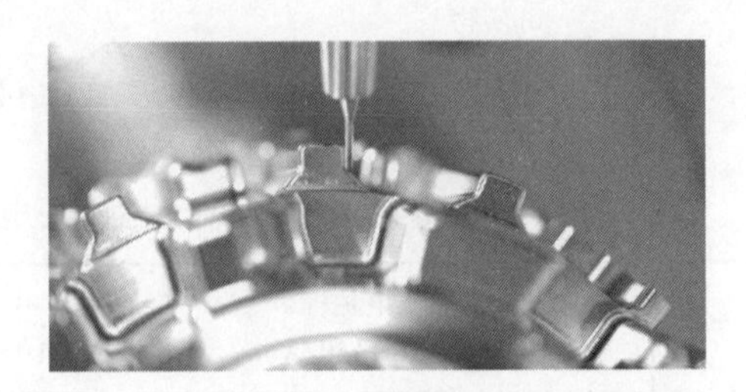

图 7-32　清角加工

7）加工结果：*R*0.75mm 刀具的圆角加工时间约为 30min，曲面余量极差为 15μm，表面粗糙

度值 $Ra<0.2\mu m$，表面纹路一致，接刀痕≤7μm。

十、北京精雕 JDHGT600T 三轴高速加工中心

北京精雕 JDHGT600T 三轴高速加工中心（以下简称 JDHGT600T 加工中心）选择合理的软硬件配置，可稳定实现 2～5μm 的加工精度，如图 7-33 所示。X、Y、Z 行程分别为 600mm、500mm、200mm，工作台尺寸为 650mm×650mm，最大工作负重为 300kg。JDHGT600T 加工中心主轴及刀库相关参数见表 7-5。

扫码看视频

图 7-33　JDHGT600T 加工中心

表 7-5　JDHGT600T 加工中心主轴及刀库参数

主 轴 类 型	高速精密电主轴 JD105E-36-ISO/F	高速精密电主轴 JD135E-32-HE32/F	高速精密电主轴 JD130S-24-BT301E	高速精密电主轴 JD150S-20-HA50/C
主轴参数	36000r/min，ISO20	32000r/min，HSK-E32	24000r/min，BT30	20000r/min，HSK-A50
刀库信息	伞式刀库（24 把刀）	伞式刀库（24 把刀）	伞式刀库（20 把刀）	伞式刀库（18 把刀）

1. 设备特点

JDHGT600T 加工中心的具体配置如下。

1）可选配最高转速为 32000r/min 的高速精密电主轴。

2）可选多种型号高精度转台，拓展多轴加工模式。

3）配备刀具 3D 圆角补偿系统，可在机检测和智能补偿带 R 角刀具的直径误差和轮廓误差。

4）配备在机测量系统，可实现对刀具、夹具和工件状态的实时监测。

5）搭配 FMS 自动供料系统（JDFMS255 或 JDFMS30 或 JDFMS80C 或 JDFMS150C 或 JDFMS40C），升级为 JDHGT600T 自动化单元，可实现工艺成熟的小批量零件单机自动化生产，如：饰品、精密电极、精密模具及医疗器械等精密产品。

2. 应用案例

1）加工零件：半轴齿轮冷冲模具，如图 7-34 所示。

2）零件材料：模具钢（DC53，硬度为 62HRC）。

3）零件尺寸：ϕ120mm×50mm。

4）加工要求：齿轮同侧齿面的余量一致性要求很高，极差需控制在 5μm 内；齿面上下不同

高度上余量一致性要求很高，极差需控制在5μm内；淬火料粗加工后的余量为0.05mm，需三刀加工到位；要求在12h内加工完成一个模具。

5）加工难点：该模具用于汽车半轴齿轮的精密锻造，工件材质较硬（测试硬度为62HRC），刀具易磨损且加工中易产生让刀现象，单个齿面易出现上下余量不一致的现象，齿轮左侧齿面与右侧齿面余量易出现一致性差的现象。

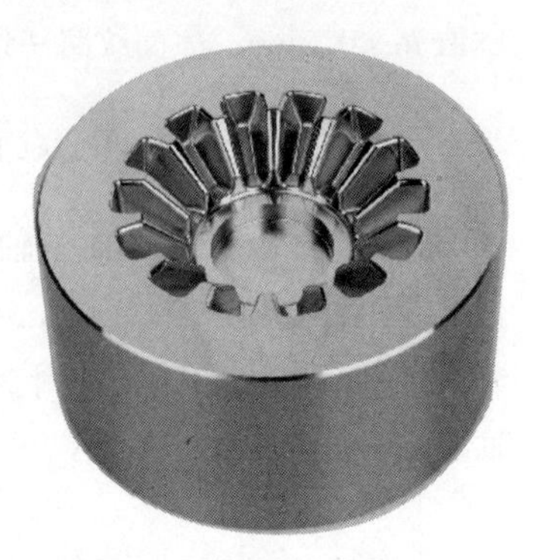

图7-34　半轴齿轮冷冲模具

6）工艺方案：使用JDHGT600T加工中心粗加工并预留0.05mm加工余量；在半精与精加工之前，先进行清角工步，如图7-35所示。为了避免高硬度材料在加工过程中凹圆角位置处刀具的实际切削角度变大，采用*R*1.5mm、*R*1.25mm球头刀具对该工件曲率半径为1.5mm的圆角进行组合清根。在半精与精加工环节，采用走刀方向交替的环绕等高加工方式，以保证齿廓（圆周）方向上齿距误差一致和刀具磨损后的余量均匀，如图7-36所示。

a) *R*1.5mm刀具整体清角

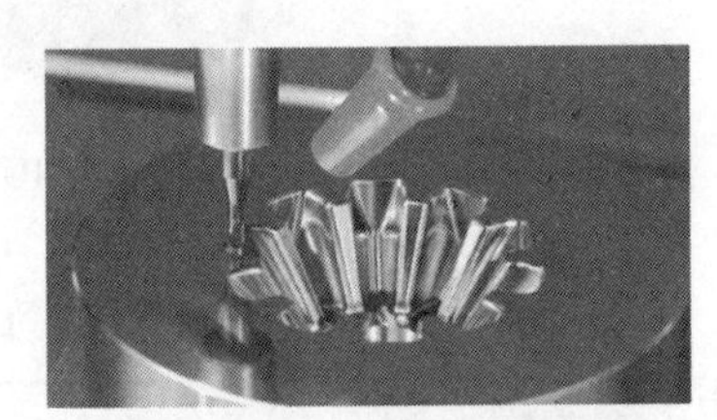

b) *R*1.25mm刀具局部清角

图7-35　清角示意

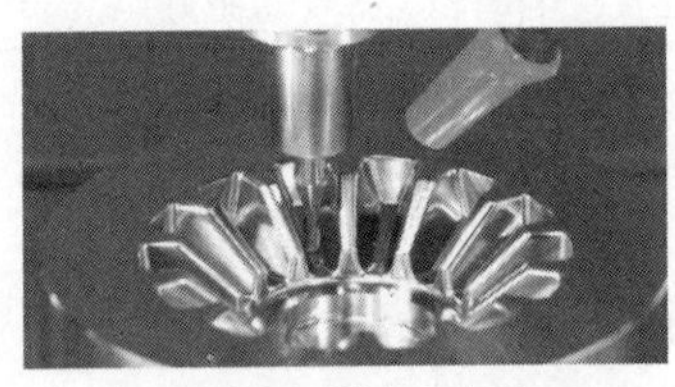

a) 由底部开始向上走刀

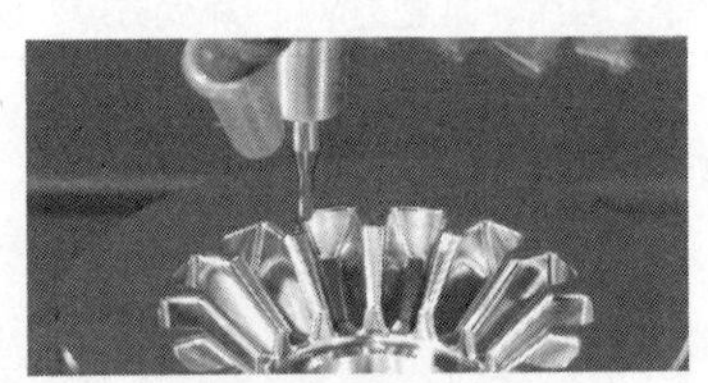

b) 由顶部开始向下走刀

图7-36　走刀方向交替的环绕等高加工

7）加工结果：加工时长为11.3h；齿轮左右齿面余量范围为-3~1μm，极差为4μm；齿面的上下余量及刀纹一致性很好；表面粗糙度值*Ra*<0.2μm；齿轮模具精度达到德国DIN3965标准的1级精度。

十一、宁庆VC5A3020五轴龙门加工中心

宁庆VC5A3020五轴龙门加工中心（以下简称VC5A3020加工中心）可提供3+2加工和五轴联动加工方式，如图7-37所示。它配备双摆头五轴，*B*轴提供±110°的旋转角度，可实现360°加工。

扫码看视频

图 7-37　VC5A3020 加工中心

1. 产品特点

VC5A3020 加工中心是一款横梁移动式（桥式）五轴联动龙门加工中心，工作台不移动，尤其适用于尺寸很大、质量很大工件的加工。横梁的移动采用国际先进的双驱同步技术，实现了对大跨距移动部件的重心驱动，使运动平稳、定位精确。结合重型机床加工的特点和现代高精度、高效率加工的要求，该加工中心集机、电、液一体化技术和现代机床发展的新技术设计制造，可进行粗、精加工，粗加工时具有强力高效连续加工的能力，精加工时可使工件获得优良的表面加工质量和精度。该加工中心在横梁前后移动的允许范围内和龙门开档空间高度允许范围内，能够对各种特大型复杂模具、零件等进行高速粗、精加工。加工中心可实现一次装夹完成对工件五轴五联动加工，适用于航空航天、模具、汽车、铁路、船舶等行业大中型复杂零件加工，加工效率高，零件可获得较高的表面质量。

2. 应用案例

加工零件为 S 件，S 件可以检验整机的几何精度、定位精度、综合加工效率、综合表面加工质量、整机振动及颤振等问题。S 件的加工要求为缘条型面尺寸±0. 05mm，S 件壁厚要求公差为±0. 1mm，缘条表面粗糙度值 $Ra=3.2$um。

1）加工零件：S 件。

2）使用机型：VC5A3020 加工中心，双摆头五轴头，直驱高速主轴 24000r/min，西门子 840D 系统。

3）零件材料：铝合金 7075。

4）毛坯形态：方料（长 321mm、宽 212mm、高 80mm）

5）加工 S 件用刀具列表及切削参数见表 7-6。

表 7-6　VC5A3020 加工中心的刀具列表和切削参数

刀具号	刀具名称	转速/(r/min)	进给速度（mm/min)
T1	*D*50*R*0. 8mm 盘刀	18000	12000
T2	*D*16*R*0mm 粗铣刀	20000	12000
T3	*D*16*R*0mm 精铣刀	12000	3000
T4	*D*10mm 精铣刀	10000	3000

6）工艺流程：钳工划线打装夹孔；一次装夹利用装夹孔固定毛坯；刷面（上下面刷平行）；粗加工（整体去余量）；多次半精加工（在机检验及变形量，记录并及时更正加工参数）；最后再精加工，根据半精加工更正的参数一刀铣削S型曲面。

7）加工难点：①表面粗糙度要求高。②轮廓尺寸要求高。③刀轴变化率高。④回转轴与直线轴传动刚度匹配。

十二、力劲集团BTC-550AX综合加工中心

以下为力劲集团BTC-550AX综合加工中心，简称为BTC-550AX加工中心。

1. 设备特点

1）龙门型动柱式结构：工作台固定不动，故能装载更重、更大的夹具和工件，且运动性不会因其质量而改变。另外，三轴移动皆在立柱上方，可有效避免切屑、切削液溅入伸缩护罩，如图7-38所示。

图7-38　BTC-550AX加工中心

2）一体式结构：机床结合刚性佳，整体底座厚实，故可采用4点支撑方式，使机床水平维持稳定。

3）刀臂式刀库：刀库的固定架与立柱分离，可避免加工时造成刀库的低频共振而牵连影响立柱。

4）直落式排屑：切屑直落切屑输送机使排屑效率更佳，也可降低切削液温度对机床热变形的影响。

2. 应用行业

1）汽车工业：全尺寸车身模型制作、车身钣金冲压模具模面加工、车灯模反射纹路模面加工及轮胎模具制作。

2）模具行业：塑胶模具、鞋模。

3）工具机行业：导螺杆、滚齿凸轮及舍弃式刀具刀把。

4）医疗器材行业：齿模、人工关节。

5）能源工业：压缩机叶片、发电机组涡轮扇叶及高效率风扇。

6）造船工业：高效率船舶推进器桨叶。

7）航天工业：机身结构框架、单片机翼表面，以及其他特殊零件加工。

3. 加工案例

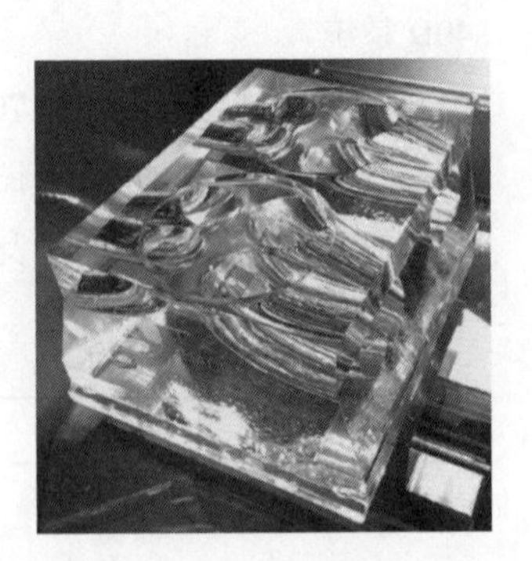

图7-39　气缸盖

1）加工零件：亚克力材质气缸盖，如图7-39所示，工件尺寸为160mm×180mm×100mm。

2）机床优势：BTC-550AX加工中心具有高效率、高精度的特点，一次装夹就可完成五面体的加工。

3）加工亮点：此设备可依加工需求旋转角度，提升工件精准度，提升曲面加工的丝滑度，刀具随程序路径加工，可节省刀具抬起所需时间。

4）配套刀具及夹具：*D*10mm 球刀，外径 10mm 的刀具延长杆；气动虎钳夹持。

5）加工效果：提高准确性，无需进行多次设置，避免重复定位产生的误差，从而降低了操作者出错的风险。更好的表面粗糙度有效应用于加工深凹槽或高陡峭壁凸模，能让加工中心头部更贴近工件，使用较短的刀具可大幅减少刀具的振动。

6）加工顺序：两侧加工（见图 7-40）→上面两大圆加工（见图 7-41）→大管加工（见图 7-42）→小管加工（见图 7-43）。

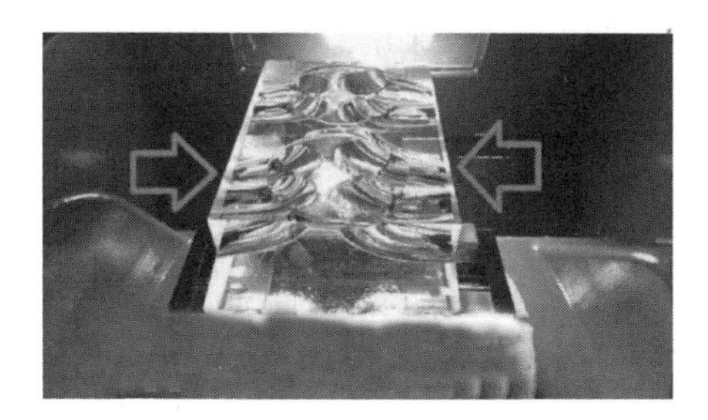

图 7-40　两侧加工

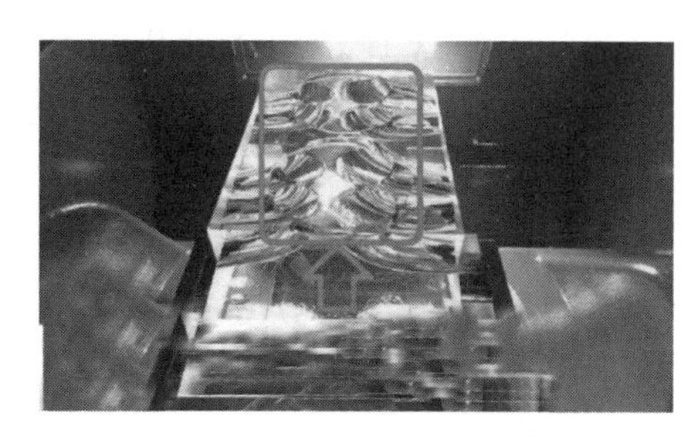

图 7-41　上面两大圆加工

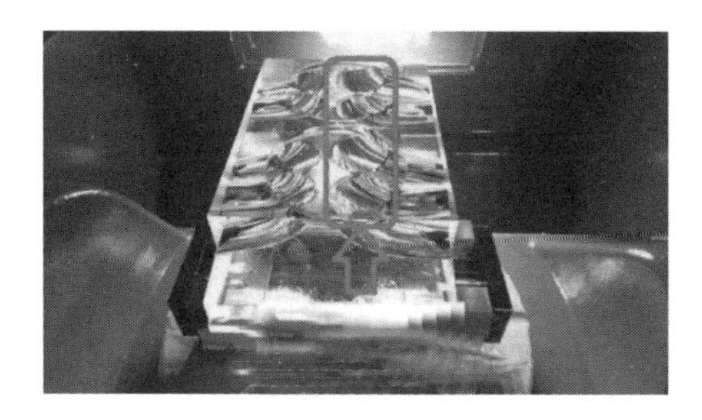

图 7-42　大管加工

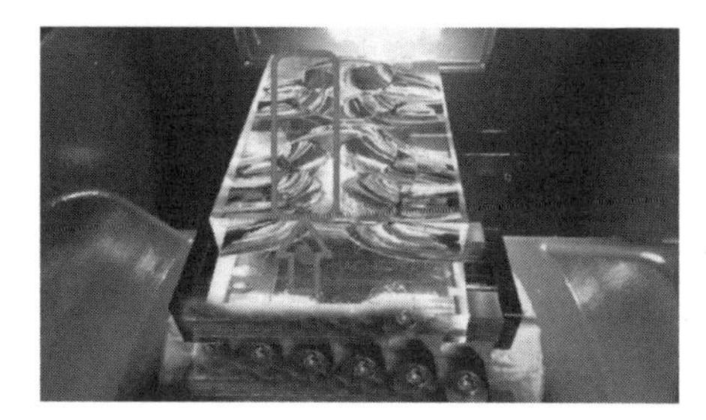

图 7-43　小管加工

十三、大连机床 DTM-B70ST 系列车铣复合加工中心

大连机床 DTM-B70ST 系列车铣复合加工中心（以下简称 DTM-B70ST 系列加工中心）是基于标准化、模块化及系列化理念设计的第三代正交式多功能车铣复合加工中心，如图 7-44 所示。它具有高效、高精、高可靠性的特点，可以根据市场要求，通过不同的模块组合，构成双主轴、双刀架、单或双中心架的车铣中心，以及不带刀库的车削中心，是一款有多种配置形式的、以车削为主的高端数控车铣复合加工中心。它最多控制轴数为九轴，联动轴数最多为五轴（*X*、*Y*、*Z*、*B*、*C* 轴）。该系列加工中心适用于各种金属轴类零件外圆、端面、螺纹、沉槽及内孔的车削加工以及平面、键槽的铣削加工，能够完成需要多轴联动才能加工的各种曲面，既能进行高效率的粗加工又能进行高质量的精加工，可提供生产型车、铣加工能力，尤其适用于军工、航空、航天、船舶、汽车及铁路等行业，加工形状复杂且加工精度要求较高的零件。

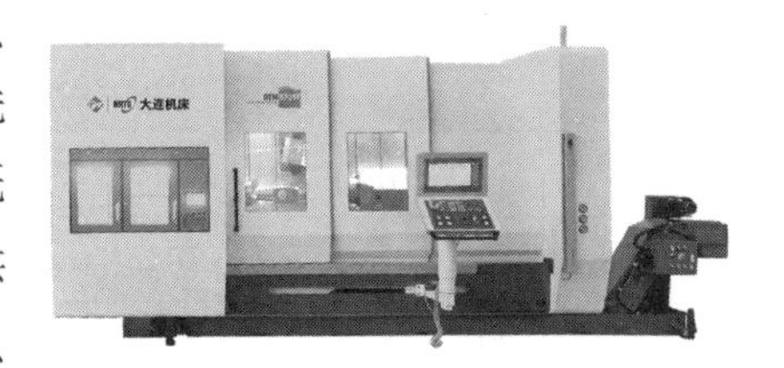

图 7-44　DTM-B70ST 系列加工中心

1. 设备特点

DTM-B70ST 系列加工中心真正实现了一机功能集成化，多工序工艺复合化。

1）多种功能部件组合，可实现六面完整加工。

2）机床主轴、副主轴和铣轴动力强劲，可提供生产型车、铣加工能力和中心架带驻停功能。

3）机床冷却和热平衡系统，最大限度地提高了加工精度和稳定性。

4）双刀库系统，有效扩大了单机加工能力，尤其是钻镗功能。

5）无死角一键自清理系统，减少机床内部加工空间保养工作强度，提高了机床内防护寿命。

6）自动拉门、多维操作台，提高了机床操作宜人化。

2. 设备优势

1）*B* 轴、铣削轴、下刀架、刀库和对刀仪等功能组合，使加工中心拥有强劲的复合加工能力，仅通过一次装夹就可以实现多台数控机床的生产能力，不仅节省了时间和人力成本，还减少占地面积，大幅提高了加工精度和设备利用率。

2）为防止部件变形，加工中心配置电主轴水冷及丝杠油冷冷却装置，可以分别控制各发热部件的温度。滚珠丝杠采用中空油冷方式，最大限度地减少热位移的产生。配合各轴光栅尺可实现全闭环控制，从而达到更高的加工精度。

3）主刀库容量配置 80 把，可安装 400mm 长度以内的刀具，有效扩大了单机加工能力；副刀库容量 6 把，可安装长达 700mm 的钻、镗刀具。

4）探出式主轴箱结构。即使机床带有中心架配置时，全程都不会影响机床的最大加工范围。

5）强劲的切削性能。主轴功率可达 52kW，副主轴功率 28kW，铣轴功率 25/30kW，金属切除率可达 600cm^3/min。

3. 应用案例

1）加工零件：压缩机转子，如图 7-45 所示。

图 7-45　压缩机转子

2）使用机型：DTM-B70ST 系列加工中心。

3）零件材料：珠光体型球墨铸铁（QT600-3）。

4）毛坯状态：铸件。

5）加工要点：两端外圆同轴度、螺旋曲面轮廓度。DTM-B70ST 系列加工中心的刀具列表及切削参数见表 7-7。

表 7-7　DTM-B70ST 系列加工中心刀具列表及切削参数

刀 具 号	刀 具 名 称	线速度/(m/min)	进给量/(mm/r)
T1	25mm×25mm 外圆车刀	150	0.2
T2	25mm×25mm 外圆车刀	180	0.1
T3	*D*125*R*8mm 仿形面铣刀	180	0.2
T4	*D*12mm 立铣刀	150	0.1
T5	*D*12*R*6mm 球头铣刀	180	0.1

6）工艺流程：粗、精车两端→粗铣螺旋曲面→精铣螺旋曲面。

7）加工难点：正向外圆及反向外圆的同轴度对加工中心的精度要求很高，曲面轮廓度对加工中心精度要求较高，曲面粗加工对加工中心刚性要求较高。

十四、大连机床 VDM856 立式加工中心

大连机床 VDM856 立式加工中心（以下简称 VDM856 加工中心）具备自动刀具交换、自动润滑、自动冷却及自动排屑等功能，适用于汽车、模具、机械制造、5G 通信及医疗器械等行业的板类、盘类和壳体类等精密零件的加工。零件经过一次装夹后可完成铣、镗、钻、扩、铰及攻螺纹等多工序加工，具有自动化程度高、可靠性强、操作简单、整体造型美观大方和机电一体化程度高等优点。

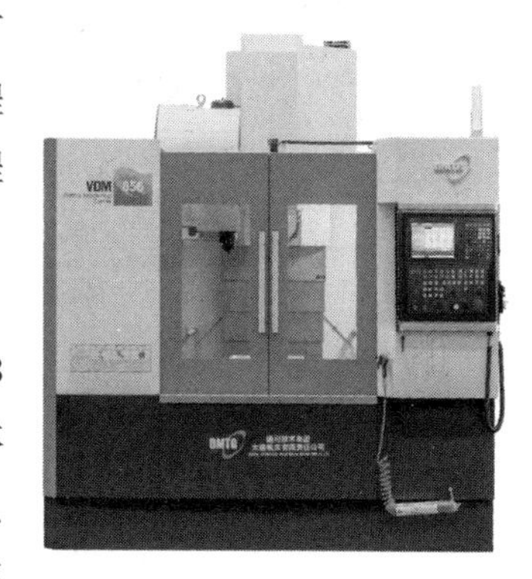

图 7-46　VDM856 加工中心

1. 设备特点

VDM856 加工中心（见图 7-46）主要配置三菱 M80B 系统 USB 端口、10.4in（1in=0.0254m）彩色液晶显示器、高强度铸铁整体平衡床身、机内后排屑装置、主轴直联传动装置、主轴油冷装置、24 把刀臂式刀库、滚珠导轨、伺服电动机与超大、双预拉力的丝杠直连（ϕ40mm×16mm），48m/min 的快移速度，主轴环喷。

2. 设备优势

1）高强度铸铁整体平衡床身经过有限元分析，布局合理、组织稳定，可确保基础铸件的高刚性。

2）大跨距人字形平衡立柱具有更大的立柱宽度和结合面，可保证整体机床的稳定性和重负载加工刚性。

3）标配 12000r/min 直联主轴+主轴油冷装置+主轴环喷，可获得更强大的切削性能。

4）X、Y、Z 轴伺服电动机功率均为 3kW，可提升三轴负载惯量和速度环增益等性能指标。

5）丝杠双螺母预紧，使刚性加强，精度更加稳定。丝杠预拉伸，增加传动刚性、消除热变形。

6）丝杠规格：ϕ40mm×16mm，滚柱导轨（X 向 2 根导轨，导轨宽度为 34mm；Y 向 2 根导轨，导轨宽度为 45mm；Z 向 2 根导轨，导轨宽度为 45mm），快移速度为 48m/min。

7）工作台最大载重质量可达 600kg，定位精度为 0.006mm（全行程），重复定位精度为 0.004mm（全行程）。

8）排屑槽随床身整体铸造，防水效果更佳。

3. 应用案例

1）加工零件：飞轮壳，如图 7-47 所示。

2）使用机型：VDM856 加工中心。

3）零件材料：铸铁。

4）加工要点：零件壁厚不均匀（一般处壁厚为

图 7-47　飞轮壳

6~8mm、切削量为3~5mm），对销孔和轴孔的位置要求高。

5）机床选项配置：专用电磁吸盘夹具。VDM856加工中心的刀具列表及切削参数见表7-8。

表7-8 VDM856加工中心刀具列表及切削参数

工　序	刀 具 号	加 工 部 位	主轴转速/(r/min)	进给速度/(mm/min)
OP10	T1001	粗铣底面	637	764
OP30	T3001	精铣底面	637	510
	T3002	打中心孔	1820	364
	T3003	钻销孔底孔	2215	886
	T3004	钻 ϕ13mm 通孔	1960	784
	T3005	钻 ϕ15mm 通孔	1699	679
	T3006	钻M8螺纹底孔	2810	843
	T3007	钻M12螺纹底孔	2498	999
	T3008	粗镗轴孔	444	178
	T3009	半精镗轴孔	546	164
	T3010	精镗轴孔	434	43
	T3011	铰销孔	1592	955
	T3012	钻M8螺纹孔	677	846
	T3013	钻M12螺纹孔	531	929
OP60	T6001	钻M10螺纹底孔	2623	787
	T3002	倒角	1820	364
	T3003	钻M10螺纹孔	531	796
	T3004	锪平面	1365	546
	T3005	铣 R 平面	1194	717

6）工艺流程：OP10顶面定位，粗铣底面→OP30顶面及内腔定位，精铣底面、钻铰销孔、镗轴孔、钻螺纹孔→OP60底面及销孔定位，钻螺纹孔、锪平面、铣 R 平面。

7）加工难点：零件体积较大，要求机床具有较大的加工空间；销孔和轴孔的位置度较严格，要求机床具有较高的精度；型号规格较多，要求工装夹具具备一定的兼容性。

十五、大连机床VDU650五轴立式加工中心

大连机床VDU650五轴立式加工中心（以下简称VDU650加工中心）是基于模块化、标准化、系列化而自主研发的五轴立式加工中心，如图7-48所示。它采用龙门改进型三坐标结构，配合双轴复合转台，实现五轴联动加工。VDU650加工中心运用有限元分析手段，结合重心驱动、轻量化设计理念，在紧凑结构的空间内，既增强了设备的刚性，又提高了设备的动态性能，X、Y、Z 三个直线坐标轴最高快移速度可达60m/min。转台提供机械传动、力矩电动机直驱两种选项。主轴可配直联主轴或电主轴，刀库容量有20把、30把、40把、50把和60把可供选择。

VDU650加工中心具有响应快速、加工高效、排屑流畅和性价比高等特点，适用于复杂空间曲面加工、空间角度定位加工，尤其适合于叶轮、叶片等零件的加工。VDU650加工中心既可以配置国内外五轴数控系统实现五轴五联动，满足复杂空间曲面的加工要求，也可以配置五轴三联动、五轴四联动数控系统，实现经济加工。

图7-48 VDU650加工中心

1. 设备特点

加工中心在设计过程中通过有限元分析使结构更加合理，可保证加工中心的刚性，其快移速度可达60m/min。三直线轴位于工作区域上方，既提升了加工中心的排屑性能，又降低了故障率。加工中心采用滚柱导轨（*X*、*Y*、*Z*向都配有2根导轨，导轨宽度均为45mm）。双轴复合转台安装在底座前端的左右墙下方，旋转轴与直线轴相对独立，使刀具拥有独立的动态性能，便于编程及加工。双轴复合转台通过大减速比可消隙蜗轮蜗杆传动机构，实现大转矩驱动。选配复合转台采用力矩电动机直接驱动可实现高转速。两种转台都配置高精度转台专用推力/向心轴承及圆光栅，实现*A*、*C*轴的闭环控制，保证高精度角度控制。主轴通过高转矩挠性联轴器直连伺服电动机，可选配高速电主轴。直取式刀库与床身融为一体，以节省空间，刀具可三轴移动，具有独立的动态特性。提升式自动排屑装置位于底座下方，向后排屑，可有效减少机床占地面积。符合人体工程学的设计，使加工中心的操作简单且易于维护。

2. 设备优势

加工中心主体为龙门改进型三坐标结构：一体式的结构设计，提高了加工中心结构的稳定性；三角形横梁以三点支撑形式置于床身上方，既保证了横梁的抗形变能力，又以轻量化设计、中心驱动结构为快速进给达到60m/min提供了理想的先决条件。

加工中心各铸件采用箱形结构，硬质铸铁材料。床身顶面加装*Y*轴直线导轨，横梁可沿*Y*轴直线导轨前后移动。横梁前立面加装*X*轴直线导轨，十字滑板可沿*X*轴直线导轨左右移动。十字滑板前立面加装*Z*轴直线导轨，主轴箱可沿安装于十字滑板上的*Z*轴直线导轨上下移动。

主轴直取式刀库安装于横梁下方的床身后部支撑面上，液压系统安装于床身右侧，电气控制设备、润滑系统和气动控制系统安装于床身左侧。驱动和导轨布置在工作区域上方，它充分运用重心驱动、复合设计原理，使加工中心占用空间小、排屑流畅，造就了其卓越的性能。

3. 应用案例

1）加工零件：叶轮，如图7-49所示。

2）使用机型：VDU650加工中心。

3）零件材料：圆柱棒料铝合金。

4）加工要点：整料加工，需要一次加工出成品，刀具列表及加工内容见表7-9。

图7-49 叶轮

表 7-9　刀具列表及加工内容

刀　号	刀具名称	加工内容
T01	ϕ12mm 立铣刀	叶轮粗加工
T02	ϕ10mm 球头铣刀	叶片半精加工
T03	ϕ8mm 球头铣刀	叶片精加工

5）工艺流程：ϕ12mm 立铣刀对叶轮进行粗加工→ϕ10mm 球头铣刀对叶片进行半精加工→ϕ8mm 球头铣刀对叶片进行精加工。

6）加工难点：叶片壁薄，易振刀，切削量不易过大；叶片精度高，对加工中心的精度要求高；整料加工，为了保证高效加工，对加工中心的刚性和稳定性要求高。

十六、大连机床 MDH80 卧式加工中心

大连机床 MDH80 卧式加工中心（以下简称 MDH80 加工中心）如图 7-50 所示。它广泛适用于军工、航天、汽车、模具和机械制造等行业的箱体零件、壳体零件、盘类零件及异形零件的加工，零件经一次装夹可自动完成四个面的铣、镗、钻、扩、铰和攻螺纹的多工序加工，具有自动化程度高、可靠性强、操作简单、整体造型美观大方且机电一体化程度高等优点。

图 7-50　MDH80 加工中心

1. 设备特点

1）高精度。加工中心的 X、Y、Z 3 个坐标轴丝杠全部采用先进的中空冷却技术，有效控制了加工中心在加工运动过程中的发热变形，提高了加工精度。此外，加工中心具有温度补偿功能，在机体的主要位置装有温度传感元件，通过数控系统分析并补偿坐标的位置来实现高精度加工。

2）高速度。加工中心主轴采用电主轴结构，最高转速达 12000r/min 并具有内部两挡变速，可在满足低速切削要求的同时满足高速加工要求。X、Y、Z 3 个坐标轴导轨采用了高刚性的直线滚动导轨，其快速移动速度达 45m/min。加工中心的机械手在换刀过程中将主轴松刀、拉刀通过凸轮联动实现快速换刀（换刀时间 2.5s）。工作台交换的全过程也采用两组凸轮连续运动实现快速交换（交换时间 12.5s）。

3）高刚度。加工中心的主体部分全部采用树脂砂高磷铸件，床体为整体铸件，立柱、滑台、工作台可在其上运动。交换工作台及刀库机械手固定于床体上，保证了加工中心整体刚性。

2. 设备优势

加工中心采用刚度和精度保持性好的整体正 T 形铸件。床体的设计经过有限元分析，其结构合理、筋板布置恰当，从而具有足够高的静、动刚度和精度保持性。加工中心采用动柱式结构，其内部筋板经过有限元的结构静力学、动力学分析和拓扑分析，主轴箱结构经有限元的结构静力学、动力学分析和拓扑分析后，构造出合理的结构设计和加强筋的搭配，保证了箱体的高刚性。

加工中心采用 APC 提升式构造及旋回的直接回转。工作台交换的全过程采用两组凸轮连续运动实现快速交换（交换时间：12.5s），具有很好的运动平稳性和非常高的可靠性。

3. 应用案例

1）加工零件：气缸盖，如图 7-51 所示。

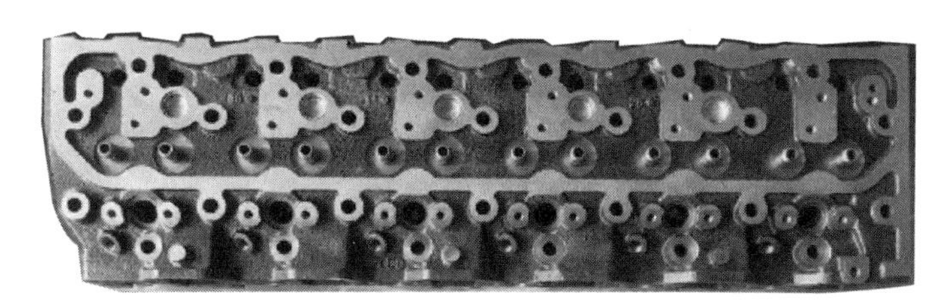

图 7-51　气缸盖

2）使用机型：MDH80A 加工中心。

3）工件状态：缸盖顶、底面已半精加工，材质为铸铁。

4）年产纲领和生产节拍：年产纲领 3 万件；生产节拍以六缸机为依据进行计算，生产节拍为 327s/件（包括上下料）。

5）加工要点：工件品种多，加工内容多，零件壁厚不均匀，对销孔的精度要求高。

6）机床配置：两台 MDH80（单工位）加工中心组成自动线，桁架机械手输送。刀具列表及切削参数见表 7-10。

表 7-10　刀具列表及切削参数

工序	刀号	加工部位		主轴转速/（r/min）	进给速度/（mm/min）
OP30	T01	加工顶面	扩出砂孔、倒角	900	360
	T02		阶梯扩出砂孔	900	360
	T03		铰出砂孔	450	270
	T04		钻进气导管孔中心孔	3000	600
	T04		钻排气导管孔中心孔	3000	600
	T05		钻定位销底孔（深为 20.5mm）倒角	1400	350
	T06		铰定位销孔（ϕ16.5H7）	600	240
	T07		钻 M10 螺纹底孔（深为 21.5mm）倒角	2400	480
	T07		钻 M10 螺纹底孔（深为 21.5mm）倒角	2400	360
	T08		攻 M10 螺纹孔（深为 17.5mm）	800	1200
	T08		攻 M10×1.5 螺纹（深为 17.5mm）	800	1200
	T05	加工底面	钻定位销底孔（深为 20.5mm）、倒角	1400	350
	T06		铰定位销孔（ϕ16.5H7，深为 15.5mm）	600	240

（续）

工序	刀号	加工部位		主轴转速/(r/min)	进给速度/(mm/min)
OP40	T01	加工顶面	粗铣喷油嘴上面	750	750
	T01		铣平面	750	750
	T02		铣凸台平面	700	140
	T03		铣打字面（长刃铣刀，铣宽为30mm）	400	180
	T04		钻M8螺纹底孔（深为20.5mm）倒角	2500	375
	T05		钻M6螺纹底孔（深为18.5mm）倒角	2800	420
	T06		攻M8螺纹孔（深为14.5mm）	900	1125
	T07		攻M6螺纹孔（深为12.5mm）	1000	1000
	T08	加工底面	铣槽（球形刀）	3000	750
	T09		锪眉心坑平面	500	100
	T10		钻水孔	2000	400
	T11		扩出砂孔、倒角	700	280
	T12		精铰出砂孔	350	252

7）加工难点：定位销孔的精度高，对加工中心的精度要求较高；缸盖规格较多，要求工装夹具具备一定的兼容性；在自动生产线上加工，要求加工中心及夹具等具有很高的稳定性和可靠性。

十七、汇专超声绿色立式加工中心

1. 设备特点

汇专超声绿色立式加工中心包括500mm、856mm、1165mm和1580mm 4种x轴行程规格，满足不同质量与尺寸零件的加工需求。配置微量润滑（MQL）内冷技术，可实现清洁切削，降本提效，可用于干切削和湿切削。高刚性床身结构，高动态响应性可实现高速切削。可配置高精密光栅尺，实现全闭环控制，重复定位精度达3μm。可选大转矩、大功率超声主轴，满足大切削量加工的需求。标配三菱M80系统，可配置西门子、发那科数控系统。汇专超声绿色高效立式加工中心系列产品如图7-52、图7-53所示。

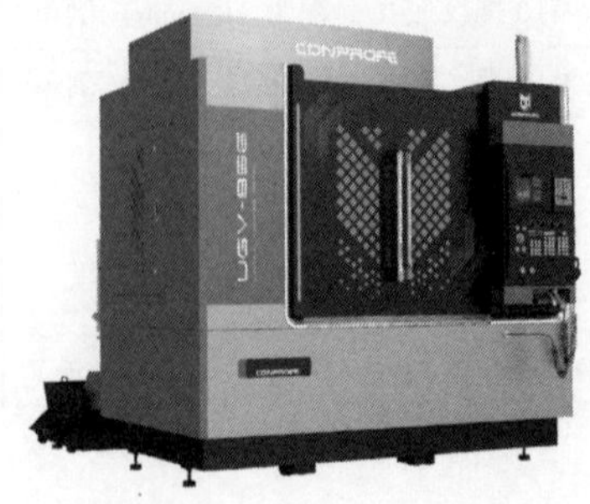

图7-52　汇专超声绿色高效立式加工中心UGV-856

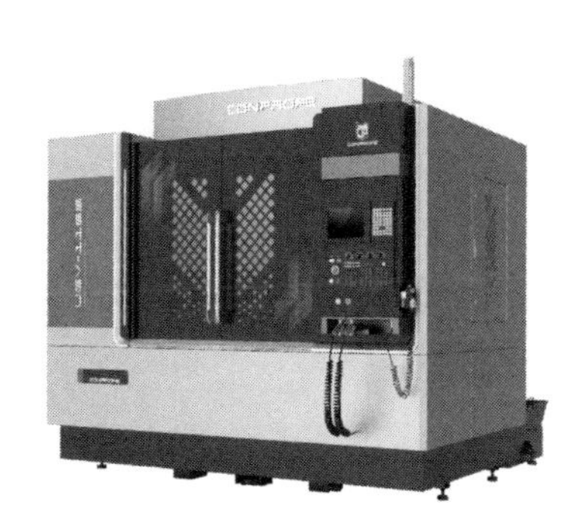

图 7-53　汇专超声绿色高效立式加工中心 UGV-1165

2. 应用行业

此系列加工中心适用于中小型箱体类、板类、盘类、阀门类、壳体类及模具等零件的加工，广泛应用于汽车、航空航天和通用精密制造等领域。

第八章

典型应用领域加工中心解决方案

第一节　汽车零部件行业解决方案

一、哈斯立式加工中心

汽车行业的零部件加工最突出的特点是生产批量大，加工节拍短。为了适应这种单一工件大批量的生产要求，采用专机或专机自动生产线进行加工是最经济的，也是最普遍的一种选择。然而，当前汽车用户对汽车的多样化、个性化的要求，迫使汽车企业的产品换型越来越快，产品品种纷繁多样，原来单一工件的大批量生产变成了多种工件各自的小批量生产。因此，多年来在汽车制造行业所使用的专机生产线已无法满足汽车行业快速更新的现实需要。专机或专机自动生产线虽然生产效率高，但在柔性生产方面有很大缺陷，使机床对加工零件品种变化的适应性非常差。为了解决这个难题，哈斯推出了 VF 及 VF-SS 系列加工中心其具有高速、高效且通用性强等优势，很好地解决了柔性生产的需求，满足了汽车行业目前多品种、大批量、少投资的要求。

在汽车行业中，零部件的生产对机床精度、加工成本和可靠性有很高的要求，最终的目标是控制生产成本，例如汽车转向架的加工。

从实际生产情况来看，虽然汽车专用加工中心或者专机的生产效率高，但是其单机采购成本很高，机床的运行成本也高。例如经过核算，专机中使用的单工件的刀具成本比哈斯加工中心高 4 倍左右。从机床单机效率方面考量，哈斯加工中心不一定比专机和专业型加工中心速度快，但是从客户运营角度来考量，哈斯加工中心在能够满足客户加工需求的基础上，有着绝对高的性价比，而且由于 VF3yt 加工中心工作台面和行程够大，可同时安装两个工件进行加工，使用 BT50 的主轴可提供强的切削能力，可对中间 90mm 大孔进行加工。

哈斯齿轮箱主轴可以提供最大 500N · m 的切削能力，非常适合铸铁类零件的高转矩切削。针对铝合金类或者铝镁合金类汽车工业零件，可使用哈斯配置 BT40 电主轴或者 HSKA63 直联主轴的加工中心。

油底壳加工中有道工序需要将工件竖放，哈斯加工中心的 Z 轴行程空间足够，无需购买更加昂贵的卧式加工中心，就可以满足加工需求。使用哈斯的立式加工中心+四轴转台，可以大幅节约购机成本，同时此款加工中心的BT40电主轴和HSKA63直联主轴标配转速为12000r/min，能够在保证低成本的同时，为铝合金零件提供高速切削能力。另外哈斯也有20000r/min、30000r/min和50000r/min转的主轴转速可供选配。

扫码看视频

二、格劳博F系列G500F/G520F/G700F/G720F加工中心

格劳博加工中心F系列G500F/G520F/G700F/G720F专为加工轻量化框架结构工件、底盘工件和电池外壳等而设计，如图8-1所示。其具有强大的功能：经优化的各轴布局设计非常成熟，且被市场高度认可；特殊开发并能相互完美匹配的各轴驱动使它们拥有极高的动态性能；所有格劳博F系列加工中心都能适应微量润滑和湿式加工，既可以独立运行，又可以与其他机床通过自动化互联；加工精度能适应不同行业特定的工件要求；在工作区域内大幅度倾斜的机床防护可实现优良排屑效果；两种上料方式可供选择，即通过格劳博直线龙门桁架从顶端上料，或通过格劳博托盘交换系统、旋转交换装置、滑动交换装置、机器人或机床操作人员手动从前端上料。

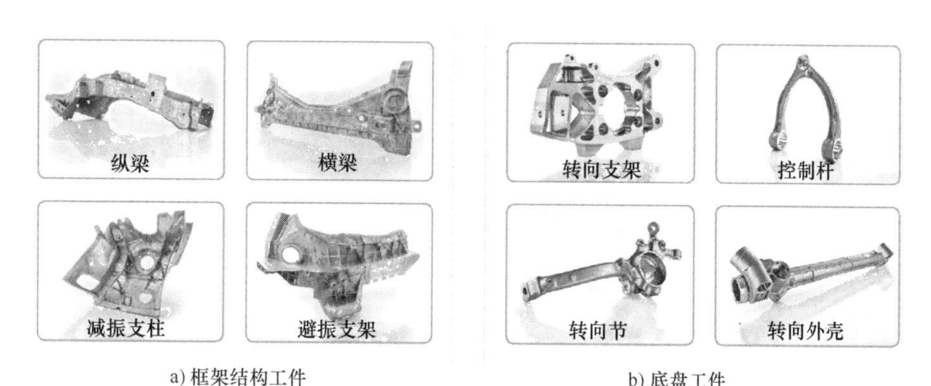

a) 框架结构工件　　b) 底盘工件

图8-1　格劳博F系列加工中心加工的试件类型

（一）G500F/G520F：基于G模块理念而诞生

单主轴G500F和双主轴G520F模块化和标准化的机床组件保证了其具有极高的动态性能和很短的对屑时间。

1. G500F专有理念的优势

1）可加工最大工件长度达1550mm（在轴旋转范围受限的情况下）。

2）A'轴和B'轴的干涉直径均可达1120mm（在轴旋转范围不受任何限制的情况下）。

3）可选高动态性能的X轴和Z轴；集成式托盘交换器。

格劳博 G500F 配备托盘交换系统的框架结构件加工中心如图 8-2 所示。

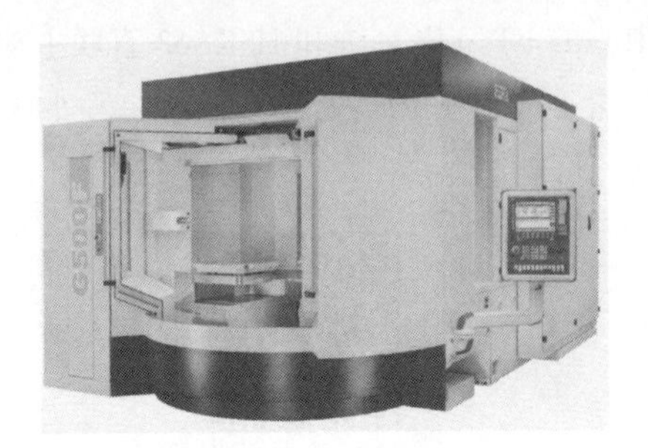

图 8-2　格劳博 G500F 配备托盘交换系统的框架结构件加工中心

2. G520F 专有理念的优势

1）可加工最大工件长度达 1500mm（在轴旋转范围受限的情况下）。

2）A'轴和 B'轴的干涉直径均可达 1200mm（在轴旋转范围不受任何限制的情况下）。

3）双主轴结构，可并行加工两个工件。

4）可选高动态性的 X 轴和 Z 轴；集成式托盘交换器。

格劳博 G520F 双主轴框架结构件加工中心，如图 8-3 所示。

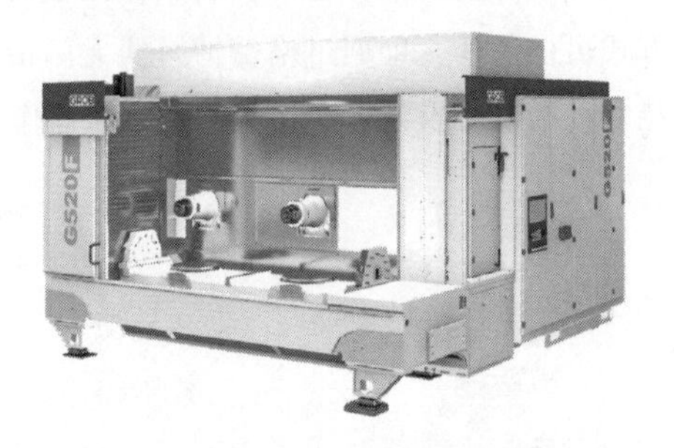

扫码看视频

图 8-3　格劳博 G520F 双主轴框架结构件加工中心

（二）G700F、G720F：用于重型甚至更大型工件的加工

面向副车架等工件的单主轴 G700F 和双主轴 G720F 不仅能提供符合条件的工作区域和 HSK-A100 电主轴，还扩充了格劳博 G 模块加工工件的上限，可用于加工尺寸高达 1500mm×900mm 的工件。

1. G700F 专有理念的优势

1）在 A'轴和 B'轴上不受限制的干涉直径为 1500mm。

2）凭借第二个 A'轴驱动使机床具备卓越的刚性理念。

3）窄桥确保了 6 面加工中工件底面的最佳可操作性。

格劳博 G700F 框架结构件加工中心如图 8-4 所示。

2. G720F 专有理念的优势

1）在 A'轴和 B'轴上的干涉直径可达 1500mm。

2）双主轴结构，可并行加工两个工件。

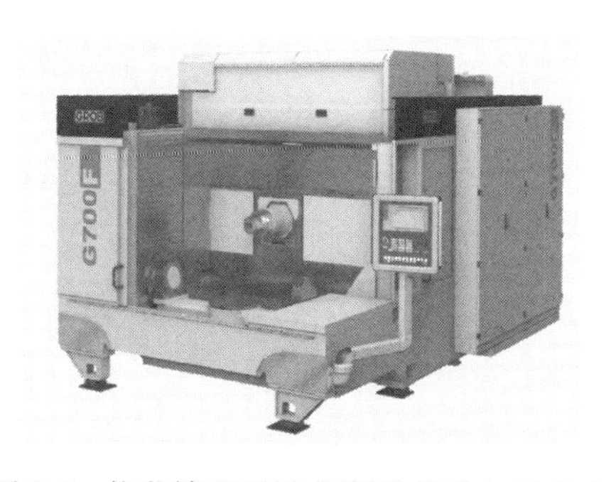

图 8-4 格劳博 G700F 框架结构件加工中心

3）窄桥确保了 6 面加工中工件底面的最佳可操作性。

4）可选托盘交换器。

格劳博 G720F 双主轴框架结构件加工中心如图 8-5 所示。

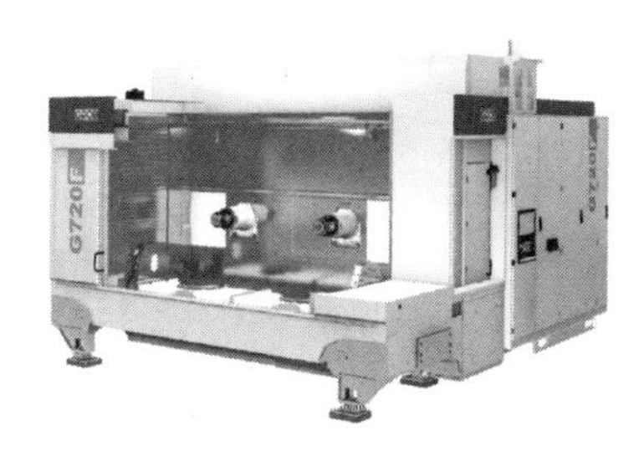

图 8-5 格劳博 G720F 双主轴框架结构件加工中心

G500F 和 G520F 适用于使用 HSK-A63 电主轴加工较简单的中小型工件，而 G700F 和 G720F 则可以进行大型和重型工件的加工。

三、蒂德精机 V870L 轮毂专机

蒂德精机 V870L 是针对乘用车轮毂开发的专用铣削加工中心（见图 8-6）。该加工中心 Y 轴行程为 710mm，可应对 24 英寸（1 英寸 = 25.4mm）及以下规格轮毂的加工；工作台规格为 1000mm×600mm，可安装使用各种工装夹具；配置 15000r/min 高速直联主轴，在 180min 内可完成轮毂加工；增加强力底盘冲屑功能，方便机床切屑清理；使用带式除油机，延长切削液使用寿命；油冷机与液压站等机床附件采用机床内置设计，减少机床占地面积。

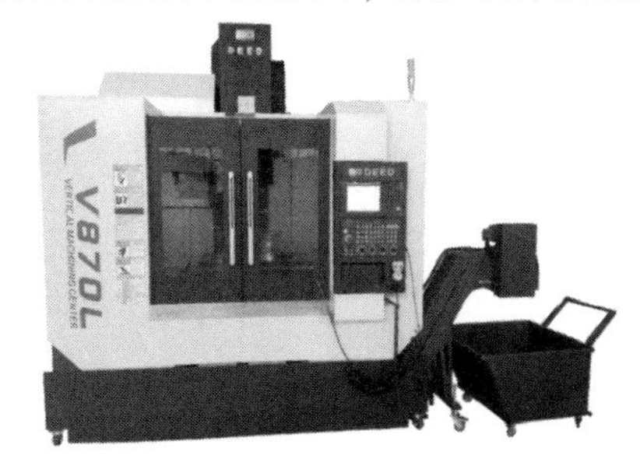

图 8-6 蒂德精机 V870L 轮毂专机立式加工中心

1. 设备特点

1）采用前排屑结构，便于清理切屑及水箱积屑。

2）刀库垂直安装于立柱侧边的水平面上，解决了刀库质量对立柱精度的影响，降低刀库的悬垂质量。

3）Z 轴无配重设计，减少高速加工中 Z 轴换向导致的机床振动。

4）采用密封胶条，解决漏水、漏液等现象。

2. 应用案例

（1）加工特点　以轮毂加工为例，如图 8-7 所示。曲面类加工时以小线段为主，对系统要求相对较高。直壁类加工时以长直线圆弧为主，对系统小线段处理性能要求较低，程序公差影响不大。半曲面类加工时以长直线圆弧和小线段掺杂，程序公差小，系统处理慢；程序公差大，系统处理更快。加工过程中要求高刚性、高速切削，刀路一致性要求较高，对表面粗糙度要求一般，效率要求较高。

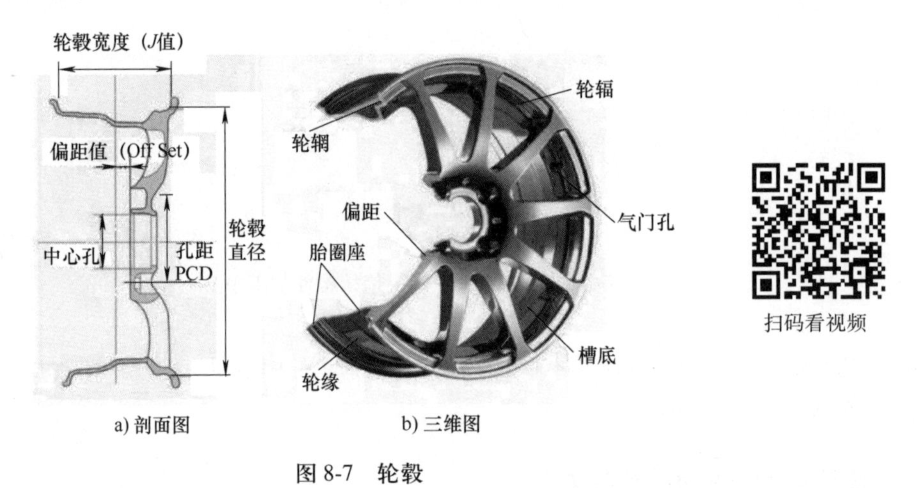

a) 剖面图　b) 三维图

图 8-7　轮毂

（2）主要刀具　加工中用到的主要刀具及规格见表 8-1。

表 8-1　主要刀具及规格

名　称	规　格
可转位立铣刀	D25RA-150L
整体硬质合金圆角立铣刀	D16R2-120L
整体硬质合金圆角立铣刀	D12RA-100L
整体硬质合金球头铣刀	D10R5-100L
整体硬质合金球头铣刀	D8R4-100L
整体硬质合金球头铣刀	D6R3-75L

四、大连机床 MDH80 卧式加工中心

MDH80 卧式加工中心（见图 8-8）广泛应用于军工、航天、汽车、模具和机械制造等行业的

箱体零件、壳体零件、盘类零件和异形零件的加工中，零件经一次装夹可自动完成 4 个面的铣、镗、钻、扩、铰及攻螺纹的多工序加工。具有自动化程度高、可靠性强、操作简单、方便、整体造型美观大方和机电一体化程度高等优点。以下是 MDH80 卧式加工中心发动机行业中的应用案例。

图 8-8　MDH80 卧式加工中心

为了环保及保持车间整洁，整线采用集中冷却处理系统，单机设备及自动线采用上排、上供和集中冷却系统供液、过滤、加压供给主轴内冷。集成除尘、除雾室外排放，单机及自动线采用全防护和机床内防护，以保证切削液不溢流到机床外和除尘除雾的效果。自动线年生产气缸体达到 3 万件，生产节拍为 327s/件（包含上下料时间）。

1. 加工要求

发动机气缸体（见图 8-9）的形状结构复杂，技术要求高，加工工艺过程复杂、工序多，所需的刀具要求高、品种数量多，对于材料的品质以及其各主要表面的加工质量、尺寸精度、形状精度和相互位置精度要求也都很高。这条自动线主要涉及到钻孔、钻深孔、铰孔、攻螺纹孔、锪平面和铣平面等加工工艺，完成气缸体左、右侧面，顶、底面的加工。

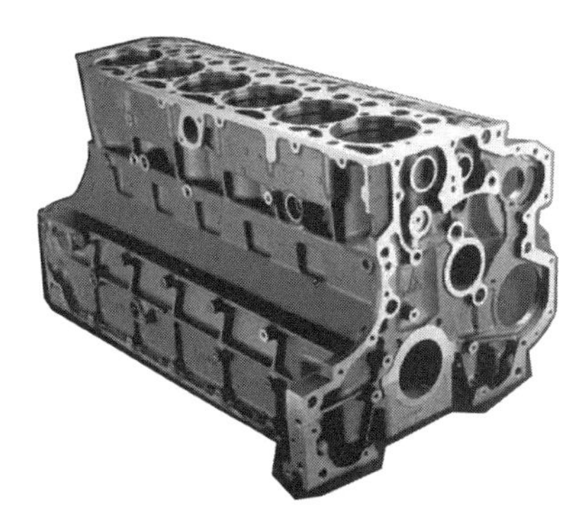

图 8-9　气缸体

传统的加工方法采用专机形式，不利于产品换型。采用加工中心连线的方式，解决了多品种加工换型问题，提高了生产效率，降低了成本。

发动机气缸体材质为 HT250 灰铸铁，硬度为 180 ~ 250HBW，缸体部分加工内容如图 8-10 所示。

2. 加工中心技术参数

为满足该零件的加工要求，选择了表 8-2 所示的加工中心参数。

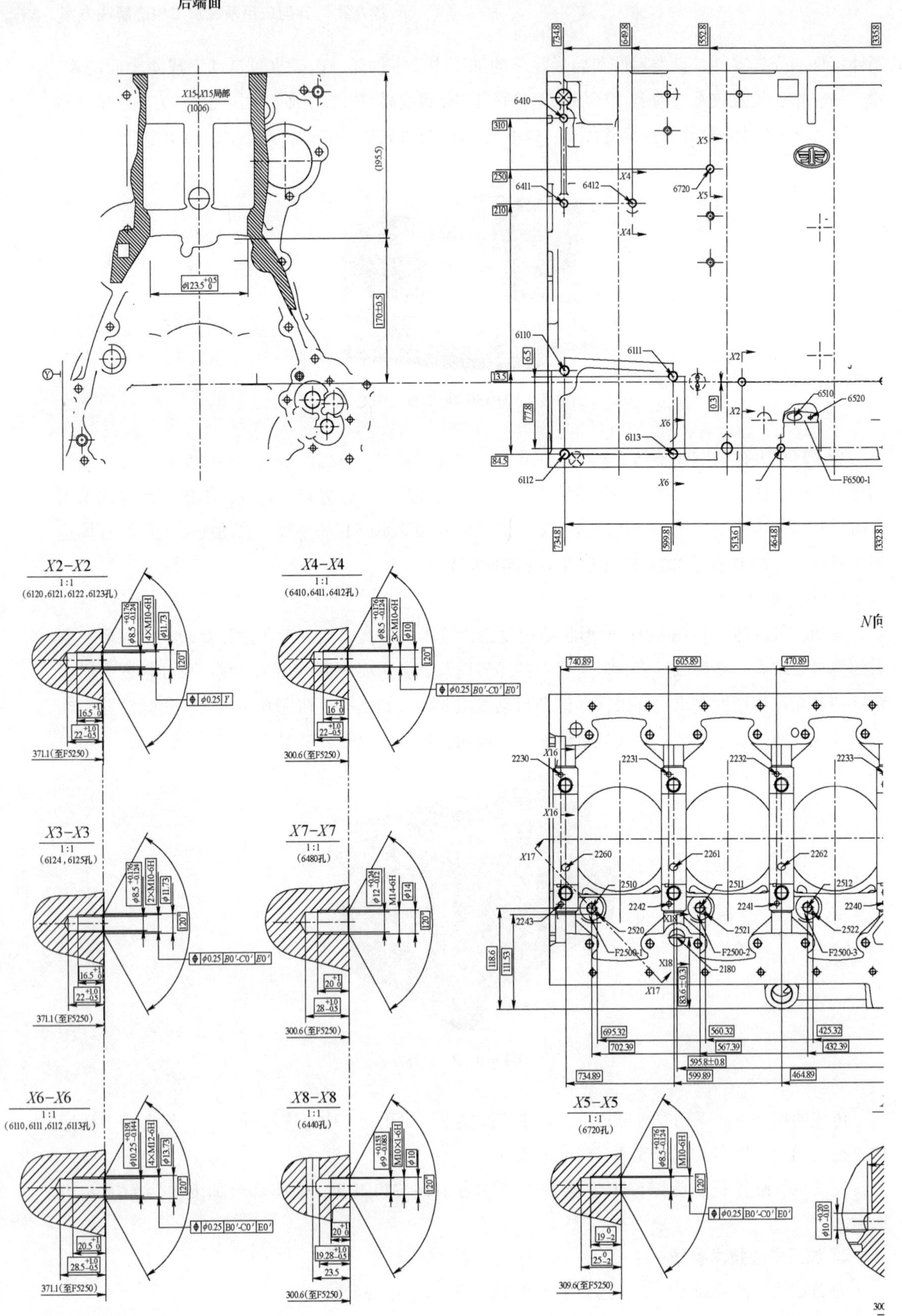
后端面
X15-X15局部
(1006)
N向
X2-X2
1:1
(6120,6121,6122,6123孔)
X4-X4
1:1
(6410,6411,6412孔)
X3-X3
1:1
(6124,6125孔)
X7-X7
1:1
(6480孔)
X6-X6
1:1
(6110,6111,6112,6113孔)
X8-X8
1:1
(6440孔)
X5-X5
1:1
(6720孔)
371.1(至F5250)
300.6(至F5250)
309.6(至F5250)

图 8-10　缸体部分

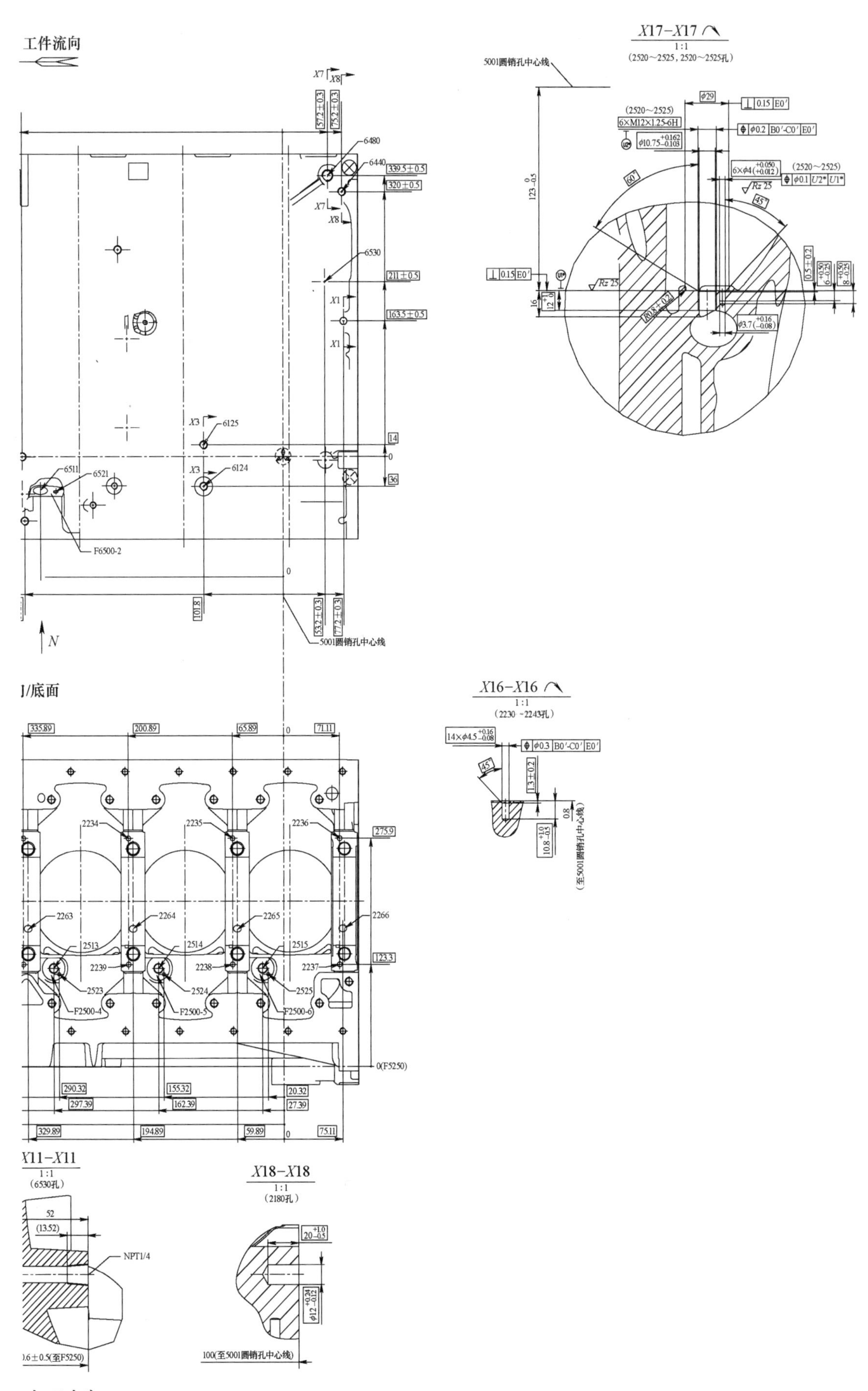

工件流向
X17–X17
1:1
（2520～2525，2520～2525孔）
5001圆销孔中心线
6480
6440
6530
6125
6124
6511
6521
F6500-2
339.5±0.5
320±0.5
211±0.5
163.5±0.5
57.2±0.3
75.2±0.3
53.2±0.3
77.2±0.3
101.8
5001圆销孔中心线
N
J/底面
X16–X16
1:1
（2230～2243孔）
14×φ4.5
（至5001圆销孔中心线）
335.89
200.89
65.89
71.11
2234
2235
2236
2263
2264
2265
2266
2513
2514
2515
2239
2238
2237
2523
2524
2525
F2500-4
F2500-5
F2500-6
275.9
123.3
0(F5250)
290.32
155.32
20.32
297.39
162.39
27.39
329.89
194.89
59.89
75.11
X11–X11
1:1
（6530孔）
52
(13.52)
NPT1/4
0.6±0.5(至F5250)
X18–X18
1:1
（2180孔）
100(至5001圆销孔中心线)
加工内容

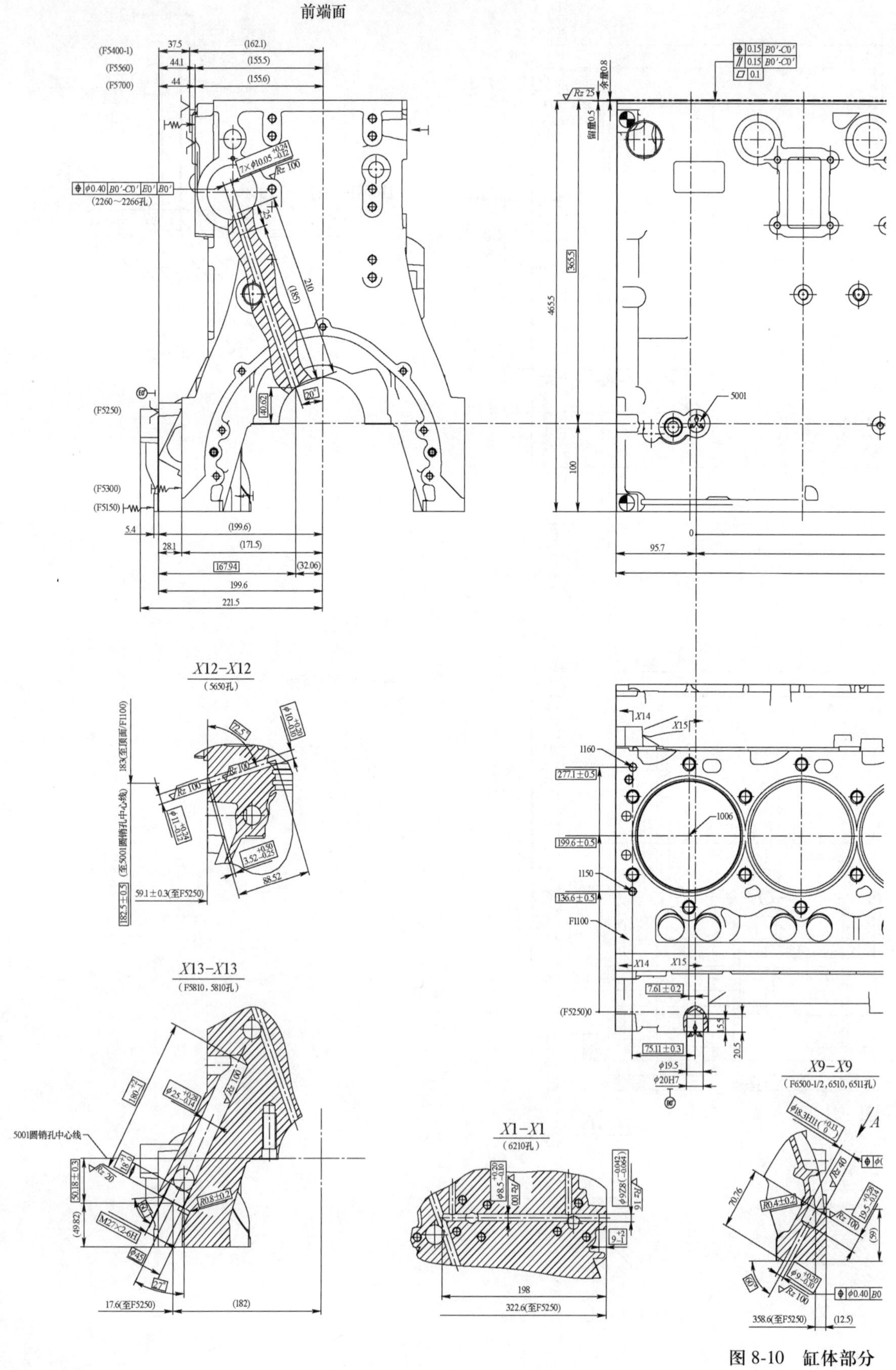

前端面

X12-X12
(5650孔)

X13-X13
(F5810，5810孔)

X1-X1
(6210孔)

X9-X9
(F6500-1/2，6510，6511孔)

图 8-10　缸体部分

工件流向

右侧面

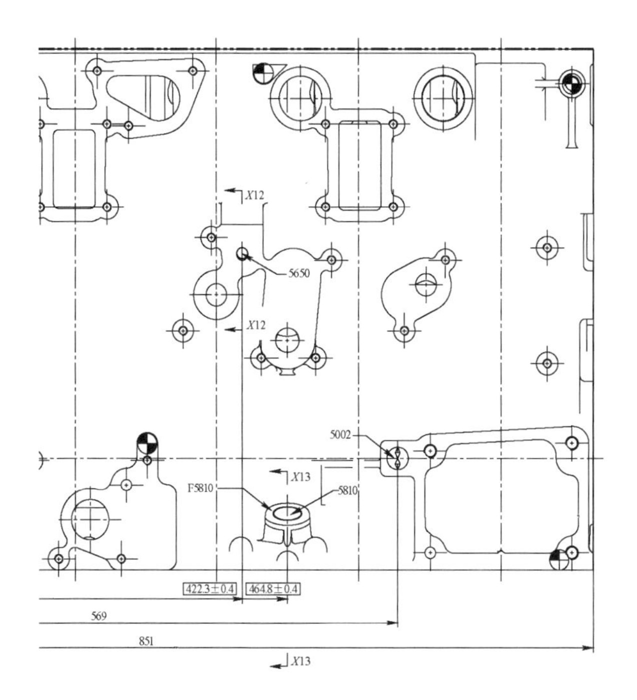
X12
5650
X12
5002
F5810
X13
5810
422.3±0.4
464.8±0.4
569
851
X13

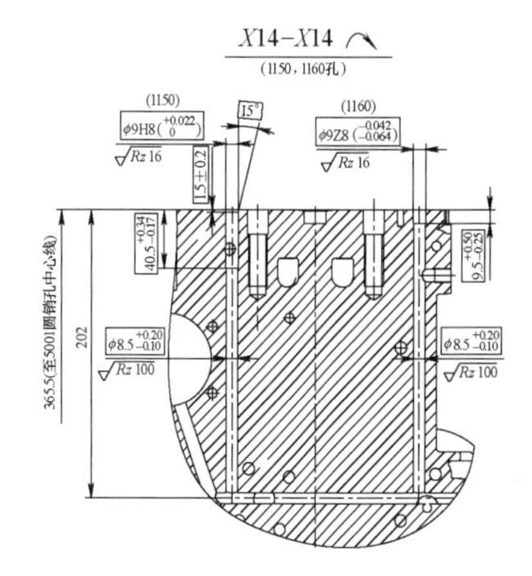
X14-X14
(1150，1160孔)
(1150)
(1160)
15°
1.5±0.2
Rz 16
Rz 100
202

顶面

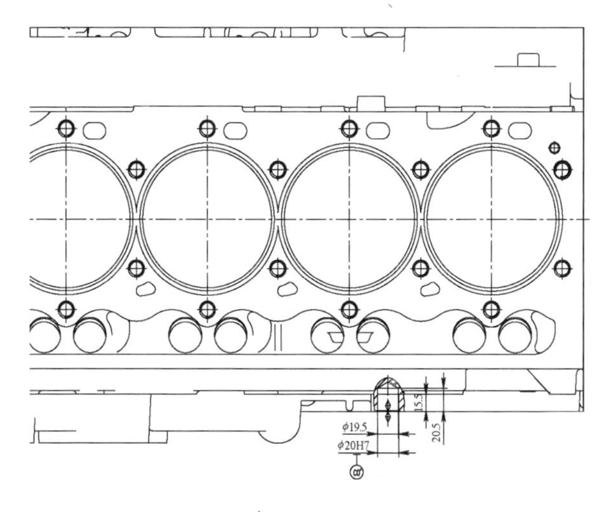
φ19.5
φ20H7
15.5
20.5

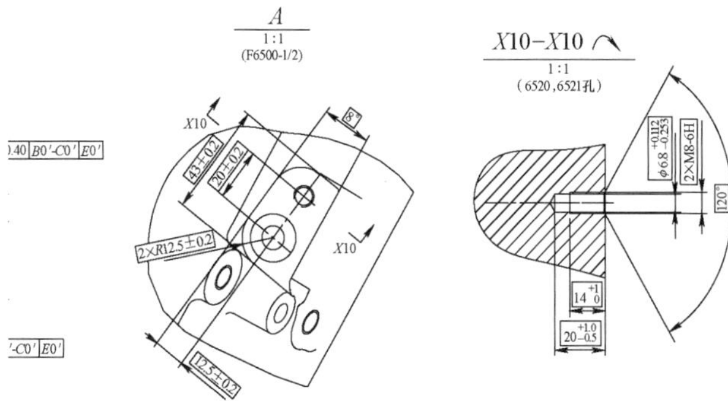
A
1:1
(F6500-1/2)
X10
X10
43±0.2
20±0.2
2×R12.5±0.2
12.5±0.2
X10-X10
1:1
(6520,6521孔)
2×M8-6H
120°

加工内容（续）

表 8-2 加工中心参数

参数	数值
X 轴行程/mm	1400
Y 轴行程/mm	1100
Z 轴行程/mm	1050
X 轴快移速度/(m/min)	36
Y 轴快移速度/(m/min)	36
Z 轴快移速度/(m/min)	36
X、Y、Z 轴进给速度/(m/min)	1~20
定位精度（X、Y、Z 轴）/mm	±0.0025（日本 JIS 标准）
重复定位精度（X、Y、Z 轴）/mm	±0.0015（日本 JIS 标准）
运动精度控制（X、Y、Z 轴）	X、Y、Z 轴闭环控制（选项）
光栅尺供货商	德国海德汉
直线导轨	直线滚柱导轨（日本 IKO）
滚珠丝杠	中空油冷却丝杠（台湾上银）
滚珠丝杠规格/mm	ϕ55×20
主轴结构	电主轴（大连伊贝格，FANUC 电动机）
主轴前轴承内径/mm	100
主轴转速/(r/min)	35~8000
变速级/挡	2（MS）
主轴功率/kW	30/25
主轴最大转矩/(N·m)	420
主轴润滑方式	油汽润滑
主轴冷却方式	内循环油冷
X、Y、Z 轴电动机功率/kW	6
刀库型式	直线刀库
刀库容量/把	60（选项）
换刀时间/s （刀-刀）（切-切）	刀-刀：2.5 切-切：6
换刀方式	任意方式（重刀可变速）
刀柄型式	HSK-100A
机床刀具直径/mm	115/1270（相邻无刀）
机床刀具长度/mm	500
机床刀具质量/kg	25
刀库减速装置	MDH-80

3. MDH-80 单工位加工中心设备选项配置

MDH-80 单工位加工中心设备选项配置见表 8-3。

表 8-3 MDH-80 单工位加工中心设备选项配置

选项配置内容	数　量	说　明
刀库数量	1 套/台	刀库容量为 60 把
高压冷却单元	1 套/台	压强为 6MPa
上排屑装置	1 套/台	
主轴内冷	1 套/台	
自动润滑系统（机床需做更改）	1 套/台	润滑丝杠、导轨等运动部件
清洗水枪	1 套/台	
气枪	1 套/台	
喷淋式冷却	1 套/台	
刀具寿命管理系统	1 套/台	
刀具损坏自动重新开始	1 套/台	
自动刀具长度测量系统 G37	1 套/台	
工件测量	1 套/台	满足用户将来用雷尼绍 OMP60 测头的需要
气密检测装置	1 套/台	用于夹具定位面检测
吸雾装置	1 套/台	采用汉德环保品牌
刀具折断检测	1 套/台	机械式
光栅尺	3 个/台	用于 X、Y、Z 轴
气源干燥装置	1 套/台	
机床全防护	1 套/台	

4. MDH-80 单工位加工中心设备连线配置

MDH-80 单工位加工中心设备连线配置见表 8-4。

表 8-4 MDH-80 单工位加工中心设备连线配置

配 置 内 容	数　量	供 货 商	说　明
MDH-80 单工位加工中心	4 台	GT	
液压夹具	4 套	GT	含尾架及分配器
液压装置	4 套	日本油研	泵和阀采用日本油研品牌
垂直数控转台（ϕ500mm）	4 套	德国 FIBRO	
数控系统（FANUC18i-MB）	1 套	日本	主机与桁架连线用
桁架机械手（含抓手）	1 套	瑞士	
电气柜	1 套		
桁架机械手防护装置	1 套	GT	

第二节 工程机械行业解决方案

本节主要介绍山崎马扎克 QT 系列加工中心在加工工程机械行业液压缸这类产品的解决方案。

液压缸是将液压能转变为机械能的、做直线往复运动（或摆动运动）的液压执行元件，如图 8-11 所示。它结构简单、工作可靠。用它来实现往复运动时，可免去减速装置，并且没有传动间隙，运动平稳，因此它在各种机械的液压系统中广泛应用。液压缸输出力和活塞有效面积及其两边的压差成正比，液压缸基本上由缸筒和缸盖、活塞和活塞杆、密封装置、缓冲装置与排气装置组成。

图 8-11 液压缸

液压缸是液压传动系统的执行元件，它是把液压能转换成机械能的能量转换装置。液压马达实现的是连续回转运动，而液压缸实现的则是往复运动。液压缸的结构形式有活塞缸、柱塞缸和摆动缸三大类，活塞缸和柱塞缸可实现往复直线运动，输出速度和推力。

活塞缸可分为单杆式和双杆式两种结构，其固定方式有缸体固定和活塞杆固定两种，按液压力的作用情况有单作用式和双作用式。在单作用式液压缸中，压力油只供液压缸的一腔，靠液压力使缸实现单方向运动，反方向运动则靠外力（如弹簧力、自重或外部载荷等）来实现；而双作用液压缸活塞两个方向的运动则通过两腔交替进油，靠液压力的作用来完成。

活塞（见图 8-12）的加工需要高精度、高速度的数控车床，目前国内很多活塞加工厂商均不约而同地选择了山崎马扎克的 QUICK TURN 系列（以下简称 QT 系列）加工中心。

QT 系列加工中心可以满足客户多种加工需求，是可适应不同尺寸、不同长度工件加工的高输出、高刚性的加工中心。从标准主轴到可以应对重切削的高转矩主轴，用户可以选择最适合加工的内置电主轴。电主轴没有导致振动发生的齿轮或者带传动环节，且具有高转速，因此能够得到良好的精加工面。此外，简单的构造让高可靠性得以发挥。QT 系列加工中心主要参数见表 8-5。

图 8-12 活塞

表 8-5 QT 系列加工中心主要参数

名　称	参　数
18.5kW 主轴	250L，250MAL 标准
转速/(r/min)	4000
输出功率/kW	AC 18.5
最大转矩/(N·m)	358
卡盘直径/mm	254
通孔直径/mm	91
加工棒料直径/mm	80

刀塔采用低干涉的 12 角鼓式刀塔，活塞加工过程中使用刀具数量较多。非升降旋转方式分度，减少了与工件的干涉并可进行高速开合。此外，采用最短路径旋转方式（随机形式），编程时无需计算刀具旋转时间，并可大幅度缩短对刀时间。

铣轴采用内置电动机驱动可抑制振动，进行高精度加工，主轴贯通冷却对应的铣刀座可以进行高品质的深孔加工或钻孔加工。

活塞零件要求产量较大，需要自动化批量加工，加工工序见表 8-6。QT 系列加工中心通过采用滚珠导轨，在实现高刚性、高速性、耐久性和长寿命的同时，保证了重复高速定位精度，从而实现长期高可靠性加工和免维护运行。它采用山崎马扎克自主研发的 GL 系统，使用桁架可以轻松实现长时间无人运转。根据用户的需求加工形态、加工工件形状来选择最合适的机械手和料仓。OP10、OP20 刀具配置见表 8-7。

表 8-6　活塞加工工序

OP10	加工端面→外径→内径→内径槽→外径槽→内孔端面工艺孔→端面铣槽
OP20	加工端面→外径→外径槽

表 8-7　OP10、OP20 刀具配置

刀　具		刀片编号	刀杆型号
OP10	U 钻	外刃 SCMT090405-GM-E CA520D	S32-DRV280M-2-09
		内刃 SCMT090410-GM-I PR1535	
	D12 钻头	68293	
	外径车刀	WNMG080404HQ CA025P	DWLNR2525M-08
	外径槽刀	GDM4020N-040GM PR1225	KGDR2525M-4T10
	外径槽刀	GDM4020N-040GM TN620	KGDR2525M-4T10
	内径镗刀	CCMT09T308HQ CA025P	A10L-SDQCRO7-13AE
	内径镗刀	TPMT160304HQ TN620	A10L-SDQCRO7-13AE
	内径槽刀	GDM3015N-040GMI PR1225	KGDIR2520B-3
	内径槽刀	GDM3015N-040GMI TN620	KGDIR2520B-3
	ϕ10mm 立铣刀	40021	
OP20	外径车刀	WNMG080408PG CA025P	DWLNR2525M-08
	外径车刀	WNMG080404PP CA025P	DWLNR2525M-08
	外径槽刀	GDM3020N-040GM PR1225	KGDR2525M-3T10

传统的活塞加工方法采用人工上下料，不同工件之间换件相对麻烦，需要的人工成本较高，容错率低。山崎马扎克辽宁工厂的 GL 机器人采用一拖二的形式，可自动化加工，使用机械手完成活塞的上下料、翻转等动作。同时采用回转料仓，通过料仓旋转将工件移动到机械手的夹持位置。料仓可以存放大量材料，大大减少了人工成本。

扫码看视频

扫码看视频

第三节　医疗器械行业解决方案

一、哈斯系列加工中心

医疗行业中植入性医疗器械是通过外科手段植入人体的，如骨钉、骨板、人工器官和心脏支架等；医疗器械的材料主要包括不锈钢、钴基合金、钛及钛合金、形状记忆合金、聚合物及高分子材料，以及无机非金属材料、陶瓷材料等。

1. 哈斯系列加工中心可加工的主要产品

哈斯系列加工中心可加工的主要产品如下。

1）植入器材：如骨（板、钉、针和棒）、脊柱内固定器材，如图 8-13a 所示。

2）矫形外科（骨科）手术器械：如矫形（骨科）外科用刀、锥、剪、钳、锯、凿、锉、钩、针刮、有源器械、肢体延长架及多功能单侧外固定支架等，如图 8-13b 所示。

3）外科植入物：如人工关节，如图 8-13c 所示。

a) 植入器材

b) 矫形外科手术器械

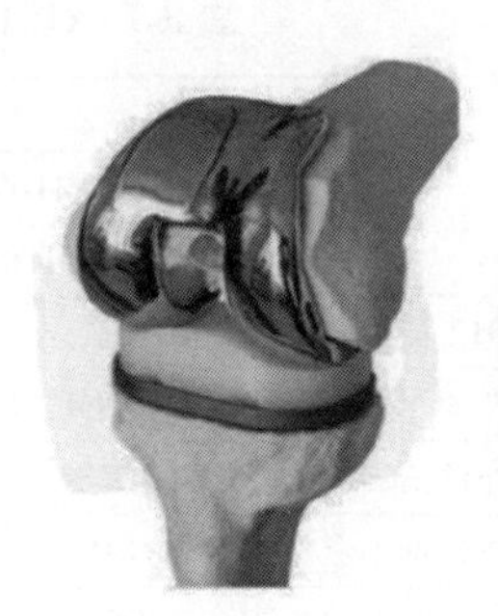

c) 外科植入物

扫码看视频

图 8-13　医疗器械

2. 哈斯系列加工中心在医疗器械行业的常用机型

1）Mini Mill：用于生产螺钉、医疗器械工具和手指锁定板。

2）VF-2+TR160：用于生产接骨板、髓内钉。

3）VF-2SS+TR160：用于生产接骨板、髓内钉、关节高分子材料。

4）VF-3+TR210：用于生产长型接骨板和长型髓内钉。

5）UMC-750：用于接骨板整体铣削加工、高分子材料加工。

6）VF-2SS+HRT210 和 VF4SS+HRT310：用于生产关节工具。

3. 哈斯立式五轴加工中心特点

哈斯五轴立式加工中心可实现五轴联动、一次装夹完成除第六面的所有的加工工序，从而保证了以高效率制造出高质量的零件。

（1）结构特点　一次装夹实现五面加工，工序高度集中；可进行空间任意平面、孔系的加工；可多轴联动调整刀具姿态，避免刀具干涉，能连续、平滑地进行空间曲面加工；提供转台的旋转，可使球刀获得合理的切削线速度，提高空间自由曲面加工的精度、质量和效率；缩短刀长，消除振动，提高表面精度和质量。

（2）DWO/TCPC 软件　动态工件偏置设定（DWO）和刀具中心点控制（TCPC）为哈斯内置的软件功能，可使设置四轴和五轴作业就像设置三轴机床一样简单。无论 CAM 系统的编程位置如何，操作人员都可将任何位置的零件和操作夹具置于加工中心操作台或旋转台面。DWO 和 TCPC 用于确定 CAM 系统中心旋转编程与机床中心旋转间的差异，并应用适当偏置。零件和夹具可置于工作台或旋转台面的任何位置，简化设置操作，消除工件夹具（如自定心夹具）成本，节省夹具资金投入，且不需要从 CAM 系统重新生成程序。

（3）高速加工软件　加工中心通过利用高速加工软件，可缩短循环时间，高速加工可实现更快的进给速度和更复杂的刀具轨迹。短冲程结合高进给速度、G 代码，使生产实现预期的效果。

二、山崎马扎克 inte i 系列加工中心

1. inte i 系列加工中心介绍

inte i 系列加工中心可以满足广泛的加工需求，从多面加工到需要五轴加工的复杂曲面，都可以通过一次设置完成。它有 0.0001°分度的高精度 B 轴和宽阔的加工区域，可对超长工件和大型工件进行加工，满足多样化生产需求。

2. inte i 系列机床应用实例

inte i 系列加工中心可加工的零件如图 8-14 所示。

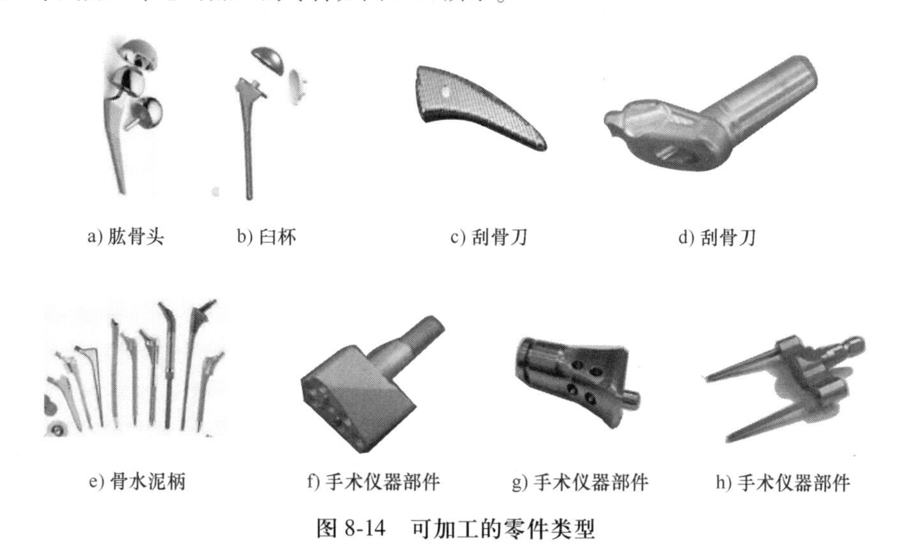

a) 肱骨头　b) 臼杯　c) 刮骨刀　d) 刮骨刀

e) 骨水泥柄　f) 手术仪器部件　g) 手术仪器部件　h) 手术仪器部件

图 8-14　可加工的零件类型

inte i 系列加工中心在膝关节股骨中的应用案例如图 8-15 所示。膝关节假体组成包括膝关节置换用的带偏心距的胫骨底板组件和相关配件，包括补偿型胫骨底板、胫骨底板转接头、胫骨底板垫片和胫骨锁定接头。所有组件均采用 Ti6Al4V 材料和超高分子量聚乙烯制成，钛合金部件表面无着色，非关节面部分表面采用磨砂处理。产品为一次性使用，且须经电离辐射灭菌。

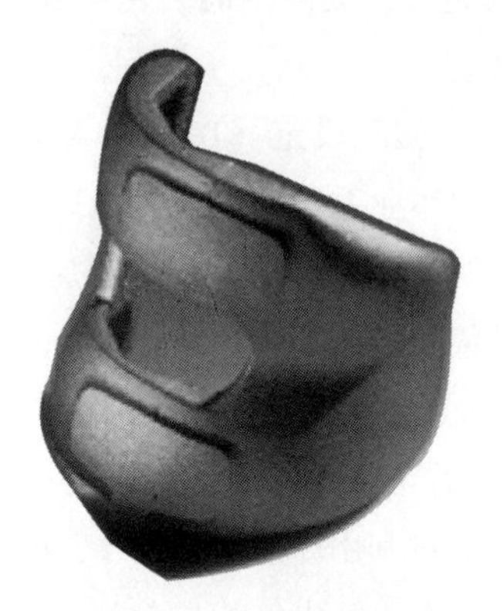

图 8-15　膝关节股骨

该产品需要加工的部分为钛合金，钛合金硬度较高，对产品表面质量要求也很高，在节省成本的情况下最好一次成形。inte i150 加工中心带车削和定位铣削以及 0.0001°分度 B 轴，可完美实现五轴联动，保证膝关节配合型面的加工；可一次成形，摆脱传统的多台机床加工成形方法，从最直观的方面节省客户的加工成本。

扫码看视频

扫码看视频

三、汇专超声绿色高效五轴联动加工中心

1. 设备特点

汇专超声绿色高效五轴联动加工中心 UGV500-5AXIS（见图 8-16）配置汇专自主超声主轴，最高转速 20000r/min，可减小切削力，抑制毛刺产生，满足难加工材料的高效加工需求。配置超临界 CO_2 内冷低温冷却系统，降低切削温度，提高刀具寿命，解决医疗行业清洁加工的痛点问题。标配西门子 840D sl 系统，具备五轴联动、RTCP 刀尖跟随功能。X、Y、Z 轴加工行程分别为

图 8-16　汇专超声绿色高效五轴联动加工中心 UGV500-5AXIS

520mm、520mm、460mm，*A*、*C* 轴±120°/360°，工作台直径为 500mm，最大负载可达 300kg。*X*、*Y*、*Z* 轴定位精度为 5μm，重复定位精度可达 4μm。*A*、*C* 轴定位精度为 8"，重复定位精度为 5"。*A*、*C* 轴配置直驱转台，使其传动无背隙、精度高及具备更佳的动态性能。标配高精密光栅尺，全闭环控制，精度更高。

扫码看视频

2. 应用案例

1）工件名称：医疗植入体腰椎融合器（见图 8-17）。

2）工件材料：3D 打印钛合金 TC4。

3）工件尺寸：25mm（长）×12mm（宽）×10mm（高）。

4）加工难点：①切削过程要求无污染，网格内洁净度要求高，无法使用传统切削液。②钛合金的热导率很低，因此加工过程中会造成高切削温度及高应力现象，使加工表面易硬化，刀具严重粘结磨损；同时由切屑的低变形系数（<1）引起的高摩擦力也会加速刀具磨损。

5）加工方案对比：传统加工方案使用干切削；汇专加工方案使用超声绿色高效五轴联动加工中心 UGV500-5AXIS 搭配超临界 CO_2 低温冷却内冷系统。

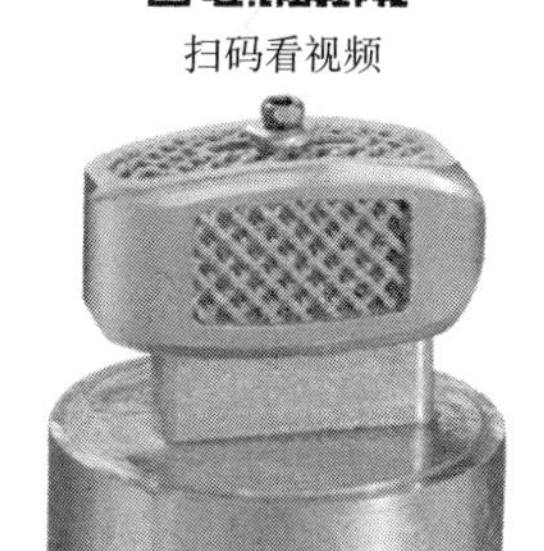

图 8-17　医疗植入体腰椎融合器

6）加工效果对比：传统加工方案存在加工时间长，刀具寿命短，加工后工件表面质量差，毛刺严重等问题；汇专加工方案可有效提升加工效率，可提升 50%以上，刀具寿命延长 50%以上，工件表面粗糙度值 *Ra*<0. 6μm，毛刺明显减少，同时可实现绿色清洁加工。

第四节　航空航天行业解决方案

本节主要介绍汇专超声绿色高效五轴联动加工中心 UGV200-5AXIS 在航空航天行业的解决方案。

1. 设备特点

汇专超声绿色高效五轴联动加工中心 UGV200-5AXIS 配置汇专 HSK-E32 超声主轴，最高转速可达 36000r/min；标配西门子 840D sl 系统，具备五轴联动、RTCP 刀尖跟随功能；*X*、*Y*、*Z* 轴加工行程均为 250mm，*A*、*C* 轴±125°/360°；*X*、*Y*、*Z* 轴定位精度均为 5μm，重复定位精度为 4μm；*A*、*C* 轴定位精度为 8"，重复定位精度为 5"；工作台直径为 200mm，最大负载可达 30kg；*A*、*C* 轴配置直驱转台，使其传动无背隙、精度高及具备更佳的动态性能；标配高精密光栅尺，可实现全闭环控制；一体式床身铸件设计，刚性高、精度更稳定。此系列加工中心适用于硬脆材料（蓝宝石、玻璃及陶瓷等）、碳纤维复合材料、金属材料及其他难加工材料的加工。

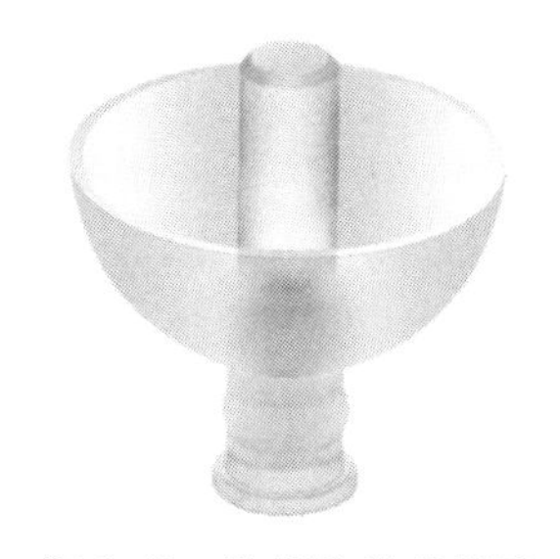

图 8-18　陀螺仪半球振子

2. 应用案例

1）工件名称：陀螺仪半球振子（见图 8-18）。

2）工件材料：石英玻璃

3）加工难点：工件为硬脆材料，加工过程易崩边；尺寸精度及轮廓精度要求高。

4）加工效果：使用汇专加工方案进行整体轮廓加工，零件表面无崩边、裂纹，厚度均匀，亚表面损伤小。

第五节　水泵行业解决方案

本节主要介绍山崎马扎克 MT 系列加工中心加工水泵时的解决方案。

水泵是输送液体或使液体增压的机械，如图 8-19 所示。水泵在制造时有相当严格的控制工序，以确保高品质。随着市场的迅速增长和成熟，为保持竞争力，成本控制显得尤为重要。考虑到这个因素，水泵供应商应同时关注成本和品质。

图 8-19　水泵

扫码看视频

扫码看视频

水泵的工作过程实际上是一个能量传递和转换的过程。它把动力机的机械能转换为被输送流体的动能和压力能，在能量的传递和转换过程中，必然伴随着诸多的能量损失，这种损失越大，工作效率越低，水泵的性能就越差。

水泵的泵壳是包容和输送液体的蜗壳形，由电动机、泵盖和泵体组成，如图 8-20 所示。泵壳是固定部件。泵盖作用是将吸水管中的水以最小的损失均匀地引向叶轮。按结构划分可将吸入室分为直锥形吸入室、环形吸入室和半螺旋形吸入室。泵盖的加工需要高精度、高速度且拥有大回转直径的立式数控车床，目前，国内很多水泵加工厂商不约而同地选择了山崎马扎克 MEGATURN 系列加工中心（以下简称 MT 系列加工中心）。

图 8-20　水泵泵壳

MT 系列加工中心是同级别中速度最快、精度最高的机床，它通过主轴转速和进给实现同等级最快速度，通过大旋转直径高速度和高精度来提高生产效率；配置快速、大功率且高刚性的内置电主轴，以满足重切削需求；*X* 轴、*Z* 轴进给速度为 30m/min，即使在搭载安装夹具加工时，也可以获得符合要求的旋转直径；加工直径大，可实现大型泵盖的加工。

MT 系列加工中心采用移动立柱实现 *X* 轴进给的结构，整机刚性、精度和精度保持性好，能够高效可靠地完成高精度零件的粗精加工。

MT 系列加工中心的电主轴最高转速为 2200r/min，最大转矩为 1000N · m，它可以进行高速、高精度的孔加工，也可以高速合成攻螺纹。其刀塔采用无抬升结构刀塔，使用伺服电动机分度、鼠牙盘精确定位、液压锁紧方式，保证了换刀的速度和交换的精度及刚性。它采用滚柱导轨，受力均匀，热平衡性好、精度稳定，在实现高刚性、高速性、耐久性和长寿命的同时保证了重复高速定位，可长期保持高可靠性的加工和免维护运行。其最大回转直径达到 700mm，最大加工直径为 630mm，最大加工高度为 550mm，这都完美契合了水泵件的加工要求。

传统的泵盖加工工序（见表 8-8）OP10 采用车床、四爪夹持方式，加工前找正外径；OP20 采用车床、车模定位装夹方式；加工工序多，装夹、找正时间长。

MT 系列加工中心（MT 500ML、MT 500MSL、MT 600ML、MT 600MSL）配备 12 刀位铣削刀塔，大功率（7. 5kW）铣削主轴，以确保流畅切削，*C* 轴可进行高精度、分度的轮廓加工。MT 系列加工中心参数见表 8-9。

表 8-8　传统的泵盖加工工序

装夹方式	工　序
OP10 夹持外径	加工端面→内径→外径（使用外圆车刀、外圆精加工刀、内径车刀、内径精加工刀、复合钻头及丝锥）
OP20 夹持内径	加工外径→端面→内径（使用外圆车刀、外圆精加工刀、内径车刀、内径精加工刀及立铣刀）

表 8-9　MT 系列加工中心参数

项　目	参　数
转速/(r/min)	4000
AC 主轴功率/kW	7. 5 [最大功率] 5. 5 [额定功率]
最大转矩/(N · m)	95. 4
加工能力	钻削 ϕ25mm 端削 ϕ25mm 攻螺纹 M24

采用山崎马扎克 MT 系列加工中心只需要 OP10、OP20 两道工序即可完成水泵的所有加工，见表 8-10。通过对整个工艺过程的制定，充分体现了加工中心在保证加工精度、加工效率、简化工序方面的优势，对水泵行业的泵盖加工有指导意义。

表 8-10 OP10、OP20 加工工序

工 序	刀 具	加工内容
OP10	T0101	外径、端面粗加工
	T0202	外径、端面精加工
	T0404	内径粗加工
	T0707	内径精加工
	T1010	钻 M16 螺纹底孔（ϕ14mm）
	T1111	M16 丝锥加工 M16 螺纹
	T1212	ϕ18mm 钻端面孔
OP20	T0202	外径、端面粗加工
	T0303	外径、端面精加工
	T0707	内径粗加工
	T1010	内径精加工

第六节 电子通信行业解决方案

一、大连机床 VDM856 立式加工中心

所谓 5G 即第五代移动通信技术（5th Generation Mobile Communication Technology，简称 5G）是具有高速率、低时延和大连接特点的新一代宽带移动通信技术，是实现人、机、物互联的网络基础设施。

5G 作为一种新型移动通信网络，不仅要解决人与人通信，为用户提供增强现实、虚拟现实和超高清（3D）视频等更加身临其境的极致业务体验，更要解决人与物、物与物通信问题，满足移动医疗、车联网、智能家居、工业控制和环境监测等物联网应用需求。未来，5G 将渗透到经济社会的各行业、各领域，成为支撑经济社会数字化、网络化、智能化转型的关键新型基础设施。

5G 行业涉及的领域比较广，如工业领域、车联网与自动驾驶领域、能源领域、教育领域、医疗领域、文旅领域、智慧城市领域、信息消费领域和金融领域等，可谓是与我们的生活息息相关。

5G 基站是 5G 网络的核心设备，可提供无线覆盖，实现有线通信网络与无线终端之间的无线信号传输。基站的架构、形态直接影响 5G 网络的部署。由于频率越高，信号在传播过程中的衰减也越大，因此未来 5G 网络的基站密度将设置得更大。5G 基站相关零件加工设备分类如图 8-21 所示。

金属滤波器是射频单元核心器件之一，如图 8-22 所示。随着移动基站支持的网络频段越来越多，滤波器成为射频模块中不可获取的一部分，天线会将所有能接受到的频段信号都送往射频前端模块，但我们只希望选择特定频段的信号进行处理，这时候就需要使用滤波器来消除干扰杂

波，让有用信号尽可能无衰减地通过，让无用信号尽可能地衰减。5G 时代，天线通道数增加以及天线有源化对天线设计提出更高要求，即以小型化及轻量化为基础。

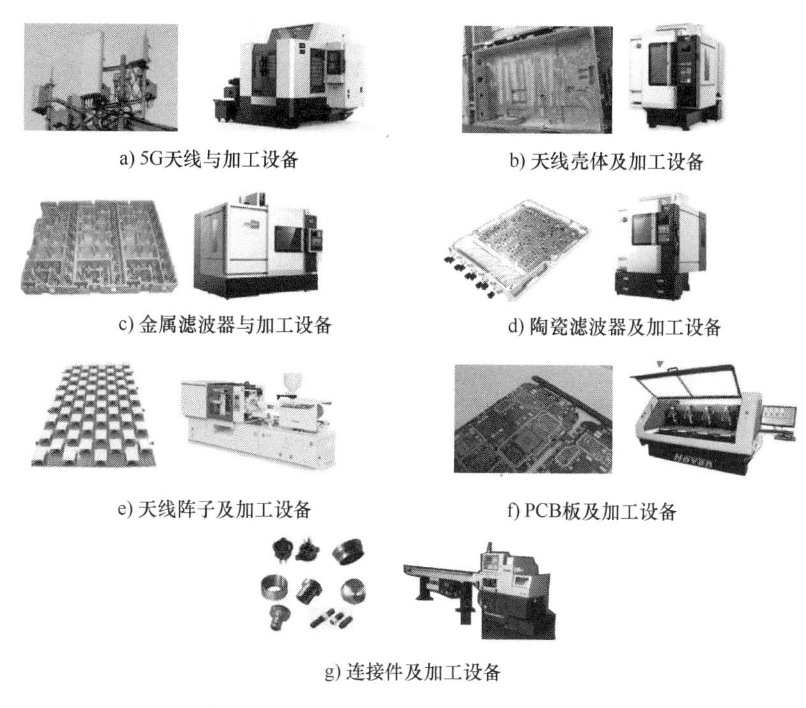

a) 5G天线与加工设备　　b) 天线壳体及加工设备

c) 金属滤波器与加工设备　　d) 陶瓷滤波器及加工设备

e) 天线阵子及加工设备　　f) PCB板及加工设备

g) 连接件及加工设备

图 8-21　5G 基站相关零件加工设备分类

图 8-22　金属滤波器

金属滤波器的材质是铝合金，其加工位置包括平面、腔、槽、孔及螺纹孔，加工工艺见表 8-11。加工要求主要有：铣削外形精度要求不高，但内腔精度与表面精度要求比 4G 零件高；刀库容量最少需要 20 把；要进行上百个孔位的钻孔及攻螺纹；尺寸加工极限偏差控制在

±0.02mm。加工难点主要是：零件壁薄且尺寸较大，装夹不方便；钻孔与攻螺纹效率需提高；孔内容易有切屑残留，孔小容易导致丝锥折断或螺纹孔增大，并且丝锥的折断很难检测；在保证加工精度的同时提高加工效率。

表 8-11　金属滤波器加工工艺

工　序	刀　具	加工内容
OP10	T1001	外形粗加工
	T1002	外形精加工
	T1003	钻 ϕ8mm 销孔底孔（ϕ7.5mm 刀具）
	T1004	铰 ϕ8mm 销孔
	T1005	钻 M8 螺纹底孔（ϕ6.8mm 刀具）
	T1006	M8 丝锥加工螺纹
OP20	T2001	内腔粗加工
	T2002	内腔精加工
	T2003	钻 M6 螺纹底孔（ϕ5mm 刀具）
	T2004	钻 M8 螺纹底孔（ϕ6.8mm 刀具）
	T2005	钻 M5 螺纹底孔（ϕ4mm 刀具）
	T2006	钻 ϕ8mm 销孔底孔（ϕ7.5mm 刀具）
	T2007	铰 ϕ8mm 销孔
	T2008	M6 丝锥加工螺纹
	T2009	M8 丝锥加工螺纹
	T2010	M5 丝锥加工螺纹

使用 VDM856 加工中心加工金属滤波器优势如下。

1）加工中心 X、Y、Z 轴的行程分别为 830mm、550mm、600mm，能够满足于大尺寸的工件高效加工。

2）标配 12000r/min 直联高速主轴，以减少高速攻螺纹的误差，在高速、高效加工及中型切削加工中，能够发挥出高输出力的特性。

3）加工中心 X、Y、Z 轴的快移速度为 48m/min，可提高加工效率。

4）24T 机械手刀库，换刀时间为 2.5s，可大幅提高响应速度、缩短换刀时间，快速稳定。

5）丝杠双螺母预紧使加工中心刚性加强、精度更加稳定，丝杠预拉伸增加了传动刚性、消除了热变形。采用 ϕ40mm×16mm 大直径的 C3 研磨精密级丝杠，使其精度高、刚性足、寿命长；同时采用高精度直线滚柱导轨，使加工中心具有高速性能的同时具有足够的刚性。

6）加工中心采用大倾斜排屑角度，钣金排屑槽增加不锈钢导屑板，这都会有效提高排屑效果，加工中心标配大功率水泵能迅速冲净切屑，并且加快切削液的回流速度。

7）通过加载高速 PLC 引擎，可提高响应速度，缩短生产周期；加工细节参数优化，可提高进给的平滑度，改善后的加工边或面效果无须再安排后续工序处理。

二、汇专超声绿色高效钻攻中心 AMT-500

1. 设备特点

图 8-23　汇专超声绿色高效钻攻中心 AMT-500

汇专超声绿色高效钻攻中心 AMT-500（见图 8-23）配置汇专超声主轴，最高转速可达 30000r/min，配置超声加工系统，超声高频振动有效降低主切削力，减少工件表面微裂纹及加工应力，降低表面粗糙度，提升刀具寿命及表面完整性，可有效降低切削力；配置微量润滑内冷系统，环保植物油雾化形成微米级颗粒，喷射至切削区域，在超声振动作用下，刀具与工件瞬时分离，促进油品渗透形成油膜，优异的冷却润滑性能减少刀具磨损，提升工件表面质量，实现清洁切削；夹臂式刀库，换刀速度快，标配 21 把刀具，可选 26、30、36、30+T14；机床 X、Y、Z 轴加工行程为 500mm、400mm、360mm；工作台尺寸为 650mm×400mm，最大负载为 250kg；主轴鼻端到工作台距离为 200～560mm，可选270～630mm、340～700mm；X、Y、Z 轴定位精度为 5μm，重复定位精度为 3μm。

2. 应用案例

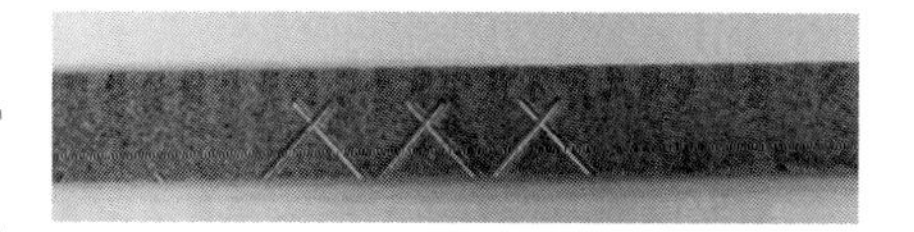
图 8-24　平板电脑中框

1）工件名称：平板电脑中框（见图 8-24）

2）加工方案：使用汇专超声绿色高效钻攻中心 AMT-500，搭配汇专超声加工系统及微量润滑（MQL）系统进行加工。

3）工件材料：钛合金。

4）加工难点：钛合金的热导率很低，因此加工过程中造成高切削温度及高应力现象，使加工表面易硬化，刀具严重粘结磨损；同时由切屑的低变形系数（<1）引起的高摩擦力，也会加速刀具磨损；加工多个盲孔（孔径 ϕ1mm），深径比10∶1，孔交叉处易出现毛刺，内孔表面粗糙度较差。

5）加工效果对比：传统加工方案加工时间长，孔壁粗糙有烧灼现象，孔交叉处有明显毛刺（毛刺大小为 0.129～0.345mm），毛刺对比如图 8-25 所示。汇专加工方案加工效率提升 2.6 倍，孔壁光滑

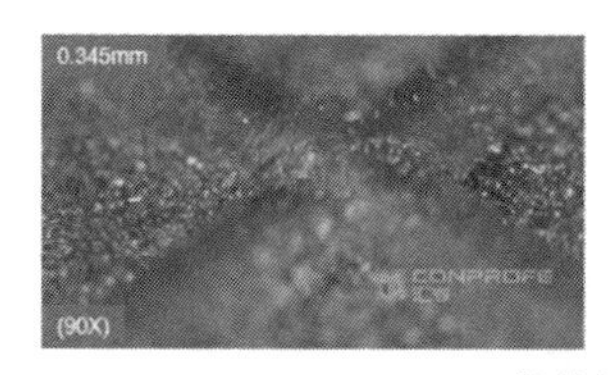

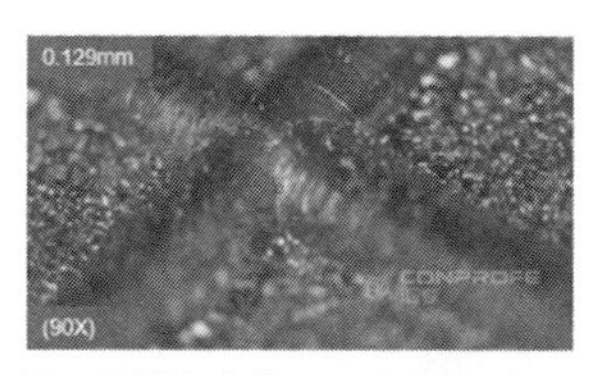

a) 传统切削：毛刺大小为0.129～0.345mm

b) 汇专AMT500+ 超声+ 微量润滑，未见毛刺

图 8-25　毛刺对比

无变色，表面质量得到显著提升，毛刺显著减少。孔壁加工质量对比如图 8-26 所示。

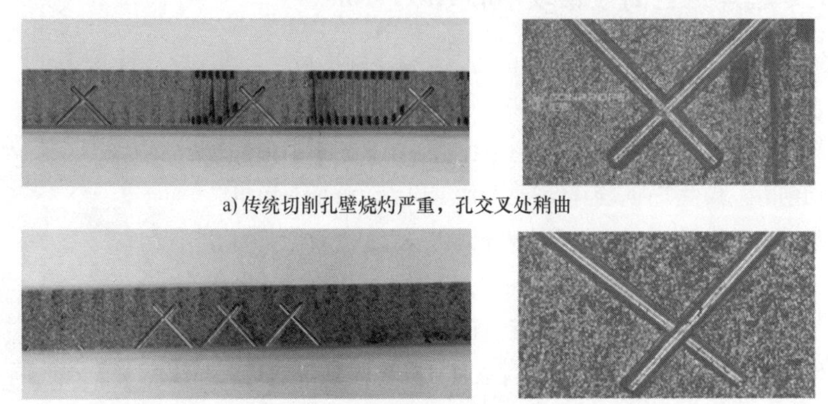

a) 传统切削孔壁烧灼严重，孔交叉处稍曲

b) 汇专AMT500+ 超声+ 微量润滑，孔壁光滑，孔交叉处垂直

图 8-26　孔壁加工质量对比

三、汇专超声绿色高效精密雕铣中心 UGM-500

1. 设备特点

汇专超声绿色高效精密雕铣中心 UGM-500 可实现一机多用，满足硬脆材料、金属材料、复合材料及镜面高光的加工需求。配置汇专超声辅助加工技术，减少切削力，降低硬脆材料加工亚表面损伤，减少崩边；配置 HSK-E32 主轴，高转速（最高为 40000r/min），低振动；X、Y、Z 轴加工行程分别为 500mm、400mm、300mm；X、Y、Z 轴定位精度为 5μm，重复定位精度为 3μm；工作台尺寸为 500mm×400mm，最大负载为 200kg；龙门式结构，横梁立柱一体式设计，刚性高、热稳定性好，加工更稳定；刀库容量标配 14 把，可选配双刀库（扩充至 28 把）；标配华中数控 918D 系统，可选配西门子系统。

2. 应用案例

1）工件名称：喷淋盘（见图 8-27）。

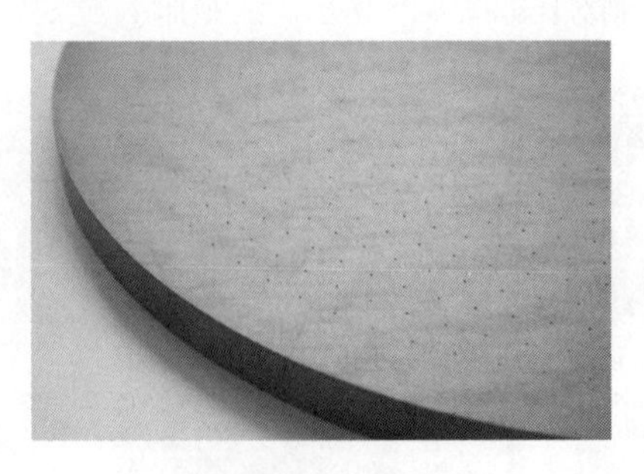

图 8-27　喷淋盘

2）工件材料：碳化硅。

3）加工难点：①材料硬度高达 1800HV，为硬脆性材料。②孔加工要求高，最小孔直径仅 0.5mm，深径比达 13∶1。③孔数量多，单个工件需加工 1000 个孔。④刀具易磨损，寿命短，工

件易崩缺。

4）加工方案：使用汇专超声绿色高效精密雕铣中心 UGM-500，搭配汇专超声加工系统及汇专整体 PCD 钻头（见图 8-28）进行加工。

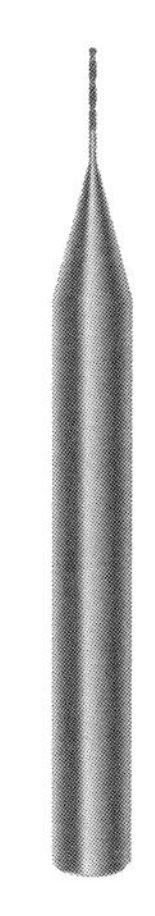

扫码看视频

图 8-28　汇专整体 PCD 钻头

5）加工效果：使用汇专加工方案可连续稳定加工 100 个 ϕ0.5×6.5mm 的孔（深径比 13：1），同时孔壁光滑、孔口崩缺<0.02mm。

第九章

加工中心智能发展动态

随着智能传感器与电子信息技术的发展，智能化、数字化将成为加工中心的新发展动态。加工中心的智能加工是通过采集、利用加工过程的数据信息，经过挖掘、提取有效的数据，进行数据处理、分析并进行智能化反馈与可视化显示，最终实现加工中心的智能控制。

第一节　主轴诊断技术

主轴状态检测可以通过在加工过程中预设极限振动值实现对电主轴的保护。当超过预设极限振动值，将产生报警信号并触发机床急停，同时可以通过人机界面连接对加工过程中的振动进行可视化状态监测并对加工工艺进行优化，如图 9-1 所示。

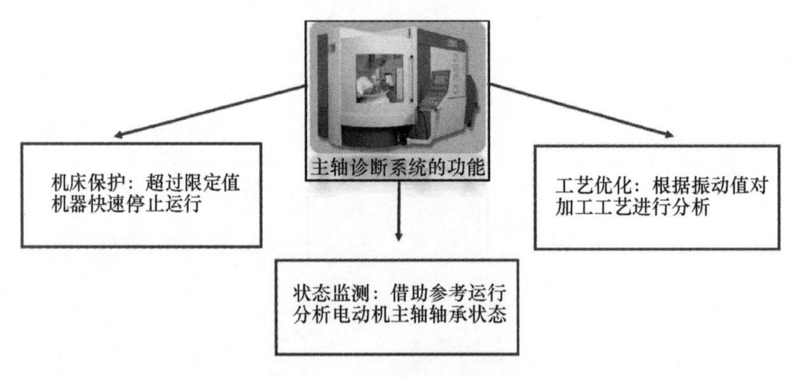

图 9-1　主轴诊断系统

主轴诊断技术优点有：可避免由于加工误差所导致的主轴损坏；电主轴上重要部件的磨损可以在初期被检测出来；可延长主轴使用寿命；可优化加工工艺；可保护刀具及机床；可进行维护及维修的预测；可提高机床使用效率；超过预设极限限定值时加工中心急停，可增强对加工中心及电主轴的保护。

通过图示化的人机界面可轻松实现对主轴振动载荷的数据分析。在加工过程中，每 60s 对振动加速度进行一次监测，通过条形图监控当前值，如图 9-2 所示。

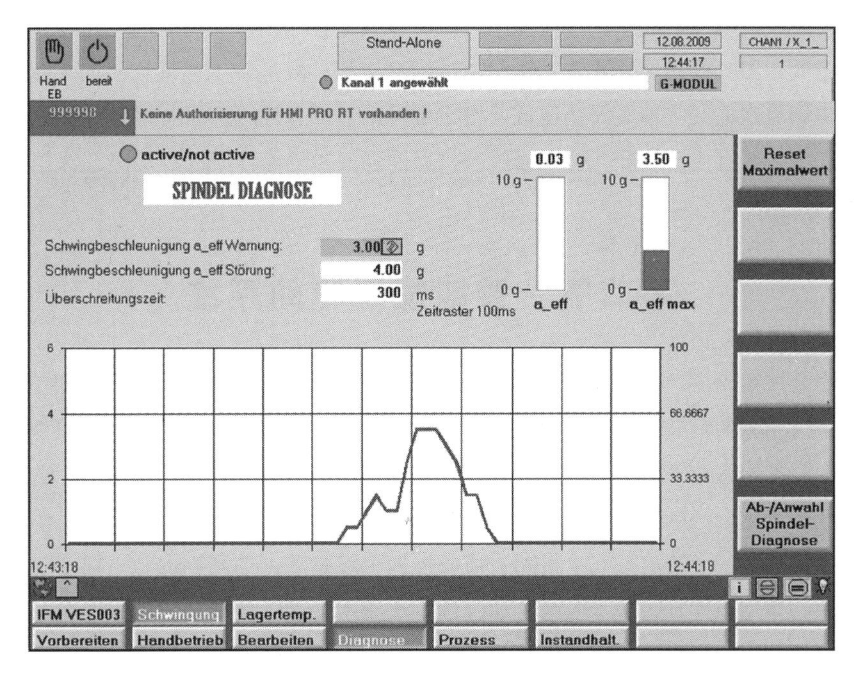

图 9-2　人机界面连接-振动分析

轴承温度以图示形式被植入人机界面，用以评估主轴轴承温度。加工过程中在人机界面屏上可以为主轴轴承参照运行预设温度值，如图 9-3 所示。

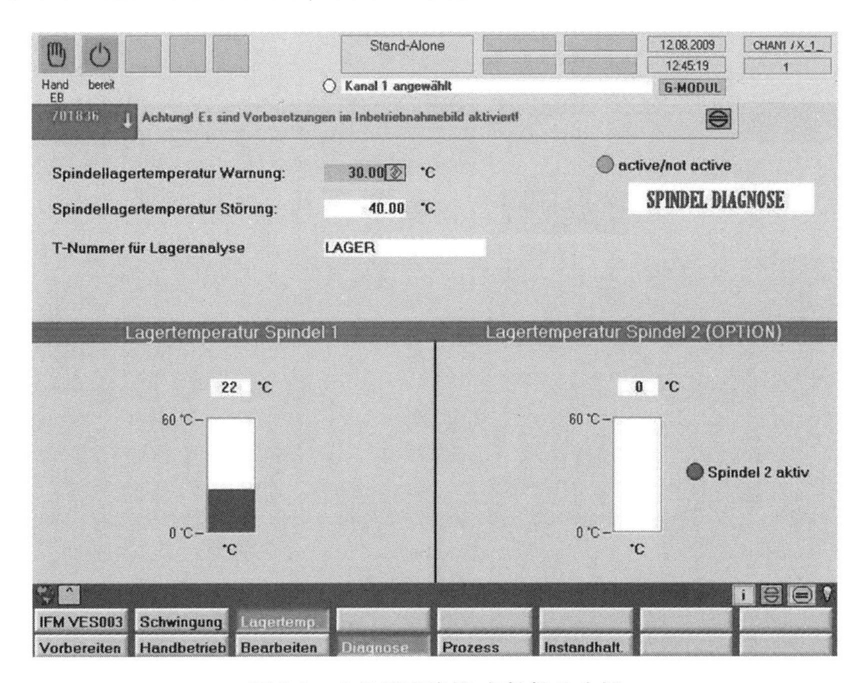

图 9-3　人机界面连接-主轴轴承分析

人机界面连接系统在集成新型数控程序时，可以轻松检测出刀具的状态。操作者可以通过图形显示，判定哪个刀具处于异常状态，然后通过调整切削参数进行工艺优化。如果超过预先设定的极限值，机床将在退回主轴后停止运行并发出报警信号。急停程序可提高机床的保护性能。在批量生产中产生的异常生产故障，可以通过人机界面连接和急停程序进行检测及保护（如铣刀断刀或其他磨损迹象）。

第二节　智能加工辅助系统

在加工中心按照程序运行，使用刀具去除加工余量的过程中，机床本身会产生大量的数据，如主轴及各个进给轴的负载（功率、电流、转矩）、加工目标位置和实际位置、加工目标速度和实际速度、实际加工进给率、温度、压力和流量等外部传感器数据。通过挖掘加工数据中的有效信息，可以实现加工中心的智能加工与智能监测。

在机床上集成监控系统后，在采集到上述各种加工过程数据的基础上，可以通过监测和分析得到生产需要的数据，如真实加工时间、加工件数及各刀具加工件数、切削力曲线和平均切削力等，再通过对切削力的分析，可以实现异常加工过程的警报、换刀前异常警报、刀具寿命预警等功能。

另外，可以通过对切削力曲线的在线分析，识别切削过程中的空切削、小余量切削过程，并自动控制加工中心的进给倍率，即进给速度，从而大幅度提升加工中心的加工效率。低负载自适应调节过程如图 9-4 所示。

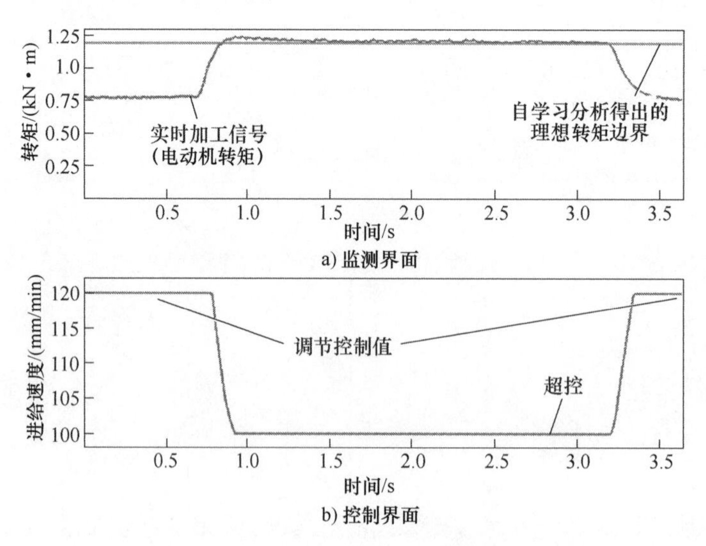

图 9-4　低负载自适应调节过程

在切削余量较大或刀具磨损严重的条件下，采集到高负载的切削力信号是可以自动降低进给倍率的（最低可至 0 倍率），从而实现对刀具和加工中心的保护，延长刀具的切削寿命，降低刀具的修磨成本。高负载自适应调节如图 9-5 所示。

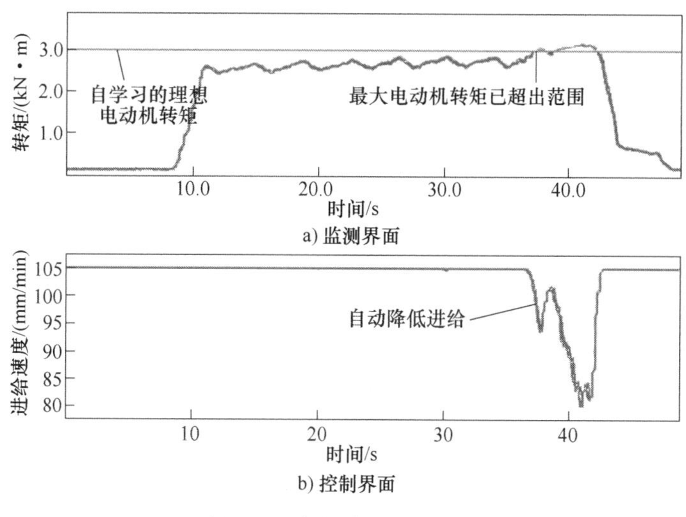

a) 监测界面

b) 控制界面

图 9-5　高负载自适应调节

第三节　切削力测量系统

切削力测量系统是直接测量刀具加工过程中的切削力和力矩的测量系统。测量加工过程中的切削力可采用多种方式，其中测力计是最有效、最可靠的工具，部分测力计可基于压电效应进行测量。除了使用适合的测力计或内置于加工刀具零部件中的载荷单元（例如应变计和压电式测力计），也可以定制集成解决方案。用于切削力测量的压电式测力计主要有三种：静态三分量测力计、静态六分量测力计以及旋转四分量测力计。切削力测力系统可以实现可视化、诊断、控制等功能，如图 9-6 所示。其中，可视化功能适用于中小批量生产，如图 9-6a 所示；诊断功能适用于工艺和刀具优化，如图 9-6b 所示；监测功能适用于自动化批量生产中检测，如图 9-6c 所示。

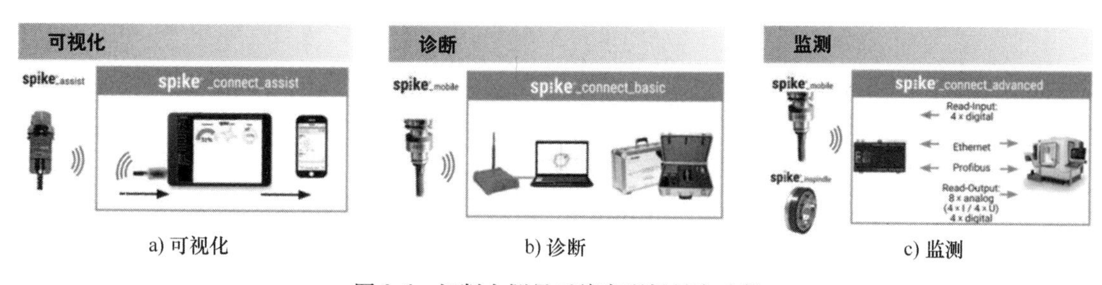

a) 可视化　　b) 诊断　　c) 监测

图 9-6　切削力测量系统实现场景和功能

目前常用的切削力测量系统是将传感器安装于刀柄或主轴内部，如图 9-7 所示。通过无线的方式与加工中心控制系统实现数据传输和交互，同时采集的数据也可以传输到外围设备。

借助切削力测量系统，可以通过对切削过程中的切削力进行分析，来实现对刀具磨损的监控

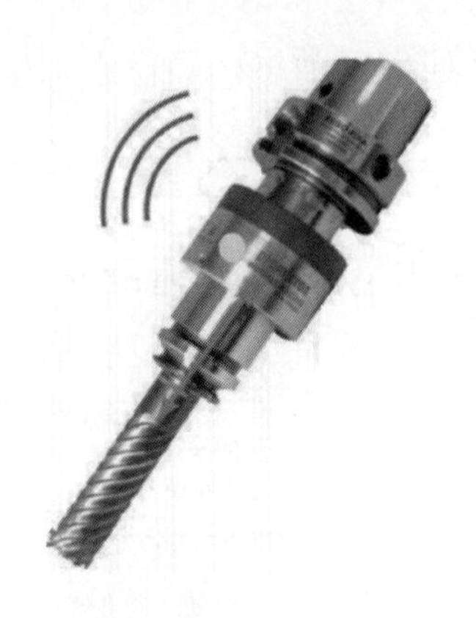

图 9-7　切削力测量系统传感器安装位置

与预警，从而保证工件的加工质量。在铣削加工中弯矩和转矩随着加工次数的变化而变化，如图9-8 所示，由图可见，随着加工次数的增加，刀具磨损加剧，切削过程中的弯矩和转矩也会不断地增大。当出现刀具崩刃时，弯矩与转矩会发生突变，达到正常值的两倍。因此，可以通过监控弯矩与转矩的变化，实现刀具剧烈磨损预警，以及刀具崩刃停机报警功能。除了检测刀具磨损外，通过切削力测量系统的数据进行分析处理，还可以开发出更多的功能，如刀具性能对比、加工参数优化、钻孔偏移量监测和刃磨效果评价等。

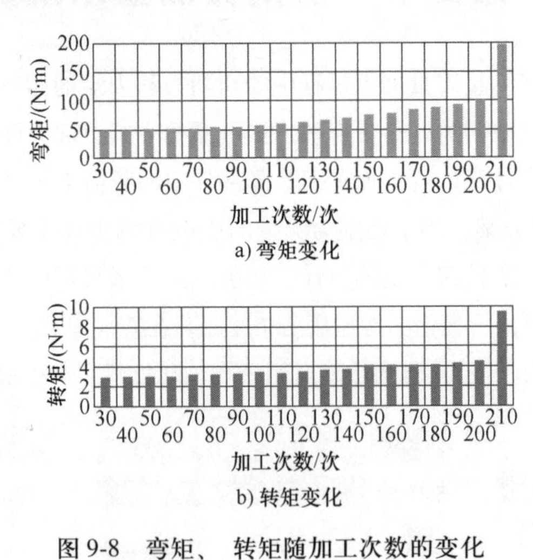

a) 弯矩变化

b) 转矩变化

图 9-8　弯矩、 转矩随加工次数的变化

第四节　智能传感器

智能传感器在未来加工中心的发展中可起到减少计划外停机时间和过程跟踪提高质量的作用。

（1）智能传感器的分类　智能传感器根据检测对象的不同可分为线性测量、目标检测、液位测量、温度测量和压力监测等类型。

（2）智能传感器的数字化变革　机械式改为采用无线耦合，传统电源改为采用智能电源，以及三段灯改为采用可编辑智能灯。

（3）智能传感器的应用场景　电感传感器、光电传感器、磁场传感器、电容传感器、超声波传感器、磁致伸缩传感器、磁编码传感器、微波传感器、倾角传感器、压力传感器、流量传感器、温度传感器及机械凸轮开关。典型传感器如图 9-9 所示。

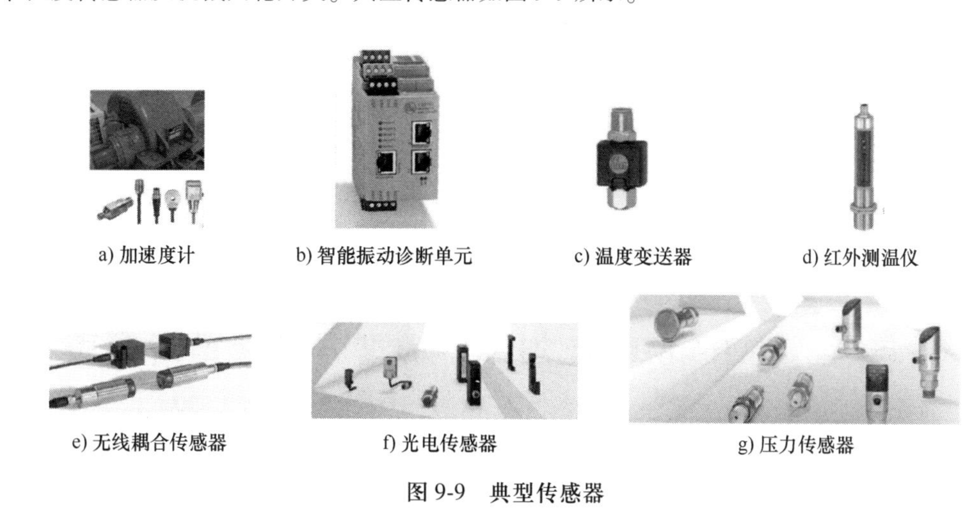

a) 加速度计　b) 智能振动诊断单元　c) 温度变送器　d) 红外测温仪

e) 无线耦合传感器　f) 光电传感器　g) 压力传感器

图 9-9　典型传感器

各生产厂家加工中心产品型号及参数对照表

附录A　DMG MORI加工中心型号及参数对照表

型　号	优　　势	最大工件直径/mm	最大工件长度/mm	最大棒料直径/mm	X轴最大行程/mm	Y轴最大行程/mm	Z轴最大行程/mm	工件最大质量/kg	工件最大高度/mm	工件最大宽度/mm
CLX 350	采用全新的万能车削中心满足个性化要求	320	440	65	185	80	465			
CLX 450	采用全新的万能车削中心满足个性化要求	400	800	80	276	120	755			
CLX 550	采用全新的万能车削中心满足个性化要求	700	1240	102	308	120	1240			
CLX750	采用2000N·m的大转矩满足重切加工要求，可负载工件质量达600kg并标配直接测量系统（X轴或Y轴）	950	1300	127	435	160	1300			
NLX 1500	可实现高性能的工件加工	386	515	52	260	100	590			
NLX 2000	可实现高性能的工件加工	366	510	65	260	100	590			
NLX 2500	可实现一流的车削性能	366	1255	90	260	100	1345			

（续）

型 号	优 势	最大工件直径/mm	最大工件长度/mm	最大棒料直径/mm	*X* 轴最大行程/mm	*Y* 轴最大行程/mm	*Z* 轴最大行程/mm	工件最大质量/kg	工件最大高度/mm	工件最大宽度/mm
NLX 3000	可实现高性能的工件加工	430	3123	102	280	120	3170			
NLX 4000	可实现设计精良和高动态性能的工件加工	600	1584	117	365	120	1685			
NLX 6000	为大型车削中心，适用于高性能地加工大直径轴	920	2000	116	485	200	2150			
NTX 1000	功能齐全，应用广泛	430	800	65	455	105	800			
NTX 2000	功能齐全，应用广泛	660	1538	65	675	300	1562			
NTX 2500	车铣主轴（compactMASTER）可提供6面完整加工能力	670	1530	80	675	300	1562			
NTX 3000	卓越性能，卓越品质	670	1519	102	675	300	1562			
DMU 50	为万能加工中心	630			500	450	400	300	500	
第三代 DMU 50	为带回转摆动工作台的数控万能铣削加工中心	630			650	520	475	300	600	
DMU 200 Gantry	为加工大型工件的高动态性能桥式加工中心		4300		4000	2000	1200	20000	1250	2000
DMU 340 Gantry	可高动态性能地加工大型工件		7000		6000	2800	1500	30000	1540	3140
DMU 600 Gantry linear	XXL 级高架桥式加工中心		18000		18000	4500	2000	150000	2500	2800

附录B　格劳博加工中心型号及参数对照表

<table>
<tr><th>型号</th><th>X、Y、Z轴最大行程/mm</th><th>X、Y、Z轴最大快移速度/(m/min)</th><th>X、Y、Z轴最大加速度/(m/s²)</th><th colspan="2">刀具接口</th><th colspan="2">主轴最高转速/(r/min)</th><th colspan="2">换刀时间/s</th><th>工作台最大负载/kg</th><th>是否配有托盘交换器</th></tr>
<tr><td>G500F</td><td>1550、875、790</td><td>90、60、100</td><td>8.5、4.5、15</td><td colspan="2">HSK-A63</td><td colspan="2">18000</td><td colspan="2">2.5</td><td>640</td><td>是</td></tr>
<tr><td>G520F</td><td>1450、1200、1035</td><td>80、50、100</td><td>6、4、14</td><td>HSK-A63</td><td>HSK-A100</td><td>18000</td><td>12000</td><td>2.7</td><td>3.2</td><td>2×750</td><td>根据需求</td></tr>
<tr><td>G700F</td><td>1450、990、1035</td><td>60、75、100</td><td>6.5、5.5、14</td><td>HSK-A63</td><td>HSK-A100</td><td>18000</td><td>12000</td><td>2.9</td><td>3.4</td><td>750</td><td>是</td></tr>
<tr><td>G720F</td><td>1450、1200、1035</td><td>80、50、100</td><td>8、4、14</td><td>HSK-A63</td><td>HSK-A100</td><td>18000</td><td>12000</td><td>2.9</td><td>3.4</td><td>2×750</td><td>根据需求</td></tr>
<tr><td>G150</td><td>450、670、665</td><td>70、50、80</td><td>6、6、11</td><td colspan="2">HSK-A63</td><td colspan="2">30000</td><td colspan="2">2.6</td><td>250</td><td>是</td></tr>
<tr><td>第二代G350</td><td>600、855、750</td><td>70、45、90</td><td>5、4、7</td><td colspan="2">HSK-A63</td><td colspan="2">30000</td><td colspan="2">2.7</td><td>400</td><td>是</td></tr>
<tr><td>第二代G550</td><td>800、1020、970</td><td>90、50、90</td><td>8.5、4.5、14</td><td colspan="2">HSK-A63</td><td colspan="2">30000</td><td colspan="2">2.9</td><td>800</td><td>是</td></tr>
<tr><td>第二代G750</td><td>1000、1100、1170</td><td>60、50、75</td><td>4.5、3.0、7.5</td><td colspan="2">HSK-A63</td><td colspan="2">30000</td><td colspan="2">3.6</td><td>1500</td><td>是</td></tr>
<tr><td>G350a</td><td>600、770、805</td><td>60、42、60</td><td>5、3、10</td><td colspan="2">HSK-A63</td><td colspan="2">18000</td><td colspan="2">4.5</td><td>400</td><td>是</td></tr>
<tr><td>G550a</td><td>800、950、1020</td><td>60、42、60</td><td>6、4、8</td><td>HSK-A63</td><td>HSK-A100</td><td>18000</td><td>10000</td><td>4.8</td><td>5.9</td><td>700</td><td>是</td></tr>
<tr><td>G440</td><td>800、800、800</td><td>70、60、60</td><td>6、6.5、6</td><td colspan="2">HSK-A63</td><td colspan="2">30000</td><td colspan="2">3.3</td><td>1000</td><td>是</td></tr>
<tr><td>G640</td><td>1050、800(1000)①、1050</td><td>70、60、60(60、60、60)①</td><td>6、6.5、6(4.5、5.5、6)①</td><td colspan="2">HSK-A63</td><td colspan="2">30000</td><td colspan="2">3.5</td><td>1000(1500)①</td><td>是</td></tr>
<tr><td>G840</td><td>1400、1200(1400)①、1400</td><td>50、50、50</td><td>4.5、5.5、4.5(4、5.5、4.5)①</td><td colspan="2">HSK-A100</td><td colspan="2">13000</td><td colspan="2">5.0</td><td>1700(2200)①</td><td>是</td></tr>
</table>

① 工作区可扩展。

附录 C　山崎马扎克加工中心型号及参数对照表

表 C-1　VCN 系列高性能立式加工中心型号及参数对照表

型　　号	*X* 轴最大行程/mm	*Y* 轴最大行程/mm	*Z* 轴最大行程/mm	工作台尺寸（长×宽）/mm	工作台最大负载/kg	*X*、*Y*、*Z* 轴切削进给速度/(mm/min)	装刀数量/把	刀具最大直径、长度（从标线起）、质量/(mm、mm、kg)
VCN430 HS	560	430	510	900×430	500	5200	30	80、350、8
VCN530C HS	1050	530	510	1300×550	1200	5200	30	80、350、8
VCN430A L	560	430	510	900×430	500	4200	30	80、350、8
VCN430B L	762	430	510	1100×430	700	4200	30	80、350、8
VCN530C L	1050	530	510	1300×550	1200	4200	30	80、350、8
VCN535C L	1050	530	560	1300×550	1200	4200	24	105、350、20
VCN700D L	1530	700	650	1740×700	2000	3000	24	105、400、20

表 C-2　HCN 系列高速、高精卧式加工中心型号及参数对照表

型　　号	*X* 轴最大行程/mm	*Y* 轴最大行程/mm	*Z* 轴最大行程/mm	工作台尺寸（长×宽）/mm	最大工件尺寸/mm	托盘最大负载/kg	*X*、*Y*、*Z* 轴切削进给速度/(mm/min)	装刀数量/把	刀具最大直径、长度（从标线起）、质量/(mm、mm、kg)
HCN4000 L	560	640	640	400×400	630×900	400	60000	40	95、420、12
HCN5000 L	730	730	800	500×500	800×1000	500	60000	40	95、510、12
HCN5000/50	730	730	800	500×500	800×1000	500	60000	43	125、510、30
HCN5000/50S L	730	730	800	500×500	800×1000	500	60000	43	125、510、30
HCN6000 L	800	800	800	630×630	900×1000	1000	60000	43	125、510、30
HCN6800	1050	900	980	630×630	1050×1300	1500	60000	43	125、510、30
HCN8800	1400	1200	1325	800×800	1450×1450	2200	60000	60	125、510、30
HCN10800	1700	1400	1525	1000×1000	2050×1600	3000	52000	80	135、650、30
HCN12800	2200	1600	1850	1250×1250	2400×2000	6000	43000	80	135、800、30

附录 D　哈斯加工中心型号及参数对照表

型　　号	X、Y、Z 轴最大行程/mm	锥度/(°)	轴数	转速/(r/min)	刀具容量
UMC-500 五轴数控立式加工中心	610、406、406	40	5	8100	30+1
UMC-500SS 五轴数控立式加工中心	610、406、406	40	5	12000	30+1
UMC-750 五轴数控立式加工中心	762、508、508	40	5	8100	30+1
UMC-750SS 五轴数控立式加工中心	762、508、508	40	5	12000	30+1
UMC-1000 五轴数控立式加工中心	1016、635、635	40	5	8100	30+1
UMC-1000SS 五轴数控立式加工中心	1016、635、635	40	5	12000	30+1
UMC-1250 五轴数控立式加工中心	1270、762、711	40	5	8100	30+1
UMC-1250SS 五轴数控立式加工中心	1270、762、711	40	5	12000	30+1
UMC-1500-DUO 五轴数控立式加工中心	1524、508、508	40	5	8100	30+1
UMC-1500SS-DUO 五轴数控立式加工中心	1524、508、508	40	5	12000	30+1
UMC-1600-H 卧式加工中心	1626、1270、1016	50	5	7500	50+1
EC-1600ZT 卧式加工中心	1626、1270、1016	50	3	7500	50+1
EC-400 卧式加工中心	559、635、559	40	4	8100	30+1
EC-500 卧式加工中心	813、635、711	40	4	8100	30+1
EC-500/50 卧式加工中心	813、635、711	50	4	7500	50+1
EC-630 卧式加工中心	1016、940、1016	50	4	7500	50+1
EC-1600 卧式加工中心	1626、1270、813	50	3	7500	50+1
EC-1600ZT-5AX 卧式加工中心	1626、1270、1016	50	5	7500	50+1
VF-1 数控立式加工中心	508、406、508	40	3	8100	20
VF-2 数控立式加工中心	762、406、508	40	3	8100	20
VF-2-V 数控立式加工中心	762、406、508	40	3	8100	30+1
VF-2TR 数控立式加工中心	762、406、508	40	5	8100	30+1
VF-2SS 数控立式加工中心	762、406、508	40	3	12000	30+1
VF-2SS-V 数控立式加工中心	762、406、508	40	3	12000	30+1
VF-2YT 数控立式加工中心	762、508、508	40	3	8100	20
VF-2SSYT 数控立式加工中心	762、508、508	40	3	12000	30+1
VF-3 数控立式加工中心	1016、508、635	40	3	8100	20
VF-3SS 数控立式加工中心	1016、508、635	40	3	12000	30+1
VF-3YT 数控立式加工中心	1016、660、635	40	3	8100	20
VF-3SSYT 数控立式加工中心	1016、660、635	40	3	12000	30+1
VF-3YT/50 数控立式加工中心	1016、660、635	50	3	7500	30+1
VF-4 数控立式加工中心	1270、508、635	40	3	8100	20
VF-4-V 数控立式加工中心	1270、508、635	40	3	8100	30+1
VF-4SS 数控立式加工中心	1270、508、635	40	3	12000	30+1
VF-4SS-V 数控立式加工中心	1270、508、635	40	3	12000	30+1
VF-5/40 数控立式加工中心	1270、660、635	40	3	8100	20
VF-5/40TR 数控立式加工中心	1270、660、635	40	5	8100	30+1

（续）

型　　号	X、Y、Z 轴最大行程/mm	锥度/(°)	轴数	转速/(r/min)	刀具容量
VF-5SS 数控立式加工中心	1270、660、635	40	3	12000	30+1
VF-5/40XT 数控立式加工中心	1524、660、635	40	3	8100	20
VF-5/50 数控立式加工中心	1270、660、635	50	3	7500	30+1
VF-5/50TR 数控立式加工中心	1270、660、635	50	5	7500	30+1
VF-5/50XT 数控立式加工中心	1524、660、635	50	3	7500	30+1
VF-6/40 数控立式加工中心	1626、813、762	40	3	8100	30+1
VF-6SS 数控立式加工中心	1626、813、762	40	3	12000	30+1
VF-6/40TR 数控立式加工中心	1626、813、762	40	5	8100	30+1
VF-6/50 数控立式加工中心	1626、813、762	50	3	7500	30+1
VF-6/50TR 数控立式加工中心	1626、813、762	50	5	7500	30+1
VF-7/40 数控立式加工中心	2134、813、762	40	3	8100	30+1
VF-7/50 数控立式加工中心	2134、813、762	50	3	7500	30+1
VF-8/40 数控立式加工中心	1626、1016、762	40	3	8100	30+1
VF-8/50 数控立式加工中心	1626、1016、762	50	3	7500	30+1
VF-9/40 数控立式加工中心	2134、1016、762	40	3	8100	30+1
VF-9/50 数控立式加工中心	2134、1016、762	50	3	7500	30+1
VF-10/40 数控立式加工中心	3048、813、762	40	3	8100	30+1
VF-10/50 数控立式加工中心	3048、813、762	50	3	7500	30+1
VF-11/40 数控立式加工中心	3048、1016、762	40	3	8100	30+1
VF-11/50 数控立式加工中心	3048、1016、762	50	3	7500	30+1
VF-12/40 数控立式加工中心	3810、813、762	40	3	8100	30+1
VF-12/50 数控立式加工中心	3810、813、762	50	3	7500	30+1
VF-14/40 数控立式加工中心	3810、1060、762	40	3	8100	30+1
VF-14/50 数控立式加工中心	3810、1060、762	50	3	7500	30+1
DT-1 数控钻孔/攻丝/铣削加工中心	508、406、394	30	3	10000	20+1
DT-2 数控钻孔/攻丝/铣削加工中心	711、406、394	30	3	10000	20+1
DM-1 数控钻孔/攻丝/铣削加工中心	508、406、394	40	3	10000	18+1
DM-2 数控钻孔/攻丝/铣削加工中心	711、406、394	40	3	10000	18+1

附录 E　北京精雕加工中心型号及参数对照表

型　　号	X、Y、Z 轴最大行程/mm	主轴最高转速/(r/min)	刀柄型号	工作台尺寸（长×宽）/mm	工作台直径/mm	最大负载/kg	刀库容量/把	机床总质量/kg	可配柔性系统型号
JDGR100	400、200、200	36000	ISO20	—	160	15	16（伺服刀库）	2740	—
JDGR150	500、200、260	24000	BT30	—	200	20	60（链式机械手刀库）	3200	—
JDGR200T	500、280、300	32000	HSK-E32	—	260	30	36（链式机械手刀库）	5900	—
JDGR300	390、510、300	32000	HSK-E32	—	300	50	24（伺服刀库）	7400	—
JDGR400T	450、680、400	24000	BT30	—	400	50	36（链式机械手刀库）	10000	—

（续）

型　号	X、Y、Z 轴最大行程/mm	主轴最高转速/（r/min）	刀柄型号	工作台尺寸（长×宽）/mm	工作台直径/mm	最大负载/kg	刀库容量/把	机床总质量/kg	可配柔性系统型号
JDHGT400T	400、400、200	36000	ISO20	530×430	—	300	20（伺服刀库）	5100	JDFMS15、JDFMS25、JDFMS30
JDHGT600T	600、500、300	32000	HSK-E32	650×650	—	300	24（伺服刀库）	6000	JDFMS25、JDFMS30
JDHGT800	800、800、350	24000	BT30	850×850	—	1000	32（链式机械手刀库）	9000	—
JDHGT1200	1200、800、350	24000	BT30	1250×850	—	1000	32（链式机械手刀库）	11000	—
JDHGT1600	1600、1200、600	20000	HSK-A50	1650×1250	—	3000	36（圆盘式机械手刀库）	15000	—
JDHGT2000	2000、800、350	24000	BT30	2050×850	—	2000	32（链式机械手刀库）	13000	—

附录 F　大连机床加工中心型号及参数对照表

表 F-1　DT 系列车削加工中心及参数对照表

型号	最大回转直径/mm	最大切削直径（轴/盘）/mm	X、Z 轴最大行程/mm	主轴头型号	X、Z 轴重复定位精度/mm	C 轴重复定位精度/（″）	刀塔容量/把
DT-30H	480	280/300	170、300	ISOA2-5、ISOA2-6	0.003、0.003	18	12
DT-40H	580	350/350	215、（555 或 1055）	ISOA2-6、ISOA2-8	0.003、0.004	18	12
DT-50H	680	450/450	26、（555 或 1055）	ISOA2-8	0.003、0.004	18	12

注：表中（）为可选择的 Z 轴行程。

表 F-2　VDM 系列加工中心型号及参数对照表

型号	工作台尺寸（长×宽）/mm	工作台最大承重/kg	X、Y、Z 轴最大行程/mm	主轴规格	定位精度/mm	重复定位精度/mm	X、Y、Z 轴快移速度/（m/min）	刀库数量/把
VDM650L	800×500	500	620、500、510	10000r/min 直联主轴 BT40，11/15kW	0.008	0.005	36、36、30，（三轴线轨，可选 48）	24
VDM850L	850×500	500	820、500、510	10000r/min 直联主轴 BT40，11/15kW	0.008	0.005	36、36、30（三轴线轨，可选 48）	24
VDM850F	850×500	500	820、500、510	10000r/min 直联主轴 BT40，11/15kW	0.008	0.005	30、30、20（三轴硬轨）	24
VDM856	1000×500	500	820、550、600	12000r/min 直联主轴 BT40，7.5/11kW	0.006	0.004	48、48、48（三轴线轨）	24

（续）

型号	工作台尺寸（长×宽）/mm	工作台最大承重/kg	X、Y、Z 轴最大行程/mm	主轴规格	定位精度/mm	重复定位精度/mm	X、Y、Z 轴快移速度/(m/min)	刀库数量/把
VDM1060L	1050×560	800	1020、550、510	10000r/min 直联主轴 BT40，11/15kW	0.008	0.005	36、36、30（三轴线轨，可选 48）	24
VDM1060F	1050×560	800	1020、550、510	10000r/min 直联主轴 BT40，11/15kW	0.008	0.005	30、30、20（三轴硬轨）	24
VDM1270L	1300×660	1200	1220、650、660	6000r/min 齿轮主轴 BT50，7.5/11kW	0.010（X 轴）/0.008（Y 轴）/0.008（Z 轴）	0.006	36、36、30（三轴线轨，可选 48）	24（可选 30）
VDM1270F	1300×660	1200	1220、650、660	6000r/min 齿轮主轴 BT50，7.5/11kW	0.010（X 轴）/0.008（Y 轴）/0.008（Z 轴）	0.006	30、30、20（三轴硬轨）	24（可选 30）

表 F-3　VDU 系列加工中心型号及参数对照表

型　号	X、Y、Z 轴最大行程/mm	台面直径、工作范围/mm	主轴锥度	联动轴数	主轴转速/$\times 10^3$（r/min）	刀具容量/把
VDU200	350、250、350	200、ϕ200×200	HSK-A40/E40	5	30	16
VDW50	500、450、400	500、ϕ600×460	HSK-A63/BT-40	5	12、15、20	24、40
VDU630	600、650、500	630、ϕ650×500	HSK-A63/A40	5	24、40	20、30
VDU650	650、650、500	650、ϕ800×500	HSK-A63	5	12、15、20、24	20、30、40、50、60
VDU800	800、900、650	800、ϕ800×560	HSK-A63	5	12、15、20、24	30
VDU1000	100、1100、750	1150、ϕ1200×600	HSK-A100/HSKA63	5	10、20	32、40

表 F-4　MDH 系列加工中心型号及参数对照表

型号	工作台尺寸（长×宽）/mm	工作台最大负载/kg	X、Y、Z 轴最大行程/mm	主 轴 规 格	定位精度/mm	重复定位精度/mm	X、Y、Z 轴快移速度/(m/min)	刀库数量/把
MDH40P	400×400	400	630、620、710	10000r/min：7.5/11kW 12000r/min：7.5/11kW BT40	0.008	0.005	60、60、60 滚柱直线导轨	40
MDH50PS	500×500	400	630、620、710	10000r/min：7.5/11kW 12000r/min：7.5/11kW BT40	0.008	0.005	60、60、60 滚柱直线导轨	40
MDH50	500×500	800	780、750、800	8000r/min：18.5/22kW 12000r/min：25/30kW 6000r/min：22/26kW BT50	0.008	0.005	54、54、54 滚柱直线导轨	40

（续）

型号	工作台尺寸（长×宽）/mm	工作台最大负载/kg	X、Y、Z轴最大行程/mm	主轴规格	定位精度/mm	重复定位精度/mm	X、Y、Z轴快移速度/(m/min)	刀库数量/把
MDH50A	500×500	800	780、750、800	8000r/min：18.5/22kW 12000r/min：25/30kW 6000r/min：22/26kW BT50	0.006	0.004	54、54、54 滚柱直线导轨	40
MDH65S	630×630	800	780、750、800	8000r/min：18.5/22kW 12000r/min：25/30kW 6000r/min：22/26kW BT50	0.008	0.005	54、54、54 滚柱直线导轨	40
MDH65	630×630	1300	1050、900、900	8000r/min：18.5/22kW 12000r/min：25/30kW 6000r/min：22/26kW BT50	0.008	0.005	54、54、54 滚柱直线导轨	40
MDH65A	630×630	1300	1050、900、900	8000r/min：18.5/22kW 12000r/min：25/30kW 6000r/min：22/26kW BT50	0.010、0.008、0.008	0.006	54、54、54 滚柱直线导轨	40
MDH80S	800×800	1300	1050、900、800	8000r/min：18.5/22kW 12000r/min：25/30kW 6000r/min：22/26kW BT50	0.010、0.008、0.008	0.006	54、54、54 滚柱直线导轨	40
MDH80	800×800	2000	1400、1100、1050	8000r/min：25/30kW 12000r/min：25/30kW 4000r/min：22/26kW 4000r/min：22/26kW BT50	0.006	0.004	45、45、45 滚柱直线导轨	40
MDH80A	800×800	2000	1400、1100、1050	8000r/min：25/30kW 12000r/min：25/30kW 4000r/min：22/26kW 4000r/min：22/26kW BT50	0.006	0.004	45、45、45 滚柱直线导轨	40
MDH100S	1000×1000	20000	1400、1100、1000	8000r/min：25/30kW 12000r/min：25/30kW 4000r/min：22/26kW 4000r/min：22/26kW BT50	0.006	0.004	45、45、45 滚柱直线导轨	40
MDH125	1200×1200	30000	1700、1400、1240	6000r/min：37/45kW 8000r/min：25/30kW 12000r/min：25/30kW 6000r/min：22/26kW BT50	0.006	0.004	45、45、45 滚柱直线导轨	40

附录 G　汇专加工中心型号及参数对照表

型　号	X、Y、Z 轴加工行程/mm	工作台尺寸	最大负载/kg	X、Y、Z 轴快移速度/(m/min)	主轴最高转速/(r/min)	锥孔规格	刀库容量/把	最大刀具直径(满刀)/mm	最大刀具长度/mm	最大刀具质量/kg	标　配	选　配
UGV200-5AXIS	250、250、250	ϕ200mm^2	30	30、30、30	36000	HSK-E32	22	32	125	1	西门子 840D sl、加工冷却系统、集中式自动润滑系统、主轴恒温冷却系统、接触式对刀仪、海德汉光栅尺、电主轴、外挂式手轮、气枪、电箱热交换器、LED 工作灯、三色警示灯带、安全门锁、五轴联动系统（含 RTCP 功能）、防碰撞功能	高精度 3D 测头、油雾收集器自动门、激光对刀仪、自动排屑器
UGV350-5AXIS	380、420、365	ϕ350mm^2	100	30、30、30	24000	HSK-A63	15	65	200	4	西门子 840D sl、加工冷却系统、集中式自动润滑系统、主轴恒温冷却系统、接触式对刀仪、海德汉光栅尺、电主轴、外挂式手轮、气枪、电箱热交换器、LED 工作灯、三色警示灯带、安全门锁、五轴联动系统（含 RTCP 功能）、防碰撞功能	高精度 3D 测头、油雾收集器、自动门、激光对刀仪、40 位链式刀库、自动排屑器
UGV650-5AXIS	650、620、500	ϕ650 mm^2	400	30、30、30	20000	HSK-A63	24	120	320	6	西门子 840D sl、加工冷却系统、集中式自动润滑系统、主轴恒温冷却系统、接触式对刀仪、海德汉光栅尺、电主轴、外挂式手轮、气枪、电箱热交换器、LED 工作灯、三色警示灯带、安全门锁、五轴联动系统（含 RTCP 功能）、防碰撞功能	高精度 3D 测头、油雾收集器、自动门、激光对刀仪、40 位链式刀库、自动排屑器

（续）

型号	X、Y、Z 轴加工行程/mm	工作台尺寸	最大负载/kg	X、Y、Z 轴快移速度/(m/min)	主轴最高转速/(r/min)	锥孔规格	刀库容量/把	最大刀具直径(满刀)/mm	最大刀具长度/mm	最大刀具质量/kg	标配	选配
UGV800-5AXIS	800、800、550	ϕ800 mm²	500	30、30、30	18000	HSK-A63	24	120	320	6	西门子 840D sl、加工冷却系统、集中式自动润滑系统、主轴恒温冷却系统、接触式对刀仪、海德汉光栅尺、电主轴、外挂式手轮、气枪、电箱热交换器、LED 工作灯、三色警示灯带、安全门锁、五轴联动系统（含 RTCP 功能）、防碰撞功能	高精度 3D 测头、油雾收集器、自动门、激光对刀仪、40 位链式刀库、自动排屑器
UGV1000-5AXIS	1100、1100、700	ϕ1000 mm²	1000	30、30、30	12000	HSK-A100	40	200	400	25	西门子 840D sl（海德汉 TNC640 可选）、加工冷却系统、集中式自动润滑系统、主轴恒温冷却系统、接触式对刀仪、海德汉光栅尺、电主轴、外挂式手轮、气枪、电箱热交换器、LED 工作灯、三色警示灯带、安全门锁、五轴联动系统（含 RTCP 功能）、防碰撞功能	高精度 3D 测头、油雾收集器、自动门、激光对刀仪、50 位链式刀库、自动排屑器
UGT-500	500、400、360	650mm×400mm	250	48、48、36	24000/30000	BT30/BT30	21（标配）26/30/36（选配）	60/80	200	3	三菱 M80A（标配）、集中式自动润滑系统、底座冲屑系统、加工冷却系统、以太网通讯接口、外挂式手轮、气枪、电箱热交换器、LED 工作灯、三色警示灯、安全门锁	高精度 3D 测头、自动门、圆盘式油水分离器、4/5 轴转台、油雾收集器、接触式对刀仪、外挂刀库（ATM-14）、主轴恒温冷却系统

（续）

型　号	X、Y、Z 轴加工行程/mm	工作台尺寸	最大负载/kg	X、Y、Z 轴快移速度/(m/min)	主轴最高转速/(r/min)	锥孔规格	刀库容量/把	最大刀具直径（满刀）/mm	最大刀具长度/mm	最大刀具质量/kg	标　配	选　配
UGM-400	400、400、150	400mm×400mm	100	15、15、15	50000	ISO20/HSK-E25/HSK-E32	14（非超声）12（超声）	60	75	3	华中数控 918D（标配）、西门子 808D（选配）、底座式自动润滑系统、集中式自动润滑系统、加工冷却系统、主轴恒温冷却系统、外挂式手轮、气枪、电箱热交换器、LED 工作灯、三色警示灯、安全门锁	高精度 3D 测头、油雾收集器、4/5 轴转台、自动门、接触式对刀仪、超声振幅测量仪、五轴联动系统（含 RTCP 功能）、双刀库 ETM-14
UGM-500	500、400、300	500mm×400mm	200	15、15、15	40000	HSK-E32	14	90	90	3	华中数控 918D（标配）、西门子 828D-280（选配）、加工冷却系统、集中式自动润滑系统、主轴恒温冷却系统、外挂式手轮、气枪、电箱热交换器、LED 工作灯、三色警示灯、安全门锁	高精度 3D 测头、油雾收集器、4/5 轴转台、自动门、接触式对刀仪、超声振幅测量仪、五轴联动系统（含 RTCP 功能）、双刀库 ETM-14
UGM-600	600、500、300	620mm×560mm	300	15、15、15	40000	HSK-E32	15	130	80	3	华中数控 918D（标配）、西门子 828D-280（选配）、加工冷却系统、集中式自动润滑系统、主轴恒温冷却系统、外挂式手轮、气枪、电箱热交换器、LED 工作灯、三色警示灯、安全门锁	高精度 3D 测头、油雾收集器、4/5 轴转台、自动门、接触式对刀仪、超声振幅测量仪、五轴联动系统（含 RTCP 功能）、双刀库 ETM-15
UGV-856	800、550、600	1000mm×500mm	500	48、48、48	12000（直联式）/15000（直联式）/18000（电主轴）	BT40/BT40/HSK-A63	24/30	75/150	250	8	三菱 M80B、加工冷却系统、集中式自动润滑系统、外挂式手轮、气枪、电箱热交换器、LED 工作灯、三色警示灯、安全门锁	FANUC 0*i*-MF（5）、西门子 828D-280 数控系统、4/5 轴转台、接触式对刀仪、高精度 3D 测头、自动门、圆盘式油水分离器、主轴恒温冷却系统、排屑器（链式、刮板式、双层）、水枪、油雾收集器

（续）

型号	X、Y、Z轴加工行程/mm	工作台尺寸	最大负载/kg	X、Y、Z轴快移速度/（m/min）	主轴最高转速/（r/min）	锥孔规格	刀库容量/把	最大刀具直径（满刀）/mm	最大刀具长度/mm	最大刀具质量/kg	标配	选配
UGV-1165	1100、650、600	1200mm×600mm	800	36、36、36	12000（直联式）/15000（直联式）/18000（电主轴）	BT40/BT40/HSK-A63	24/30	75/150	250	8	三菱 M80B、加工冷却系统、集中式自动润滑系统、外挂式手轮、气枪、电箱热交换器、LED工作灯、三色警示灯、安全门锁	FANUC 0*i*-MF（5）、西门子 828D-280 数控系统、4/5 轴转台、接触式对刀仪、高精度 3D 测头、自动门、圆盘式油水分离器、主轴恒温冷却系统、排屑器（链式、刮板式、双层）、水枪、油雾收集器
UPG-500	500、400、230	500mm×400mm	200	15、15、15	40000/30000	HSK-E32/HSK-E40	14/12（ϕ120主轴）	90/90	90/90	3/3	西门子 828D、集中式自动润滑系统、主轴恒温冷却系统、高精度光栅尺、外挂式手轮、气枪、电箱热交换器、LED 工作灯、三色警示灯、安全门锁	高精度 3D 测头、吸尘器、自动门、4/5 轴转台、激光对刀仪、接触式对刀仪、外挂刀库 TTM-14
UPG-600	600、500、250	620mm×560mm	200	15、15、15	30000/40000	HSK-E40/HSK-E32	13/15（ϕ100主轴）	140/130	80/80	3/3	西门子 828D、集中式自动润滑系统、主轴恒温冷却系统、高精度光栅尺、外挂式手轮、气枪、电箱热交换器、LED 工作灯、三色警示灯、安全门锁	高精度 3D 测头、吸尘器、自动门、4/5 轴转台、激光对刀仪、接触式对刀仪

附录 H　友嘉加工中心型号及参数对照表

表 H-1　VFX、VMX 系列加工中心型号及参数对照表

型号	X、Y、Z 轴最大行程/mm	主轴鼻端至工作台面距离/mm	工作台尺寸（长×宽）/mm	工作台最大负载/kgf	主轴转速/(r/min)	主轴直径/mm	X、Y、Z 轴快移速度/(m/min)	刀具数量/把	最大刀具质量/kg	最大刀具长度/mm	最大刀具直径/mm	换刀时间（刀对刀）/s	换刀时间（点对点）/s	占地尺寸(长×宽)/mm	机器质量/kg	最大机器高度/mm	电力容量/(kV·A)	气压源/bar
VFX-820A	820、520、635	140~775	950×520	800	12000	70	40、40、30	24	8	300	80	2.2	4	2530×2185	5200	3143	25	6~8
VFX-1020A	1020、520、635	120~755	1150×520	800	12000	70	40、40、30	24	8	300	80	2.2	4	2800×2185	5800	3143	25	6~8
VMX-820A	820、520、635	150~785	950×520	800	12000	70	48、48、30	24	8	300	80	1.6	4	2670×2185	5800	3183	25	6~8
VMX-1020A	1020、520、635	120~755	1150×520	800	12000	70	48、48、30	24	8	300	80	1.6	4	2940×2185	6300	3183	25	6~8
VMX-1100A	1100、610、600	135~735	1200×600	1500	12000	70	36、36、24	24	8	300	80	2.2	4	3180×2750	6800	3150	25	6~8
VMX-1300A	1300、610、600	120~720	1420×600	1500	12000	70	36、36、24	24	8	300	80	2.2	4	3550×2750	7300	3150	25	6~8
VMX-1650A	1650、800、800	70~870	1700×800	1500	12000	70	36、36、24	24	8	300	80	2.2	4	4400×3665	10000	3300	25	6~8

注：1kgf=9.80665N；1bar=10^5Pa。

表 H-2　VMP、VM 系列加工中心型号及参数对照表

型　号	X、Y、Z 轴最大行程/mm	主轴鼻端至工作台面距离/mm	主轴中心至立柱轨面距离/mm	工作台面至地面距离/mm	工作台尺寸（长×宽）/mm	工作台最大负载/kgf	主轴转速/(r/min)	刀柄型号	主轴电动机功率/kW	刀库类型	刀具数量/把	最大刀具质量/kg	最大刀具长度/mm	最大刀具直径/mm	占地尺寸(长×宽)/mm	机器质量/kg	最大机器高度/mm	电力容量/(kV·A)	气压源/bar
VMP-23（A）	580、420、510	80～590	455	820	420×650	300	50～10000	BT40	7.5/11	刀臂式	18	7	250	80	2100×2230	3000	2370	25	6～8
VMP-23A-APC	580、420、510	135～645	455	915	410×580	120	50～10000	BT40	7.5/11	刀臂式	20	7	280	80	1900×2630	3900	2520	25	6～8
VMP-30（A）	760、420、510	80～590	455	820	420×890	300	50～10000	BT40	7.5/11	刀臂式	18	7	250	80	2100×2230	3300	2370	25	6～8
VMP-32AⅡ	820、520、505	100～605	560	950	520×950	800	50～10000	BT40	7.5/11	刀臂式	24	8	300	80	2670×2185	5800	2800	25	6～8
VMP-40AⅡ	1020、520、505	80～585	560	970	520×1150	800	50～10000	BT40	7.5/11	刀臂式	24	8	300	80	2940×2185	6300	2800	25	6～8
VM-1000AT	1050、560、600	125～725	600	1040	560×1150	1000	50～10000	BT40	15/15.8	刀臂式	24	8	300	80	2900×2376	7000	31250	25	6～8
							50～4000	BT50				15	350	100				30	
VMP-45（A）	1100、610、600	135～735	660	960	600×1200	1500	50～10000	BT40	15/15.8	刀臂式	24	8	300	80	3180×2750	6800	2900	25	6～8
							50～4000	BT50				15	350	100				30	
VMP-50（A）	1300、610、600	120～720	660	975	600×1420	1500	50～10000	BT40	15/15.8	刀臂式	24	8	300	80	3550×2750	7300	2900	25	6～8
							50～4000	BT50				15	350	100				30	
VMP-65（A）	1650、800、800	70～870	850	1080	800×1700	1500	50～10000	BT40	15/15.8	刀臂式	24	8	300	80	4400×3665	11000	3300	25	6～8
							50～4000	BT50				15	350	100				30	

注：1kgf=9.80665N；1bar=10^5Pa。

附录I　宁庆加工中心型号及参数对照表

型　　号	X、Y、Z 轴行程/mm	工作台尺寸(X×Y)/(mm×mm)	主轴最高转速/(r/min)	最大负载/kg	刀库容量/把
VC5A3016HA	3180/1600/800	3200×1600	24000（HSK-A63）	20000	20（伺服刀库）
VC5A3020HA	3180/2000/1000	3200×2000	24000（HSK-A63）	30000	20（伺服刀库）
VC5A4025HA	4200/2500/1500	4000×2100	24000（HSK-A63）	30000	40（仓储式刀库）
VC5A6030HA	6200/3000/1500	6000×2600	24000（HSK-A63）	50000	40（仓储式刀库）
VC5A6025HA	6200/2500/1500	6000×2100	24000（HSK-A63）	40000	40（仓储式刀库）

参考文献

[1] 罗振璧，朱耀祥，张书桥．现代制造系统［M］．北京：机械工业出版社，2004.

[2] 王明红．数控技术［M］．北京：清华大学出版社，2009.

[3] 张书桥．刀具与中国汽车制造业［J］．世界制造技术与装备市场，2002（3）：39-40.

[4] 孙志孔，张义民．数控机床性能分析及可靠性设计技术［M］．北京：机械工业出版社，2011.

[5] 唐利平．数控车削加工技术［M］．北京：机械工业出版社，2011.

[6] 关雄飞．数控加工工艺与编程［M］．北京：机械工业出版社，2011.

[7] 叶俊．数控切削加工［M］．北京：机械工业出版社，2011.

[8] 王亚辉，任宝臣，王金贵．典型零件数控铣床/加工中心编程方法解析［M］．北京：机械工业出版社，2011.

[9] 陈志雄．零件数控车削工艺设计、编程与加工［M］．北京：电子工业出版社，2011.

[10] 罗振璧，朱耀祥．现代制造系统［M］．北京：机械工业出版社，2000.

[11] 罗振璧，等．物料的制造和过程工程［J］．制造业设计技术，2000（1）：7-9.

[12] 许祥泰，刘艳芳．数控加工编程实用技术［M］．北京：机械工业出版社，2001.

[13] 张书桥．汽车发动机制造业新趋势［J］．世界制造技术与装备市场，2004（1）：49-51.

[14] 张书桥．切削加工发展趋势之一——干式加工［J］．世界制造技术与装备市场，2001（4）：50-51.

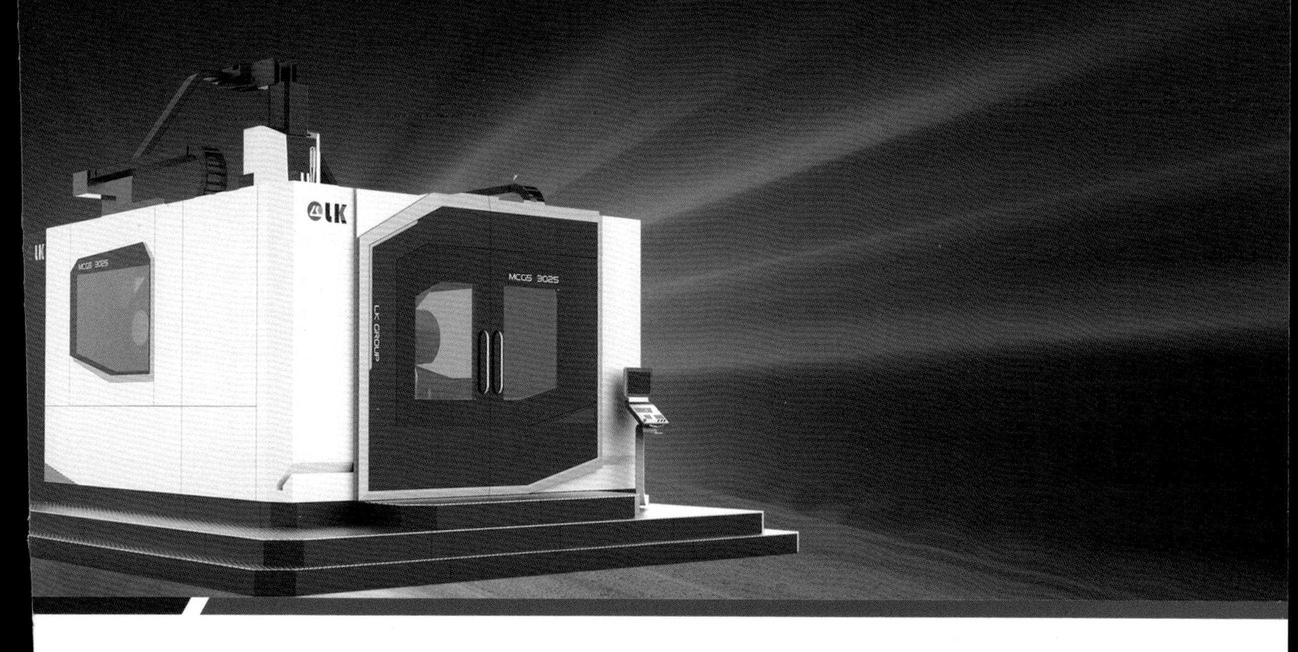

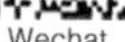
Wechat

www.lk.world